新工科建设之路·人工智能系列教材

机器学习

(MATLAB 版)

马昌凤　柯艺芬　编著

電子工業出版社
Publishing House of Electronics Industry
北京·BEIJING

内 容 简 介

本书是机器学习领域的入门教材，详细阐述了机器学习的基本理论和方法。全书由 12 章组成，包括绪论、线性模型与逻辑斯谛回归、决策树、贝叶斯分类器、*k* 近邻算法、支持向量机、人工神经网络、线性判别分析、主成分分析法、聚类、EM 算法与高斯混合聚类、集成学习等。对每一种机器学习算法，均从算法原理的理论推导和 MATLAB 实现两方面进行介绍。本书既注意保持理论分析的严谨性，又注重机器学习算法的实用性，同时强调机器学习算法的思想和原理在计算机上的实现。全书内容选材恰当，系统性强，行文通俗流畅，具有较强的可读性。

本书的建议课时为 48 课时，可作为数据科学与大数据技术、计算机科学与技术、统计学以及信息与计算科学等本科专业的教材或教学参考书，也可以作为理工科研究生机器学习课程的教材或参考书。

图书在版编目（CIP）数据

机器学习: MATLAB 版 / 马昌凤, 柯艺芬编著. —北京 ：电子工业出版社, 2023.6

ISBN 978-7-121-45716-6

I. ①机… II. ①马… ②柯… III. ①机器学习②Matlab 软件-程序设计 IV. ①TP181②TP317

中国国家版本馆 CIP 数据核字(2023)第 098820 号

责任编辑：牛晓丽
印　　刷：北京雁林吉兆印刷有限公司
装　　订：北京雁林吉兆印刷有限公司
出版发行：电子工业出版社
　　　　　北京市海淀区万寿路 173 信箱　　　　邮编：100036
开　　本：787×1092　1/16　　印张：13　　字数：332.8 千字
版　　次：2023 年 6 月第 1 版
印　　次：2024 年 1 月第 2 次印刷
定　　价：58.00 元

凡所购买电子工业出版社图书有缺损问题，请向购买书店调换。若书店售缺，请与本社发行部联系，联系及邮购电话：（010）88254888，88258888。

质量投诉请发邮件至 zlts@phei.com.cn，盗版侵权举报请发邮件至 dbqq@phei.com.cn。

本书咨询联系方式： QQ 9616328。

前言

党的二十大报告指出："我们要坚持教育优先发展、科技自立自强、人才引领驱动，加快建设教育强国、科技强国、人才强国，坚持为党育人、为国育才，全面提高人才自主培养质量，着力造就拔尖创新人才，聚天下英才而用之。""推动战略性新兴产业融合集群发展，构建新一代信息技术、人工智能、生物技术、新能源、新材料、高端装备、绿色环保等一批新的增长引擎。"人工智能是当前最热门的话题之一，计算机技术与互联网技术的快速发展更是将对人工智能的研究推向了一个新的高潮。人工智能是研究模拟和扩展人类智能的理论与方法及其应用的一门新兴技术科学。作为人工智能核心研究领域之一的机器学习，其研究动机是使计算机系统具有人的学习能力，以实现人工智能。

当前，机器学习算法正处于蓬勃发展的阶段，可谓如火如荼，方兴未艾。事实上，机器学习技术已成功地应用于各个领域，如人脸识别、语音识别、搜索引擎、语言翻译、自然语言处理、基因序列分析、无人驾驶技术、图像处理、信号处理，等等。可以说，机器学习是这些领域的核心技术，对这些领域的发展起着至关重要的作用。

本书深入浅出地介绍了机器学习的基本理论和方法，各章内容简介如下。

第 1 章主要介绍了机器学习的基本定义和术语、机器学习算法的分类、学习模型的评价和选择、机器学习算法实现的流程、机器学习的用途及发展简史等。

第 2 章主要介绍了线性模型与逻辑斯谛回归，包括线性模型、逻辑斯谛回归及其 MATLAB 实现等。

第 3 章介绍了决策树，包括决策树的基本原理、信息增益与 ID3 决策树、增益率与 C4.5 决策树、基尼指数与 CART 决策树，以及决策树的 MATLAB 实现等。

第 4 章主要介绍了贝叶斯分类器，包括贝叶斯决策、朴素贝叶斯算法、正态贝叶斯算法，以及贝叶斯算法的 MATLAB 实现等。

第 5 章介绍了 k 近邻算法的基本原理、距离函数以及 k 近邻算法的 MATLAB 实现等。

第 6 章介绍了支持向量机，包括线性支持向量机、核化支持向量机、支持向量回归模型，以及支持向量机的 MATLAB 实现等。

第 7 章主要介绍了人工神经网络，包括感知器模型、多层前馈神经网络、误差逆传播算法，以及 BP 神经网络的 MATLAB 实现等。

第 8 章主要介绍了线性判别分析，包括线性判别分析的基本原理及其 MATLAB 实现等。

第 9 章主要介绍了主成分分析法、核主成分分析法、PCA 算法及其 MATLAB 实现等。

第 10 章介绍了聚类的基本原理、k-均值算法、k-中心点算法及其 MATLAB 实现等。

第 11 章主要介绍了 EM 算法、高斯混合模型及其 MATLAB 实现等。

第 12 章介绍了集成学习，包括随机森林算法、AdaBoost 算法及其 MATLAB 实现等。

本书力求系统而详细地介绍机器学习的基本理论与算法，既注意保持理论分析的严谨性，又注重机器学习算法的实用性，同时强调机器学习算法的思想和原理在计算机上的实现。全书内容选材恰当，系统性强，行文通俗流畅，具有较强的可读性。

本书各章节的主要算法都给出了 MATLAB 程序及相应的计算实例。为了更好地配合教学，作者编制了与本教材配套的电子课件（PDF 格式的 PPT）、主要算法的 MATLAB 程序和机器学习实验，需要的读者可登录电子工业出版社华信教育资源网（www.hxedu.com.cn）登录下载。

本书的出版得到了福建师范大学和福州外语外贸学院出版基金的资助，在此表示感谢。由于作者水平有限，书中难免出现各种错误，殷切希望专家和读者予以批评指正。

作 者

2023 年 1 月

目 录

第 1 章 绪论

1.1 机器学习的基本定义

众所周知，机器学习是人工智能的核心研究领域之一，旨在使计算机系统具有人的学习能力，以便实现人工智能。那么，什么是机器学习呢？机器学习（Machine Learning）是对研究问题进行模型假设，利用计算机从训练数据中学习得到模型参数，并最终对数据进行预测和分析的一门学科。

目前被广泛采用的机器学习的定义是“利用经验来改善计算机系统自身的性能”。由于“经验”在计算机系统中主要是以数据的形式存在的，因此机器学习需要运用机器学习技术对数据进行分析，这就使得它逐渐成为智能数据分析技术的创新源之一，并且为此而受到越来越多的关注。

机器学习是用数据（训练样本）来进行学习的。设有一组训练样本（数据），记作 $\{\boldsymbol{x}_i\}_{i=1}^n$。每个训练样本 $\boldsymbol{x}_i \in \mathbb{R}^m$，都是通过采样得到的一个模式，即输入特征空间中的一个向量；通常是高维度的（即 m 很大），例如一幅图像。训练样本可以被认为是尚未加工的原始知识，模型则是经过学习（即加工、整理、归纳等）后的真正知识表达。同时，假设所有训练样本满足独立同分布条件。要想学得好，这组训练样本就要覆盖模型所有可能的分布空间。

对于人们要解决的各种实际问题，计算机程序都取得了远远超过人类的成绩。例如，在使用智能导航软件时，任意给定出发点和目的地，导航软件都可以很快计算出最优路线。可以肯定地说，一个实际问题只要有了确定的逻辑和数学模型，就可以用计算机进行很好的解决，并且其处理能力是人类所望尘莫及的。然而，到目前为止，还有许多无法用数学或逻辑模型准确描述的问题，如情感表达、图像识别、小说创作等，对于这些问题计算机处理的能力一般还不如人类。这些用计算机难以处理的问题，是当前人工智能要解决的核心问题。而机器学习正是解决这类问题的有力工具。

1.2 机器学习的基本术语

掌握一门学科的基本术语对学好这门学科是至关重要的。假定我们通过记录的方式获得了一个关于西瓜的数据集，如表 1.1 所示。我们将以这个数据集中的数据为例对机器学习的基本术语进行具体化，以便加深对有关概念的理解。

记录表 1.1 中各项数据的集合称为“数据集”或“样本集”，其中的每一行数据（这里是对每一个西瓜的描述）称为一个“示例”或“样本”。反映事件或对象在某方面的表现或性质的事项，称为“特征”，如表 1.1 中的“色泽”“根蒂”“敲声”等；而每个特征的取值，称为“特征值”，例如表 1.1 中的“青绿”“乌黑”等。特征张成的空间称为“特征空间”（或“属性空间”“输入空间”），例如将表 1.1 中的“色泽”“根蒂”“敲声”作为三个坐标轴，则它们张成一个用于描述西瓜的三维空间，每个西瓜都可在这个空间中找到自己的坐标位置。由于属性空间中的每个点对应着一个坐标向量，因此可以把一个样本称为一个“特征向量”。对于表 1.1 中的某一行数据，利用“色泽”“根蒂”“敲声”三个属性进行取值记录，可认为该样本的“维数”为 3。从数据中学得模型的过程称为“学习”或“训练”，这个过程通过执行某个学习算法来完成。训练过程中使用的数据称为“训练数据”，其中每个样本称为一个“训练样本”，训练样本组成的集合称为“训练集”。“标记/标签”用来表示样本的结果信息，例如表 1.1 中的“是否好瓜”。“样例”是指既包含样本属性值又包含标签的样本。注意样例与样本的区别，后者包括训练样本和测试样本，样本不一定具有标签。所有标签结果的集合称为“标签空间”或“输出空间”。

表 1.1　关于西瓜的数据集

编号	色泽	根蒂	敲声	是否好瓜
1	青绿	卷缩	浊响	是
2	青绿	硬挺	清脆	否
3	乌黑	卷缩	浊响	是
4	乌黑	稍卷	沉闷	否

根据已有的众多样本来判断某一样本的输出结果的过程称为“预测”。当预测结果是离散值，如表 1.1 中的“是”“否”时，此类学习任务称为“分类”。特别地，对只涉及两个类别的“二分类”任务，通常称其中一个类为“正类”，另一个类为“负类 ”；涉及多个类别时，则称为“多分类”任务。若欲预测的是连续值，例如西瓜成熟度，此类学习任务称为“回归”。一般地，预测任务希望通过对训练集 $\{(\boldsymbol{x}_1,y_1),(\boldsymbol{x}_2,y_2),\cdots,(\boldsymbol{x}_n,y_n)\}$ 进行学习，建立一个从输入空间 $\mathcal{X}$ 到输出空间 $\mathcal{Y}$ 的映射 $f:\mathcal{X}\rightarrow\mathcal{Y}$。对于二分类任务，通常令 $\mathcal{Y}=\{-1,+1\}$ 或 $\{0,1\}$；对于多分类任务，$|\mathcal{Y}|>2$；对于回归任务，$\mathcal{Y}=\mathbb{R}$，$\mathbb{R}$ 为实数集。

没有用于模型训练的样本都可认为是对该模型的“新样本”。学得模型适用于新样本的能力，称为“泛化”能力。学得模型后，使用其进行预测的过程称为“测试”，被预测的样本称为“测试样本”。例如在学得映射 f 后，对测试样本 $\boldsymbol{x}$，可得到其预测标签 $y=f(\boldsymbol{x})$。

还可以对样本做“聚类”，也就是将训练集中的样本分成若干组，每个组称为一个“簇”，这些自动形成的簇可能对应一些潜在的概念划分，例如“浅色瓜”“深色瓜”等。这样的学习过程有助于人们了解数据内在的规律，为更深入地分析数据建立基础。值得注意的是，在聚类学习中，“浅色瓜”“深色瓜”这样的概念事先是不知道的，是学习过程中得到的。而且，学习过程中使用的训练样本通常不拥有标签信息。

1.3　机器学习算法的分类

机器学习的本质是选择模型和确定模型的参数。根据训练数据是否拥有标签信息，学习任务可大致划分为两大类：“监督学习”和“无监督学习”。分类和回归是监督学习的代

表，且样本拥有标签信息；而聚类则是无监督学习的代表，且样本不具有标签信息。

1.3.1　监督学习与无监督学习

监督学习的样本数据 $\boldsymbol{x}_i\,(i=1,2,\cdots,n)$ 带有标签值 $y_i\,(i=1,2,\cdots,n)$，它从训练样本中学得一个模型，然后用这个模型对新样本进行预测推断。通俗地说，监督学习就是从训练样本数据中学得一个映射函数 f 以及函数的参数 $\boldsymbol{\theta}$，建立如下的映射关系：

$$y=f(\boldsymbol{x};\boldsymbol{\theta})$$

其中，样本向量 $\boldsymbol{x}$ 是模型的输入值，标签 y 是模型的输出值。标签可以是整数，也可以是实数，还可以是向量。确定这个映射的依据是它能够很好地解释训练样本，让映射的输出值与真实的样本标签值之间的误差极小化，或者让训练样本集的对数似然函数极大化。

日常生活中，监督学习的应用例子很多，例如人脸识别、垃圾邮件分类、语音识别、手写体辨识等。这类问题需要先收集训练样本，并对样本进行标注，然后用标注好的样例（样本 + 标签）去训练模型，最后用训练好的模型对新样本进行预测。

无监督学习对没有标签的样本数据进行分析，去发现样本集所具有的内在结构或分布规律。无监督学习的典型代表是聚类和数据降维等，它们所处理的样本都不带有标签信息。

聚类属于分类问题，但不具有训练过程。聚类把一批没有标签的样本数据划分成多个“簇”，使得在某种相似度指标下每个簇内的样本尽量相似，而不同簇的样本之间尽量不相似。聚类算法只有输入向量而没有标签值，也没有训练过程。

数据降维也属于无监督学习方法，它将 m 维向量空间中的点通过一个函数映射到更低维的 $\ell\ (\ell \ll m)$ 维空间中：

$$y=\varphi(\boldsymbol{x})$$

通过将数据映射到低维空间，可以更容易地对它们进行处理和分析。如果将数据降维到二维或三维空间，还可以直观地将降维后的样本数据可视化。

1.3.2　分类问题与回归问题

在监督学习中，如果样本标签是离散值，那么这类问题称为分类问题，其预测函数是一个向量到整数的映射: $\mathbb{R}^m \rightarrow \mathbb{Z}$。通俗地说，分类问题就是将事物打上一个标签。例如，判断一幅图片上的动物是一只猫还是一只狗。在分类问题中，样本的标签是其类别编号，一般从 0 或 1 开始编号。如果类别数为 2，则称为二分类问题，其类别标签通常设置为 $+1$ 和 -1（也可以设置为 0 和 1），分别对应正类样本和负类样本。例如在图像识别中，要判断一幅图像是否为人脸，那么正类样本为人脸，负类样本为非人脸。分类并没有逼近的概念，最终正确结果只有一个，错误的就是错误的，不会有相近的概念。

对于分类问题，如果预测函数是线性函数，则称为线性模型，否则称为非线性模型。线性模型是 $\mathbb{R}^m$ 中的线性划分。线性函数是超平面（在二维空间中是直线，在三维空间中是平面）。线性模型的二分类问题一般采用预测函数：

$$y=\operatorname{sgn}(\boldsymbol{w}^{\mathrm{T}}\boldsymbol{x}+b)$$

其中，$\boldsymbol{w}$ 是权重向量，b 是位移。例如，逻辑斯谛回归、支持向量机等都属于线性模型。

非线性模型的预测函数是非线性映射，其分类边界是 $\mathbb{R}^m$ 中的一个超曲面。在实际应用中，样本数据一般是非线性的，因此要求决策函数必须具有非线性拟合的能力。例如，人工神经网络、核化支持向量机、决策树等都属于非线性模型。

在监督学习中，如果标签值是连续实数，那么这类问题称为回归问题。回归问题对于连续性数据，从已有的数据分析中预测结果，它的预测函数是向量到实数的映射: $\mathbb{R}^m \to \mathbb{R}$。例如，预测房价、未来的天气情况等都属于回归问题。

预测函数可以是线性函数，也可以是非线性函数。如果是线性函数，则称为线性回归，否则称为非线性回归。回归分析的任务就是对于给定的训练样本集，选择预测函数的类型，然后确定函数的参数值，例如线性模型 $y = \boldsymbol{w}^{\mathrm{T}}\boldsymbol{x} + b$ 中的参数 $\boldsymbol{w}$ 和 b。确定参数的常用方法是构造一个损失函数 $\ell(\boldsymbol{x}, \boldsymbol{\theta})$，它表示预测函数的输出值与样本真实标签值之间的误差，对所有训练样本的误差求平均值，得到一个关于参数 $\boldsymbol{\theta}$ 的极小化问题：

$$\min_{\boldsymbol{\theta}} \ell(\boldsymbol{\theta}) = \frac{1}{n}\sum_{i=1}^{n} \ell(\boldsymbol{x}_i; \boldsymbol{\theta})$$

其中，$\ell(\boldsymbol{x}_i; \boldsymbol{\theta})$ 是单个样本的损失函数，n 为训练样本数。极小化损失函数 $\ell(\boldsymbol{\theta})$ 可以确定参数 $\boldsymbol{\theta}$ 的值，从而确定预测函数。对于机器学习算法，关键的一步就是确定损失函数。一旦确定了损失函数，问题就转化为求解一个最优化问题，这在数学上一般有标准的解决方案。

1.3.3 生成模型与判别模型

按照模型的求解方法，可以将分类算法分成生成模型和判别模型。给定样本特征向量 $\boldsymbol{x}$ 和标签 y，生成模型是对联合概率 $p(\boldsymbol{x}, y)$ 建模，而判别模型则是对条件概率 $p(y \mid \boldsymbol{x})$ 建模。不使用概率模型的分类器被归为判别模型，它直接得到决策函数而不关心样本的概率分布。

典型的生成模型有高斯混合模型、贝叶斯分类器等，而常见的判别模型有决策树、人工神经网络、k 近邻算法、逻辑斯谛回归、支持向量机等。

值得注意的是，随着机器学习技术的迅速发展，越来越多新的机器学习算法被研究者们创造出来。而由经典算法衍生出来的机器学习算法更是种类繁多，在此不能一一列举。此外，算法的分类不是绝对的，随着经典机器学习算法的大量衍生，其分类出现了大量的交叉。例如，在由神经网络算法衍生出的众多深度学习算法中，卷积神经网络算法属于监督学习，而稀疏编码算法属于无监督学习。

1.4 学习模型的评价指标

需要定义模型评价的指标来评判各种机器学习算法的好坏，以便进行算法之间的比较。监督学习分为训练和测试两个阶段，通常用测试集中的样本来统计算法的精度。更复杂的做法是，在训练集中再划出一部分作为验证集，用于确定模型中人工设定的超参数，以优化模型。

对于分类问题，模型评价的指标是准确率，它定义为测试集中被正确分类的样本数与测试样本总数的比值。而对于回归问题，则将回归误差作为评价指标，定义为回归函数的输出值与样本标签之间的均方误差。

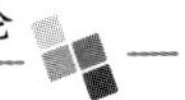

1.4.1 泛化能力

模型的泛化能力，是指学习算法对新模式的决策能力。先从训练集和测试集说起。训练集就是模型训练所用的样本数据集，集中的每个样本称为训练样本。测试集是指测试模型性能所用的样本数据集，集中的每个样本称作测试样本。测试样本也是假设从样本真实分布中独立同分布采样得到的。一般来说，测试集和训练集应该是互斥的，但假设是同分布的。

机器学习中的误差是指模型给出的预测输出与真值输出之间的差异程度。而训练误差是指模型在训练集上的误差。同理，测试误差是指模型在测试集上的误差。测试误差反映了模型的泛化能力，因此也称为泛化误差。

训练得到的模型不仅要对训练样本具有决策能力，也要对新的（训练过程中未看见的）模式具有决策能力。泛化能力低的模型通常是由于“过拟合”造成的。所谓过拟合，就是模型过于拟合训练数据，以至于模型训练阶段表现很好，但是在测试阶段却表现很差。

那么如何提高泛化能力呢？其基本思路是不要过度训练，可以选择复杂度适合的模型。实践证明，在目标函数中加入正则项可以抑制过拟合现象。

1.4.2 评估方法

在学习模型投入使用之前，通常需要对其进行性能评估，使用测试集来测试模型对新样本的泛化能力，然后用测试集上的“测试误差”作为泛化误差的近似。给定一个已知的数据集，如何将其拆分成训练集 S 和测试集 T 呢？通常采用的方法主要有两种：留出法和交叉验证法。

1. 留出法

所谓留出法，就是直接将数据集 D 划分为两个互斥的集合，其中一个作为训练集 S，另一个作为测试集 T，满足 $D = S \cup T$，$S \cap T = \varnothing$。在 S 上训练出模型后，用 T 来评估其测试误差，作为对泛化误差的估计。

需注意的是，训练集和测试集的划分要尽可能保持数据分布的一致性，避免因数据划分过程引入额外的偏差而对最终结果产生影响，例如在分类任务中至少要保持样本的类别比例相似。训练/测试集的样本比例通常保持在 $2:1 \sim 4:1$ 之间。

另一个需注意的问题是，即使在给定训练/测试集的样本比例后，仍存在多种划分方式对数据集 D 进行划分。因此，单次使用留出法得到的估计结果往往不够稳定可靠，在使用留出法时，一般要采用若干次随机划分、重复进行实验评估后取平均值作为留出法的评估结果。

2. 交叉验证法

交叉验证法就是先将数据集 D 划分为 k 个大小相似的互斥子集，即 $D = D_1 \cup D_2 \cup \cdots \cup D_k$，$D_i \cap D_j = \varnothing\,(i \neq j)$。每个子集 D_i 都尽可能保持数据分布的一致性，即从 D 中通过分层采样得到。然后，每次用 $k-1$ 个子集的并集作为训练集，余下的那个子集作为测试集；这样就可获得 k 组训练/测试集，从而可进行 k 次训练和测试，最终返回的是这 k 个测试结果的均值。显然，交叉验证法评估结果的稳定性和保真性在很大程度上取决

于 k 的取值，为强调这一点，通常把交叉验证法称为“k-折交叉验证”。k 最常用的取值是 10，此时称为 10-折交叉验证；其他常用的 k 值有 5、20 等。显然，与留出法相似，将数据集 D 划分为 k 个子集同样存在多种划分方式。为减小因样本划分不同而引入的差别，k-折交叉验证通常要随机使用不同的划分重复 p 次，最终的评估结果是这 p 次 k-折交叉验证结果的均值，例如常见的有“10 次 10-折交叉验证”。

交叉验证法的一个特例是“留一法”，即假定数据集 D 中包含 n 个样本，若取 $k = n$，则得到了交叉验证法的特例：留一法。显然，留一法不受随机样本划分方式的影响，因为 n 个样本只有唯一的方式划分为 n 个子集——每个子集包含一个样本。留一法使用的训练集与初始数据集相比只少了一个样本，这就使得在绝大多数情况下，留一法中被实际评估的模型与期望评估的用 D 训练出的模型很相似。因此，留一法的评估结果往往被认为比较准确。然而，留一法也有其缺陷: 在数据集比较大时，训练 n 个模型的计算开销可能是难以忍受的。

1.4.3 精度与召回率

对于二分类问题，它的样本只有正类和负类两个类别。例如，在表 1.1 的西瓜数据集中，正类是“好瓜”，负类是“非好瓜”。测试集中的正类样例被分类器判定为正类的数目记为 TP（True Positive，真正例），而被分类器判定为负类的数目记为 FN（False Negative，假负例）；同理，测试集中负类样例被分类器判定为负类的数目记作 TN（True Negative，真负例），而被判定为正类的数目记为 FP（False Positive，假正例）。于是，精度 P 定义为：

$$P = \frac{\mathrm{TP}}{\mathrm{TP} + \mathrm{FP}} \tag{1.1}$$

精度也称为“查准率”，是被分类器判定为正类的样例中真正的正类样本所占的比例。不难看出，精度的值越接近于 1，对正类样本的分类越准确。

召回率 R 定义为：

$$R = \frac{\mathrm{TP}}{\mathrm{TP} + \mathrm{FN}} \tag{1.2}$$

召回率也称为“查全率”，是测试集所有正类样例中被分类器判定为正类样本的比例。一种极端的情况是让分类器的输出都为正类，此时召回率为 1，但其精度非常低。

精度和召回率是一对矛盾的度量。一般来说，精度高时，召回率往往偏低；而召回率高时，精度往往偏低。通常，只有在一些简单任务中，才可能使精度和召回率都很高。

在很多情形下，可根据学习器的预测结果对样例进行排序，排在前面的是学习器认为“最可能”是正例的样本，排在最后的则是学习器认为“最不可能”是正例的样本。按此顺序逐个把样本作为正例进行预测，则每次可以计算出当前的精度和召回率。然后，以精度 P 为纵轴、召回率 R 为横轴作图，就得到了所谓的精度-召回率曲线，简称“P-R 曲线”。

一般来说，P-R 曲线可直观地显示出学习器在样本总体上的精度和召回率。在进行比较时，若学习器 A 的 P-R 曲线完全“包住”学习器 B 的 P-R 曲线，则可断言学习器 A 的性能优于学习器 B。如果两个学习器的 P-R 曲线发生了交叉，则难以一般性地断言两者孰优孰劣，只能在具体的精度或召回率条件下进行比较。

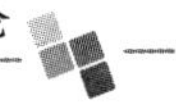

人们设计了一些综合考虑精度和召回率的性能度量。常用的度量指标是 F_1 度量:

$$F_1 = \frac{2 \times P \times R}{P + R} = \frac{2 \times \text{TP}}{\text{样例总数} + \text{TP} - \text{TN}}$$

在一些应用中，对精度和召回率的重视程度有所不同。例如在商品推荐系统中，为了尽可能少地打扰用户，更希望推荐内容确实是用户感兴趣的，此时精度更重要；而在逃犯信息检索系统中，更希望尽可能少地漏掉逃犯，此时召回率更重要。F_1 度量的推广形式为 F_β，能表达出对精度/召回率的不同偏好，它定义为:

$$F_\beta = \frac{(1 + \beta^2) \times P \times R}{(\beta^2 \times P) + R}$$

其中，$\beta > 0$ 度量了召回率对精度的相对重要性；$\beta = 1$ 时，退化为标准的 F_1；$\beta > 1$ 时，召回率有更大影响；$\beta < 1$ 时，精度有更大影响。

1.5 学习模型的选择

过拟合和欠拟合是导致模型泛化能力不高的两个重要原因，本节给出一般性的解决方案。

1.5.1 正则化技术

监督学习的训练目标是极小化误差函数。以均方误差作为损失函数为例，它是极小化预测值与样本真实标签值之差的平方和:

$$\min_{\boldsymbol{w}} \ \ell(\boldsymbol{w}) = \frac{1}{2n}\sum_{i=1}^{n}(f(\boldsymbol{x}_i, \boldsymbol{w}) - y_i)^2$$

其中，$y_i\,(i = 1, 2, \cdots, n)$ 是样本的真实标签值，$f(\boldsymbol{x}_i, \boldsymbol{w})$ 是预测函数的输出值，$\boldsymbol{x}_i = (x_{i1}, x_{i2}, \cdots, x_{im})^{\mathrm{T}}$ 是样本向量，$\boldsymbol{w} = (w_1, w_2, \cdots, w_m)^{\mathrm{T}}$ 是模型的参数变量。在选定预测函数的类型之后，能控制的只能是函数的参数。为了防止过拟合，可以对目标函数（损失函数）加上一个正则化项。正则化之后的极小化模型为:

$$\min_{\boldsymbol{w}} \ \ell(\boldsymbol{w}) = \frac{1}{2n}\sum_{i=1}^{n}(f(\boldsymbol{x}_i, \boldsymbol{w}) - y_i)^2 + \lambda\, p(\boldsymbol{w})$$

目标函数的后半部分 $\lambda\, p(\boldsymbol{w})$ 称为正则化项，其目的是让它的值尽可能小，即参数等于 0 或接近于 0。λ 为正则化参数，也称为超参数。$\lambda\, p(\boldsymbol{w})$ 通常可取为 $\frac{1}{2}\lambda\|\boldsymbol{w}\|_2^2$（$L_2$ 范数）或 $\lambda\|\boldsymbol{w}\|_1$（$L_1$ 范数）。L_2 范数正则化项在求解最优化问题时计算简单，而且有很好的数学性质，其梯度为 $\lambda\boldsymbol{w}$。L_1 范数为 $\boldsymbol{w}$ 的各分量 w_i 绝对值之和，由于绝对值函数在 0 点不可导，如果不考虑这种情况，其导数为符号函数 $\operatorname{sgn}(w_i)$，故 L_1 范数正则化项的梯度为 $\lambda \operatorname{sgn}(\boldsymbol{w})$。与 L_2 范数正则化相比，L_1 范数正则化能更有效地让参数趋向于 0，且产生的结果更稀疏。

下面以带 L_2 范数正则化项的线性回归（称为岭回归）为例来说明正则化技术的使用。我们知道，线性回归的目标函数就是线性函数 $f(\boldsymbol{x},\boldsymbol{w})=\boldsymbol{w}^{\mathrm{T}}\boldsymbol{x}$，学习的目标就是极小化均方误差损失函数：

$$\min_{\boldsymbol{w}}\ \ell(\boldsymbol{w})=\frac{1}{2n}\sum_{i=1}^{n}(\boldsymbol{w}^{\mathrm{T}}\boldsymbol{x}_i-y_i)^2$$

对 $\ell(\boldsymbol{w})$ 关于 $w_j\,(j=1,2,\cdots,m)$ 求导数并令其为 0 得：

$$\frac{1}{n}\sum_{i=1}^{n}(\boldsymbol{w}^{\mathrm{T}}\boldsymbol{x}_i-y_i)x_{ij}=\frac{1}{n}\sum_{i=1}^{n}\left(\sum_{k=1}^{m}w_kx_{ik}-y_i\right)x_{ij}=0$$

将上式变形为：

$$\sum_{i=1}^{n}\sum_{k=1}^{m}x_{ik}x_{ij}w_k=\sum_{i=1}^{n}y_ix_{ij},\ j=1,2,\cdots,m$$

写成矩阵形式，即：

$$(\boldsymbol{X}^{\mathrm{T}}\boldsymbol{X})\boldsymbol{w}=\boldsymbol{X}^{\mathrm{T}}\boldsymbol{y}$$

其中，矩阵 $\boldsymbol{X}$ 是样本向量按行排列形成的矩阵，即：

$$\boldsymbol{X}=\left(\boldsymbol{x}_1,\boldsymbol{x}_2,\cdots,\boldsymbol{x}_n\right)^{\mathrm{T}}$$

这是一个 $n\times m$ 矩阵。容易发现，如果系数矩阵 $\boldsymbol{X}^{\mathrm{T}}\boldsymbol{X}$ 是奇异的，那么上述线性方程组要么无解，要么有无穷多个解，这不是我们所希望的。考虑损失函数使用 L_2 范数正则化之后的优化问题：

$$\min_{\boldsymbol{w}}\ \ell(\boldsymbol{w})=\frac{1}{2n}\sum_{i=1}^{n}(\boldsymbol{w}^{\mathrm{T}}\boldsymbol{x}_i-y_i)^2+\frac{\lambda}{2}\|\boldsymbol{w}\|_2^2$$

通过对 $\ell(\boldsymbol{w})$ 关于 $\boldsymbol{w}$ 求梯度并令其等于零，得到下面的线性方程组：

$$(\boldsymbol{X}^{\mathrm{T}}\boldsymbol{X}+\lambda\boldsymbol{I})\boldsymbol{w}=\boldsymbol{X}^{\mathrm{T}}\boldsymbol{y}$$

由于 $\lambda>0$，故矩阵 $\boldsymbol{X}^{\mathrm{T}}\boldsymbol{X}+\lambda\boldsymbol{I}$ 总是对称正定的，因此上述的方程组必定有解：

$$\boldsymbol{w}=(\boldsymbol{X}^{\mathrm{T}}\boldsymbol{X}+\lambda\boldsymbol{I})^{-1}\boldsymbol{X}^{\mathrm{T}}\boldsymbol{y}$$

这就显示了正则化技术的优越性。

1.5.2 偏差-方差分解

模型的泛化误差可以分解成偏差、方差与噪声之和，因此偏差-方差分解是解释学习算法泛化性能的一种重要工具。

偏差-方差分解试图对学习算法的期望泛化错误率进行拆解。对测试样本 $\boldsymbol{x}$，令 y 为 $\boldsymbol{x}$ 的真实标签，要拟合的目标函数为 $f(\boldsymbol{x})$，算法拟合的函数为 $\bar{f}(\boldsymbol{x})$，则偏差定义为：

$$\mathrm{Bias}(\bar{f}(\boldsymbol{x}))=\mathbb{E}[f(\boldsymbol{x})-\bar{f}(\boldsymbol{x})]$$

上述定义说明，偏差是模型预测输出与期望输出之差的数学期望。根据定义，高的偏差值意味着模型本身的输出与期望值差距很大，因此会导致“欠拟合”的问题。而方差是由于对训练样本集的小波动敏感而导致的误差，它可以理解为模型预测值的波动程度。使用样本数相同的不同训练集产生的方差为：

$$\mathrm{Var}(\bar{f}(\boldsymbol{x})) = \mathbb{E}\big[\bar{f}(\boldsymbol{x})^2\big] - \big(\mathbb{E}[\bar{f}(\boldsymbol{x})]\big)^2$$

根据定义，高方差意味着算法对训练样本集中的随机噪声进行建模，从而出现“过拟合”现象。

下面给出模型总体误差的偏差-方差分解公式。设样本标签值 y 由目标函数值 $f(\boldsymbol{x})$ 与随机噪声 ε 决定：

$$y = f(\boldsymbol{x}) + \varepsilon$$

其中，ε 为随机噪声，其均值为 0，方差为 σ^2，则 $\mathrm{Var}(y)$=$\mathrm{Var}(f+\varepsilon) = \sigma^2$（$f$ 可视为常量）。由定义，模型总体均方误差的期望为：

$$\begin{aligned}\mathbb{E}[(y-\bar{f}(\boldsymbol{x}))^2] &= \mathbb{E}[y^2 - 2y\bar{f}(\boldsymbol{x}) + \bar{f}^2(\boldsymbol{x})] \\ &= \mathbb{E}[y^2] - \mathbb{E}[2y\bar{f}(\boldsymbol{x})] + \mathbb{E}[\bar{f}^2(\boldsymbol{x})] \\ &= \mathrm{Var}(y) + (\mathbb{E}[y])^2 - \mathbb{E}[2y\bar{f}] + \mathrm{Var}(\bar{f}) + (\mathbb{E}[\bar{f}])^2 \end{aligned} \tag{1.3}$$

上面的第三个等式应用了概率论中的方差公式 $\mathrm{Var}(\xi) = \mathbb{E}(\xi^2) - (\mathbb{E}[\xi])^2$。注意到，

$$\begin{aligned}(\mathbb{E}[y])^2 - \mathbb{E}[2y\bar{f}] &= (\mathbb{E}[f+\varepsilon])^2 - \mathbb{E}[2(f+\varepsilon)\bar{f}] \\ &= (\mathbb{E}[f])^2 - 2\mathbb{E}[f\bar{f}] = f^2 - 2f\mathbb{E}[\bar{f}]\end{aligned}$$

将上式代入式 (1.3) 得：

$$\begin{aligned}\mathbb{E}[(y-\bar{f}(\boldsymbol{x}))^2] &= \mathrm{Var}(y) + \mathrm{Var}(\bar{f}) + f^2 - 2f\mathbb{E}[\bar{f}] + (\mathbb{E}[\bar{f}])^2 \\ &= \mathrm{Var}(y) + \mathrm{Var}(\bar{f}) + (\mathbb{E}[f])^2 - 2\mathbb{E}[f]\mathbb{E}[\bar{f}] + (\mathbb{E}[\bar{f}])^2 \\ &= \mathrm{Var}(y) + \mathrm{Var}(\bar{f}) + (\mathbb{E}[f] - \mathbb{E}[\bar{f}])^2 \\ &= \mathrm{Var}(y) + \mathrm{Var}(\bar{f}) + (\mathbb{E}[f - \bar{f}])^2 \\ &= \sigma^2 + \mathrm{Var}(\bar{f}) + \mathrm{Bias}^2(\bar{f})\end{aligned}$$

于是有：

$$\mathbb{E}[(y-\bar{f}(\boldsymbol{x}))^2] = \mathrm{Bias}^2(\bar{f}) + \mathrm{Var}(\bar{f}) + \sigma^2$$

也就是说，模型的泛化误差可分解为偏差、方差与噪声之和。

回顾偏差、方差、噪声的含义可知，偏差刻画了学习算法的期望输出与真实标签的偏离程度，即学习算法本身的拟合能力；方差度量了训练集的变动所导致的学习性能的变化，

即数据扰动所造成的影响；噪声 ($\varepsilon = y - f(\boldsymbol{x})$) 则表达了在当前任务上任何学习算法所能达到的期望泛化误差的下界，即刻画了学习问题本身的难度。偏差-方差分解说明，泛化性能是由学习算法的能力、数据的充分性以及学习任务本身的难度所共同决定的。给定学习任务，为了取得好的泛化性能，则需使偏差较小，即能够充分拟合数据，并且使方差较小，即使得数据扰动产生的影响较小。

一般来说，偏差与方差是有冲突的，这称为偏差-方差窘境。如果模型过于简单，则一般会有大的偏差和小的方差（欠拟合）；反之，如果模型复杂，则有大的方差和小的偏差（过拟合），这是一对矛盾，需要在偏差与方差之间取得一个折中。

1.6 机器学习的用途与发展简史

1.6.1 机器学习应用的基本流程

使用机器学习进行应用程序开发时，通常遵循以下步骤：

（1） **建立数学模型**。建模时需要使用多种方法和手段收集数据，在得到数据后，需要对数据进行录入和一定的数据预处理，并将其保存成适当的数据格式，以便进行数据文件的使用。

（2） **选择算法**。机器学习算法繁多，同一个问题可以使用多种算法来解决。但针对某一问题，不同的算法可能有不同的效果或效率，因此，适当选择机器学习算法来解决当前的具体问题显得尤为重要。

（3） **确立优化目标**。可以说，所有的机器学习问题最终都转化为一个最优化问题，比如最小化均方误差或者最大化似然函数等。

（4） **学习迭代**。运用机器学习算法调用第（1）步生成的数据文件进行自学习，从而生成学习机模型。在这一步通常采用某种优化算法（比如梯度下降法）去反复迭代以更新模型的参数，从而逐步逼近目标函数的最优解。

（5） **效果评估**。回归实际问题，测试算法的工作效果。如果对算法的输出结果不满意，则可以回到第（4）步，进一步改进算法并进行重新测试。当问题与数据收集准备相关时，还需要回到第（1）步，重新考虑数据的筛选和预处理。

（6） **使用算法**。将机器学习算法转换为应用程序，以便检验算法在实际工作中能否正常完成工作任务。

一般来说，在确立优化目标这一步，对于概率问题，通常使用极大化对数似然函数作为优化目标；对于回归问题，一般采用平方误差作为损失函数，然后极小化这个损失函数作为目标；而对于分类问题，则多用交叉熵作为损失函数。无论是极大化对数似然函数还是极小化损失函数，都有很多种优化方法可供选择。

1.6.2 机器学习的应用领域与发展简史

机器学习是一种通用的数据处理技术，包含了大量的学习算法。不同的学习算法在不同的行业及应用中能够表现出不同的性能和优势。目前，机器学习已成功地应用于下列领域：

（1）**互联网领域**　语音识别、搜索引擎、语言翻译、垃圾邮件过滤、自然语言处理等。

（2）**生物领域** 基因序列分析、DNA 序列预测、蛋白质结构预测等。

（3）**自动化领域** 人脸识别、无人驾驶技术、图像处理、信号处理等。

（4）**金融领域** 证券市场分析、信用卡欺诈检测等。

（5）**医学领域** 疾病鉴别/诊断、流行病爆发预测等。

（6）**刑侦领域** 潜在犯罪识别与预测、模拟人工智能侦探等。

（7）**新闻领域** 新闻推荐系统等。

（8）**游戏领域** 游戏战略规划等。

从上述所列举的应用可知，机器学习正在成为各行各业都会经常用到的分析工具，尤其是在各领域数据量爆炸的今天，各行业都希望通过数据处理与分析手段得到数据中有价值的信息，以便明确客户的需求并指引企业的发展。

应该说，机器学习是人工智能领域一个较为新颖的研究分支，它的发展大体上可以分为四个阶段。

（1）**第一阶段** 20 世纪 50 年代中期到 60 年代中期，属于机器学习的热烈时期。这一阶段所研究的是“没有知识”的学习，即“无知”学习，其研究目标是各类自组织系统和自适应系统。

（2）**第二阶段** 20 世纪 60 年代中期到 70 年代中期，属于机器学习的冷静时期。这一阶段的研究目标是模拟人类的概念学习过程，并采用逻辑结构或者图结构作为机器内部描述。机器能够采用符号来描述概念，并提出关于学习概念的各种假设。

（3）**第三阶段** 20 世纪 70 年代中期到 80 年代中期，称为机器学习的复兴时期，这一阶段人们从学习单个概念扩展到学习多个概念，探索不同的学习策略和各种学习方法。本阶段已开始把学习系统与各种应用结合起来，并取得了很大的成功，极大地促进了机器学习的发展。

（4）**第四阶段** 这一阶段始于 1986 年，一方面，由于神经网络研究的重新兴起，对连接机制学习方法的研究方兴未艾，机器学习的研究已在全世界范围内出现新的高潮，对机器学习的基本理论和综合系统的研究得到加强和发展；另一方面，实验研究和应用研究得到前所未有的重视。人工智能技术和计算机技术的快速发展，为机器学习提供了新的更强有力的研究手段和环境。

随着计算机技术和互联网技术的发展，机器学习技术在计算机硬件的支持下取得了迅猛的进展。尤其自 2010 年以来，谷歌、微软等国际 IT 巨头纷纷加快了对机器学习技术的研究，并且取得了很好的商业应用价值。国内的阿里巴巴、百度、腾讯等企业也竞相效仿，加大了对机器学习的研究力度。目前，机器学习已经取得一些举世瞩目的成就，如阿尔法狗击败了世界围棋冠军，微软人工智能的语言理解能力超过人类，等等，这些都标志着机器学习技术正在步入成熟应用阶段。

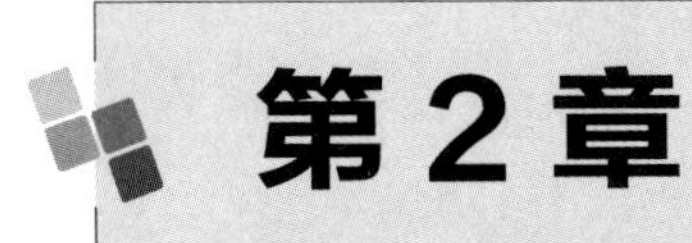

第 2 章 线性模型与逻辑斯谛回归

线性模型的预测函数就是线性函数，其最大的优点是简单、可解释性强，且运算速度快。虽然线性函数的建模能力有限，但当样本的属性向量维数很高、训练样本数目很多时，它具有速度上的优势，在大规模分类问题上得到了成功的应用。另外，本章介绍的逻辑斯谛回归是线性分类模型的一种推广，它具有较强的建模能力。简言之，线性模型虽形式简单，但蕴含着机器学习中的一些重要基本思想。许多功能更为强大的非线性模型可在线性模型的基础上通过引入非线性映射而得到。

2.1 线性模型的基本形式

给定由 m 个属性描述的示例 $\boldsymbol{x}=(x_1,x_2,\cdots,x_m)^{\mathrm{T}}$，其中 x_i 是 $\boldsymbol{x}$ 在第 i 个属性上的取值，线性模型利用各属性的线性组合作为预测函数：

$$f(\boldsymbol{x})=\boldsymbol{w}^{\mathrm{T}}\boldsymbol{x}+b \tag{2.1}$$

其中，$\boldsymbol{w}=(w_1,w_2,\cdots,w_m)^{\mathrm{T}}$ 为权重向量，b 为超平面的截距。参数 $\boldsymbol{w}$ 和 b 确定之后，式 (2.1) 就得以确定。

2.1.1 线性回归模型的理论基础

给定样本数据集

$$D=\{(\boldsymbol{x}_1,y_1),(\boldsymbol{x}_2,y_2),\cdots,(\boldsymbol{x}_n,y_n)\}$$

其中，$\boldsymbol{x}_i=(x_{i1},x_{i2},\cdots,x_{im})^{\mathrm{T}}$，$y_i\in\mathbb{R}$。线性回归模型就是用式 (2.1) 去尽可能准确地预测实值（连续值）输出标签。

那么如何确定式 (2.1) 中的参数 $(\boldsymbol{w},b)$ 呢？先考虑输入样本属性只有一个的情形，此时问题转化为确定

$$f(x_i)=wx_i+b,\ 使得\ f(x_i)\approx y_i \tag{2.2}$$

用均方误差作为衡量 $f(x_i)$ 与 y_i 差别的度量指标来确定 w 和 b，即极小化均方误差函数：

$$\min E(w,b)=\frac{1}{2}\sum_{i=1}^{n}(y_i-wx_i-b)^2 \tag{2.3}$$

顺便提及一下，基于均方误差极小化来进行模型求解的方法称为“最小二乘法”。在线性回归中，最小二乘法就是试图找到一条直线，使所有样本到直线上的欧氏距离之和最小。极小化的过程，可将式 (2.3) 中的 $E(w,b)$ 分别对 w 和 b 求导并令其等于 0，得到：

$$\frac{\partial E(w,b)}{\partial w} = w\sum_{i=1}^{n} x_i^2 - \sum_{i=1}^{n}(y_i - b)x_i = 0 \tag{2.4}$$

$$\frac{\partial E(w,b)}{\partial b} = nb - \sum_{i=1}^{n}(y_i - wx_i) = 0 \tag{2.5}$$

解得 w 和 b 为：

$$w = \frac{\sum\limits_{i=1}^{n} y_i(x_i - \bar{x})}{\sum\limits_{i=1}^{n} x_i^2 - n\bar{x}^2}, \quad b = \frac{1}{n}\sum_{i=1}^{n}(y_i - wx_i) \tag{2.6}$$

其中，$\bar{x} = \frac{1}{n}\sum\limits_{i=1}^{n} x_i$ 为 x 的均值。一般地，对于样本属性向量为 m 维的情形，此时需要确定的模型是：

$$f(\boldsymbol{x}_i) = \boldsymbol{w}^{\mathrm{T}}\boldsymbol{x}_i + b, \text{ 使得 } f(\boldsymbol{x}_i) \approx y_i \tag{2.7}$$

这称为“多元线性回归”。同样，可利用最小二乘法来确定 $\boldsymbol{w}$ 和 b。为讨论方便，把 $\boldsymbol{w}$ 和 b 记为向量形式 $\boldsymbol{\theta} = (\boldsymbol{w}; b)$，相应地，将数据集 D 表示为一个 $n \times (m+1)$ 维的矩阵 $\boldsymbol{X}$，其中每行对应于一个样例，该行前 m 个元素对应于样例的 m 个属性值，最后一个元素恒置为 1，即：

$$\boldsymbol{X} = \begin{pmatrix} x_{11} & x_{12} & \cdots & x_{1m} & 1 \\ x_{21} & x_{22} & \cdots & x_{2m} & 1 \\ \vdots & \vdots & \ddots & \vdots & \vdots \\ x_{n1} & x_{n2} & \cdots & x_{nm} & 1 \end{pmatrix} = \begin{pmatrix} \boldsymbol{x}_1^{\mathrm{T}} & 1 \\ \boldsymbol{x}_2^{\mathrm{T}} & 1 \\ \vdots & \vdots \\ \boldsymbol{x}_n^{\mathrm{T}} & 1 \end{pmatrix}$$

再把标签也写成向量形式 $\boldsymbol{y} = (y_1, y_2, \cdots, y_n)^{\mathrm{T}}$，则类似于式 (2.3) 有：

$$\min_{\boldsymbol{\theta}} E(\boldsymbol{\theta}) = \frac{1}{2}\|\boldsymbol{y} - \boldsymbol{X}\boldsymbol{\theta}\|^2 \tag{2.8}$$

对 $E(\boldsymbol{\theta})$ 关于 $\boldsymbol{\theta}$ 求导并令其等于 $\mathbf{0}$，得：

$$\frac{\partial E(\boldsymbol{\theta})}{\partial \boldsymbol{\theta}} = \boldsymbol{X}^{\mathrm{T}}(\boldsymbol{X}\boldsymbol{\theta} - \boldsymbol{y}) = \mathbf{0} \implies (\boldsymbol{X}^{\mathrm{T}}\boldsymbol{X})\boldsymbol{\theta} = \boldsymbol{X}^{\mathrm{T}}\boldsymbol{y} \tag{2.9}$$

当 $\boldsymbol{X}^{\mathrm{T}}\boldsymbol{X}$ 非奇异时，可通过求解式 (2.9) 右端的线性方程组得到 $\boldsymbol{\theta}$ 最优解的解析形式：

$$\boldsymbol{\theta}^* = (\boldsymbol{X}^{\mathrm{T}}\boldsymbol{X})^{-1}\boldsymbol{X}^{\mathrm{T}}\boldsymbol{y} \tag{2.10}$$

令 $\hat{\boldsymbol{x}}_i = (\boldsymbol{x}_i; 1)$，则最终求得的多元线性回归模型为：

$$f(\hat{\boldsymbol{x}}_i) = \hat{\boldsymbol{x}}_i^{\mathrm{T}}\boldsymbol{\theta}^* = \hat{\boldsymbol{x}}_i^{\mathrm{T}}(\boldsymbol{X}^{\mathrm{T}}\boldsymbol{X})^{-1}\boldsymbol{X}^{\mathrm{T}}\boldsymbol{y} \tag{2.11}$$

然而，在现实的机器学习任务中，很难保证 $\boldsymbol{X}^{\mathrm{T}}\boldsymbol{X}$ 是非奇异矩阵。例如，某学习任务中属性变量的数目超过样例数，导致 $\boldsymbol{X}$ 的列数多于行数，则 $\boldsymbol{X}^{\mathrm{T}}\boldsymbol{X}$ 显然不是满秩的。此

时解 $\boldsymbol{\theta}^*$ 不唯一，这些不唯一的解都能使均方误差极小化。究竟选择哪一个解作为最终输出，将由学习算法的归纳偏好所决定，常见的做法是引入正则化项，即考虑模型：

$$\min_{\boldsymbol{\theta}} E(\boldsymbol{\theta}) = \frac{1}{2}\|\boldsymbol{y} - \boldsymbol{X}\boldsymbol{\theta}\|^2 + \frac{\lambda}{2}\|\boldsymbol{\theta}\|^2 \tag{2.12}$$

这里的 $\lambda > 0$ 是正则化参数（称为超参数），$\|\cdot\|$ 表示欧氏范数，这样的回归模型称为“岭回归”。由式 (2.12) 可以推得：

$$(\boldsymbol{X}^{\mathrm{T}}\boldsymbol{X} + \lambda\boldsymbol{I})\boldsymbol{\theta} = \boldsymbol{X}^{\mathrm{T}}\boldsymbol{y}$$

这个线性方程组的系数矩阵 $\boldsymbol{X}^{\mathrm{T}}\boldsymbol{X} + \lambda\boldsymbol{I}$ 是对称正定的 $(\lambda > 0)$，因而有唯一解：

$$\boldsymbol{\theta}^* = (\boldsymbol{X}^{\mathrm{T}}\boldsymbol{X} + \lambda\boldsymbol{I})^{-1}\boldsymbol{X}^{\mathrm{T}}\boldsymbol{y}$$

这就很好地解决了当样本数据矩阵 $\boldsymbol{X}$ 秩亏时模型参数的确定问题。

注 2.1 线性函数虽简单，却蕴含着丰富的变化。例如，对于样例 $(\boldsymbol{x}, y)$，$y \in \mathbb{R}$，当希望式 (2.1) 的预测值逼近真实标签值 y 时，就得到了线性回归模型。为便于观察，将线性回归模型写为：

$$y = \boldsymbol{w}^{\mathrm{T}}\boldsymbol{x} + b \tag{2.13}$$

那么，可否令线性函数预测值逼近标签值 y 的衍生物呢？比如，假设可认为示例所对应的输出标签值是在指数尺度上变化的，那么就可将输出标签值的对数作为线性函数逼近的目标，即：

$$\ln y = \boldsymbol{w}^{\mathrm{T}}\boldsymbol{x} + b \tag{2.14}$$

这样的模型称为“对数线性回归模型”，它实际上是试图让 $\mathrm{e}^{\boldsymbol{w}^{\mathrm{T}}\boldsymbol{x}+b}$ 逼近 y。式 (2.14) 在形式上仍是线性回归，但实质上已是在求取输入空间到输出空间的非线性映射。这里的对数函数起到了将线性回归模型的预测值与真实标签值联系起来的作用。

更一般地，考虑单调可微函数 $g(\cdot)$，令

$$y = g^{-1}(\boldsymbol{w}^{\mathrm{T}}\boldsymbol{x} + b) \tag{2.15}$$

这样得到的模型称为“广义线性模型”，其中函数 $g(\cdot)$ 称为“联系函数”。显然，对数线性回归是广义线性模型在 $g(\cdot) = \ln(\cdot)$ 时的特例。广义线性模型的参数估计常通过加权最小二乘法或极大似然法进行。

2.1.2 线性回归模型的 MATLAB 实现

在 MATLAB 中，为了方便用户的使用，针对线性回归算法封装了函数 fitlm，该函数不仅适用于简单的线性回归，同时也适用于多元线性回归。函数 fitlm 的使用方法有如下几种。

```
mdl = fitlm(X,y);
mdl = fitlm(X,y,modelspec);
mdl = fitlm(…,Name,Value);
```

其中，X 表示样本属性矩阵; y 表示样本标签的向量; modelspec 表示拟合的方式，其相关参数可为 ‘constant’‘linear’‘interactions’‘purequadratic’‘quadratic’ 等，分别表示常数回归拟合（即一条横线）、直线拟合、可存在交叉项的拟合（但不存在平方项）、可存在平方项的拟合（但不存在交叉项）、交叉项和平方项同时存在的拟合；Name 为可选参数的名称; Value 为可选参数的取值，在未对可选参数赋值时，其取值为默认值。

例 2.1　用 MATLAB 自带的 carsmall 数据集作为本例的数据来源，这个数据集里有 100 个样本，可在命令窗口用 load carsmall 查看其详情。在本例中以 Weight 和 Acceleration 为自变量、MPG（Miles Per Gallon）为因变量进行线性回归。

具体代码如下 (line_model.m 文件):

```
%线性回归算法MATLAB实现
clear all;close all;clc;
load carsmall;   %载入汽车数据
tbl=table(Weight,Acceleration,MPG,'VariableNames',{'Weight','Acceleration','MPG'});
%形成表格数据,第一列为Weight,第二列为Acceleration,第三列为MPG
lm=fitlm(tbl, 'MPG~Weight+Acceleration')
%以Weight和Acceleration为自变量、MPG为因变量的线性回归
plot3(Weight,Acceleration,MPG,'r*');%绘制数据散点图
hold on;
axis([min(Weight)+2,max(Weight)+2,min(Acceleration)+1,...max(Acceleration)+1,
min(MPG)+1,max(MPG)+1]);
title('二元回归');xlabel('Weight');ylabel('Acceleration');
zlabel('MPG'); %编制Z轴名称
X=min(Weight):20:max(Weight)+2;%生成X轴数据
Y=min(Acceleration):max(Acceleration)+1;%生成Y轴数据
[X1,Y1]=meshgrid(X,Y);%生成X、Y轴的网格数据
Estimate=table2array(lm.Coefficients);
%将计算得到的table格式的拟合参数转换为矩阵形式
Z=Estimate(1,1)+Estimate(2,1)*X1+Estimate(3,1)*Y1;%计算拟合面的Z轴数据
mesh(X1,Y1,Z);%绘制网格形式的二元拟合面
hold off;
```

运行后 MATLAB 命令窗口结果如下:

```
lm =
Linear regression model:
    MPG ~ 1 + Weight + Acceleration


Estimated Coefficients:
                  Estimate          SE          tStat        pValue
                 _________      _________      _______     __________

(Intercept)       45.155          3.4659       13.028      1.6266e-22
Weight         -0.0082475      0.00059836     -13.783      5.3165e-24
```

```
Acceleration 0.19694       0.14743     1.3359       0.18493

Number of observations: 94, Error degrees of freedom: 91
Root Mean Squared Error: 4.12
R-squared: 0.743,  Adjusted R-Squared 0.738
F-statistic vs.constant model: 132, p-value = 1.38e-27
```

其中，lm 输出了模型的相关参数，MPG~1 + Weight + Acceleration 表示该拟合模型是包含常量的，且以 Weight 和 Acceleration 为自变量。Estimated Coefficients（参数估计表）为 3×4 维的 Table 数据，第一列表示拟合参数，第二列（SE）表示残差平方，第三列（tStat）表示 t 统计量，第四列（pValue）表示 p 检验值。采用 plot3 和 mesh 函数进行绘图，输出线性拟合结果如图 2.1 所示。

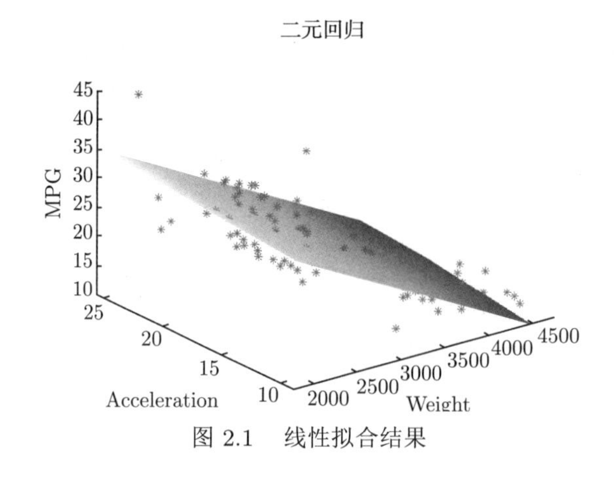

图 2.1　线性拟合结果

根据上述信息，可得到线性回归模型：

$$\text{MPG} = 45.155 - 0.0082475 \times \text{Weight} + 0.19694 \times \text{Acceleration}$$

利用上述模型（经验公式），可预测不同 Weight（重量）和 Acceleration（加速度）数据下的 MPG。

2.2　逻辑斯谛回归

2.1 节讨论了线性回归学习，但如果遇到的机器学习任务是分类任务该怎么办？答案就蕴含在式 (2.15) 的广义线性模型中。只需找一个单调可微函数将分类任务的真实标签值 y 与线性回归模型的预测值联系起来。

2.2.1　逻辑斯谛回归的基本原理

考虑二分类任务，假设分类标签 $y \in \{0,1\}$。我们知道，概率的取值为 $0 \sim 1$，如果有这样的一个函数：对于一个样本的属性向量，这个函数可以输出样本属于每一类的概率值，那么这个函数就可以用作分类函数。不难发现，Sigmoid 函数就是这样的一个函数：

$$\sigma(z)=\frac{1}{1+\mathrm{e}^{-z}} \tag{2.16}$$

它的定义域为 $(-\infty,+\infty)$，值域为 $(0,1)$，并且是单调增函数。此外，它与正态分布的概率累积函数很像，且具有良好的求导性质，即：

$$\sigma'(z)=\sigma(z)(1-\sigma(z))$$

也就是说，只要知道了 $\sigma(z)$ 就能直接写出其导数。Sigmoid 函数的图像如图 2.2 所示。

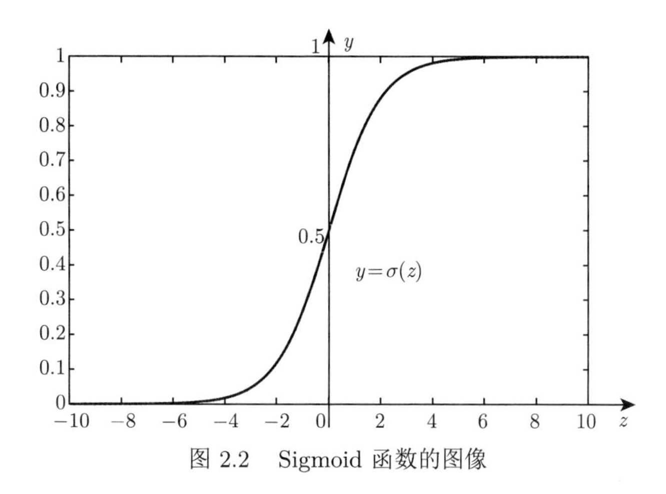

图 2.2　Sigmoid 函数的图像

从图 2.2 可看出，Sigmoid 函数将 z 值转化为一个接近 0 或 1 的 y 值，并且其输出值的曲线在 $z=0$ 附近很陡。将 Sigmoid 函数作为 $g^{-1}(\cdot)$ 代入式 (2.15)，得：

$$y=\frac{1}{1+\mathrm{e}^{-(\boldsymbol{w}^{\mathrm{T}}\boldsymbol{x}+b)}} \tag{2.17}$$

类似于式 (2.14)，式 (2.17) 可变形为：

$$\ln\frac{y}{1-y}=\boldsymbol{w}^{\mathrm{T}}\boldsymbol{x}+b \tag{2.18}$$

若将 y 看作样本 $\boldsymbol{x}$ 作为正例的可能性，则 $1-y$ 是其负例可能性，两者的比值

$$\frac{y}{1-y}$$

称为“概率”，它反映了 $\boldsymbol{x}$ 作为正例的相对可能性。对概率取对数则得到“对数概率”：

$$\ln\frac{y}{1-y}$$

可以看出，式 (2.17) 实际上是在用线性回归模型的预测值去逼近真实标签的对数概率，这一模型就称为“逻辑斯谛回归”，也叫作“对数概率回归”。值得一提的是，虽然它的名字是“回归”，但实际是一种分类学习方法。这种方法有很多优点：

（1）直接对分类可能性建模，无须事先假设数据分布，避免了假设分布不准确所带来的问题。

（2）不仅可预测出类别，而且可得到近似概率预测，这对需利用概率辅助决策的任务很有用。

（3）预测函数是任意阶可导的凸函数，现有的许多数值优化算法都可直接用于求取最优解。

下面来确定式 (2.17) 中的 $\boldsymbol{w}$ 和 b。若将式 (2.17) 中的 y 视为类后验概率估计 $y = p(y=1\,|\,\boldsymbol{x})$，注意到 $p(y=0\,|\,\boldsymbol{x}) = 1 - p(y=1\,|\,\boldsymbol{x}) = 1 - y$，则式 (2.18) 可重写为：

$$\ln \frac{p(y=1\,|\,\boldsymbol{x})}{p(y=0\,|\,\boldsymbol{x})} = \boldsymbol{w}^{\mathrm{T}}\boldsymbol{x} + b \tag{2.19}$$

容易得到：

$$p(y=1\,|\,\boldsymbol{x}) = \frac{\mathrm{e}^{\boldsymbol{w}^{\mathrm{T}}\boldsymbol{x}+b}}{1+\mathrm{e}^{\boldsymbol{w}^{\mathrm{T}}\boldsymbol{x}+b}} \tag{2.20}$$

$$p(y=0\,|\,\boldsymbol{x}) = \frac{1}{1+\mathrm{e}^{\boldsymbol{w}^{\mathrm{T}}\boldsymbol{x}+b}} \tag{2.21}$$

给定训练样本集 $\{(\boldsymbol{x}_i, y_i)\}_{i=1}^{n}$，其中 $\boldsymbol{x}_i$ 为 m 维属性向量，y_i 为类别标签，取值为 1 或 0。为便于讨论，令 $\boldsymbol{\theta} = (\boldsymbol{w}; b)$，$\boldsymbol{z} = (\boldsymbol{x}; 1)$，则 $\boldsymbol{w}^{\mathrm{T}}\boldsymbol{x} + b$ 可简写为 $\boldsymbol{\theta}^{\mathrm{T}}\boldsymbol{z}$。再令 $p_1(\boldsymbol{z};\boldsymbol{\theta}) = p(y=1\,|\,\boldsymbol{z};\boldsymbol{\theta})$，$p_0(\boldsymbol{z};\boldsymbol{\theta}) = p(y=0\,|\,\boldsymbol{z};\boldsymbol{\theta}) = 1 - p_1(\boldsymbol{z};\boldsymbol{\theta})$，则样本属于每个类的概率为：

$$p(y\,|\,\boldsymbol{z};\boldsymbol{\theta}) = p_1(\boldsymbol{z};\boldsymbol{\theta})^{y}(1 - p_1(\boldsymbol{z};\boldsymbol{\theta}))^{(1-y)} \tag{2.22}$$

容易理解，因为 y 为 1 或 0，故上式分别等于样本属于正、负类样本的概率。逻辑斯谛回归的是样本属于某个类的概率，而类别标签为离散的 1 或 0，因此不适合用欧氏距离误差来定义损失函数。可考虑通过极大似然法来确定模型参数。由于样本之间相互独立同分布，训练样本集的似然函数为：

$$L(\boldsymbol{\theta}) = \prod_{i=1}^{n} p(y_i\,|\,\boldsymbol{z}_i;\boldsymbol{\theta}) = \prod_{i=1}^{n} p_1(\boldsymbol{z}_i;\boldsymbol{\theta})^{y_i}(1 - p_1(\boldsymbol{z}_i;\boldsymbol{\theta}))^{(1-y_i)}$$

对数似然函数为：

$$\ell(\boldsymbol{\theta}) = \sum_{i=1}^{n} \ln p(y_i\,|\,\boldsymbol{z}_i;\boldsymbol{\theta}) = \sum_{i=1}^{n} \left[y_i \ln p_1(\boldsymbol{z}_i;\boldsymbol{\theta}) + (1-y_i)\ln(1 - p_1(\boldsymbol{z}_i;\boldsymbol{\theta}))\right] \tag{2.23}$$

极大化对数似然函数 $\ell(\boldsymbol{\theta})$ 等价于极小化下面的函数：

$$f(\boldsymbol{\theta}) = -\sum_{i=1}^{n} \left[y_i \ln p_1(\boldsymbol{z}_i;\boldsymbol{\theta}) + (1-y_i)\ln(1 - p_1(\boldsymbol{z}_i;\boldsymbol{\theta}))\right]$$

注意到

$$p_1(\boldsymbol{z}_i;\boldsymbol{\theta}) = \frac{\mathrm{e}^{\boldsymbol{w}^{\mathrm{T}}\boldsymbol{x}_i+b}}{1+\mathrm{e}^{\boldsymbol{w}^{\mathrm{T}}\boldsymbol{x}_i+b}} = \frac{\mathrm{e}^{\boldsymbol{\theta}^{\mathrm{T}}\boldsymbol{z}_i}}{1+\mathrm{e}^{\boldsymbol{\theta}^{\mathrm{T}}\boldsymbol{z}_i}}$$

及

$$\nabla_{\boldsymbol{\theta}} p_1(\boldsymbol{z}_i;\boldsymbol{\theta}) = \frac{\mathrm{e}^{\boldsymbol{\theta}^{\mathrm{T}}\boldsymbol{z}_i}(1+\mathrm{e}^{\boldsymbol{\theta}^{\mathrm{T}}\boldsymbol{z}_i})\boldsymbol{z}_i - \mathrm{e}^{\boldsymbol{\theta}^{\mathrm{T}}\boldsymbol{z}_i}\mathrm{e}^{\boldsymbol{\theta}^{\mathrm{T}}\boldsymbol{z}_i}\boldsymbol{z}_i}{(1+\mathrm{e}^{\boldsymbol{\theta}^{\mathrm{T}}\boldsymbol{z}_i})^2} = \frac{\mathrm{e}^{\boldsymbol{\theta}^{\mathrm{T}}\boldsymbol{z}_i}\boldsymbol{z}_i}{(1+\mathrm{e}^{\boldsymbol{\theta}^{\mathrm{T}}\boldsymbol{z}_i})^2}$$
$$= \frac{\mathrm{e}^{\boldsymbol{\theta}^{\mathrm{T}}\boldsymbol{z}_i}}{1+\mathrm{e}^{\boldsymbol{\theta}^{\mathrm{T}}\boldsymbol{z}_i}} \cdot \frac{1}{1+\mathrm{e}^{\boldsymbol{\theta}^{\mathrm{T}}\boldsymbol{z}_i}}\boldsymbol{z}_i = p_1(\boldsymbol{z}_i;\boldsymbol{\theta})(1-p_1(\boldsymbol{z}_i;\boldsymbol{\theta}))\boldsymbol{z}_i$$

则有：

$$\nabla_{\boldsymbol{\theta}} f(\boldsymbol{\theta}) = -\sum_{i=1}^{n}\left(\frac{y_i\nabla_{\boldsymbol{\theta}} p_1(\boldsymbol{z}_i;\boldsymbol{\theta})}{p_1(\boldsymbol{z}_i;\boldsymbol{\theta})} - \frac{(1-y_i)\nabla_{\boldsymbol{\theta}} p_1(\boldsymbol{z}_i;\boldsymbol{\theta})}{1-p_1(\boldsymbol{z}_i;\boldsymbol{\theta})}\right)$$
$$= -\sum_{i=1}^{n}\big(y_i(1-p_1(\boldsymbol{z}_i;\boldsymbol{\theta}))\boldsymbol{z}_i - (1-y_i)p_1(\boldsymbol{z}_i;\boldsymbol{\theta})\boldsymbol{z}_i\big)$$
$$= \sum_{i=1}^{n}\big(p_1(\boldsymbol{z}_i;\boldsymbol{\theta}) - y_i\big)\boldsymbol{z}_i$$

函数 $f(\boldsymbol{\theta})$ 的 Hessian 阵为：

$$\nabla_{\boldsymbol{\theta}}^2 f(\boldsymbol{\theta}) = \sum_{i=1}^{n}\nabla_{\boldsymbol{\theta}} p_1(\boldsymbol{z}_i;\boldsymbol{\theta})\boldsymbol{z}_i^{\mathrm{T}}$$
$$= \sum_{i=1}^{n} p_1(\boldsymbol{z}_i;\boldsymbol{\theta})(1-p_1(\boldsymbol{z}_i;\boldsymbol{\theta}))\boldsymbol{z}_i\boldsymbol{z}_i^{\mathrm{T}}$$

记 $\boldsymbol{Z}_i = \boldsymbol{z}_i\boldsymbol{z}_i^{\mathrm{T}}$，则对任意不为 0 的向量 $\boldsymbol{z}$ 有：

$$\boldsymbol{z}^{\mathrm{T}}\boldsymbol{Z}_i\boldsymbol{z} = \boldsymbol{z}^{\mathrm{T}}(\boldsymbol{z}_i\boldsymbol{z}_i^{\mathrm{T}})\boldsymbol{z} = (\boldsymbol{z}_i^{\mathrm{T}}\boldsymbol{z})^{\mathrm{T}}(\boldsymbol{z}_i^{\mathrm{T}}\boldsymbol{z}) = (\boldsymbol{z}_i^{\mathrm{T}}\boldsymbol{z})^2 \geqslant 0$$

从而矩阵 $\boldsymbol{Z}_i$ 半正定。另外，由于 $p_1(\boldsymbol{z}_i;\boldsymbol{\theta})(1-p_1(\boldsymbol{z}_i;\boldsymbol{\theta})) > 0$，故 Hessian 阵 $\nabla_{\boldsymbol{\theta}}^2 f(\boldsymbol{\theta})$ 半正定，即目标函数 $f(\boldsymbol{\theta})$ 是凸函数，因此有唯一的极小点。

根据凸优化理论，经典的数值优化算法如梯度下降法、牛顿法等都可求得其最优解。梯度下降法的迭代更新公式为：

$$\boldsymbol{\theta}^{(k+1)} = \boldsymbol{\theta}^{(k)} - \alpha\nabla_{\boldsymbol{\theta}} f(\boldsymbol{\theta}^{(k)}) \tag{2.24}$$

而牛顿法的第 $k+1$ 轮迭代解的更新公式为：

$$\boldsymbol{\theta}^{(k+1)} = \boldsymbol{\theta}^{(k)} - \left(\nabla_{\boldsymbol{\theta}}^2 f(\boldsymbol{\theta}^{(k)})\right)^{-1}\nabla_{\boldsymbol{\theta}} f(\boldsymbol{\theta}^{(k)}) \tag{2.25}$$

其中，$f(\boldsymbol{\theta})$ 关于 $\boldsymbol{\theta}$ 的梯度向量和 Hessian 阵分别为：

$$\nabla_{\boldsymbol{\theta}} f(\boldsymbol{\theta}^{(k)}) = \sum_{i=1}^{n}\big(p_1(\boldsymbol{z}_i;\boldsymbol{\theta}^{(k)}) - y_i\big)\boldsymbol{z}_i$$
$$\nabla_{\boldsymbol{\theta}}^2 f(\boldsymbol{\theta}^{(k)}) = \sum_{i=1}^{n} p_1(\boldsymbol{z}_i;\boldsymbol{\theta}^{(k)})(1-p_1(\boldsymbol{z}_i;\boldsymbol{\theta}^{(k)}))\boldsymbol{z}_i\boldsymbol{z}_i^{\mathrm{T}}$$

注 2.2 当二分类标签为 $\{-1,1\}$ 时，逻辑斯谛回归模型可采用双曲正切 tanh 作为预测函数：

$$\tanh(z)=\frac{\mathrm{e}^{z}-\mathrm{e}^{-z}}{\mathrm{e}^{z}+\mathrm{e}^{-z}}$$

tanh 函数的图像跟 Sigmoid 函数很像，只不过 tanh 函数的值域为 $[-1,1]$。实际上，tanh 函数经过简单的平移缩放就能得到 Sigmoid 函数，即：

$$\sigma(z)=\frac{1+\tanh(z/2)}{2} \tag{2.26}$$

tanh 函数同样具有优良的求导性质，即：

$$\tanh'(z)=\frac{(\mathrm{e}^{z}+\mathrm{e}^{-z})^2-(\mathrm{e}^{z}-\mathrm{e}^{-z})^2}{(\mathrm{e}^{z}+\mathrm{e}^{-z})^2}=1-(\tanh(z))^2$$

2.2.2 逻辑斯谛回归的 MATLAB 实现

由于逻辑斯谛回归属于广义的线性模型，因此在 MATLAB 中通过广义线性模型函数 glmfit 来实现。对于 glmfit 函数的调用有以下几种方式。

```
b = glmfit(X,y,distr);
b = glmfit(X,y,distr,param1,val1,param2,val2,...);
[b,dev] = glmfit(...);
[b,dev,stats] = glmfit(...);
```

其中，X 表示样本矩阵，维度是 $n\times m$，表示有 n 个样本，每个样本有 m 个属性; y 一般是一维向量，表示样本标签，同时也可以是二维向量; distr 表示回归时回归曲线与样本之间偏差的误差分布，相关分布包括正态分布（Normal）、伯努利分布（Binomial）、伽马分布（Gamma）、逆高斯分布（Inverse Gaussian）、泊松分布（Poisson）; param1 表示可设置的参数的名称; val1 表示相关参数的取值。返回值 b 是一个 $m+1$ 维的向量，表示回归系数 $(\boldsymbol{w};b)$; dev 表示拟合偏差; stats 表示逻辑斯谛回归时相关的统计量，是一个结构体，其内部包含各种与统计相关的参数，如 t 统计量、p 检验值等。

例 2.2 对里程测试中车辆出现问题的比例和车辆重量之间的关系进行建模。观测值包括车辆重量、车辆数量和损坏数量。车辆原始数据如表 2.1 所示。

表 2.1 车辆原始数据 （单位：辆）

车辆数量	48	42	31	34	31	21	23	23	21	16	17	21
损坏数量	1	2	0	3	8	8	14	17	19	15	17	21

编写原始数据 m 文件如下 (car_data.m 文件)：

```
weight=[2100 2300 2500 2700 2900 3100 3300 3500 3700 3900 4100 4300]';
%一系列不同重量的车辆
tested=[48 42 31 34 31 21 23 23 21 16 17 21]';%各个重量类型的车辆数量
failed=[1 2 0 3 8 8 14 17 19 15 17 21]';
```

```
%每个重量的车辆在测试中出现故障的数量
proportion=failed./tested; %故障率
plot(weight,proportion,'k*');
xlabel('重量'); ylabel('比例');
```

程序输出结果如图 2.3 所示。

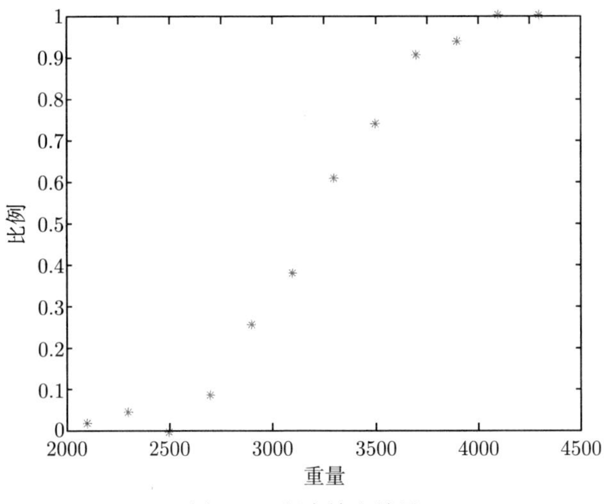

图 2.3　程序输出结果

下面展示逻辑斯谛回归的使用方法 (car_glmlog.m 文件):

```
%利用glmfit拟合,在glmfit中, response一般是一个列向量,但当分布是二项分布时,
%y可以是一个二值向量,表示单次观测中成功还是失败,也可以是一个两列的矩阵,
%第一列表示成功的次数(目标出现的次数),第二列表示总观测次数,因此这里
%y=[failed,tested],另外指定distri='binomial',link='logit'
[logitCoef,dev]=glmfit(weight,[failed,tested],'binomial','logit')
logitFit=glmval(logitCoef,weight,'logit')
%logitFit=sort(1./(1+exp(weight.*logitCoef(2)+logitCoef(1))));
%glmval用于测试拟合的模型,计算出估计的y值
line=plot(weight,proportion,'rp',weight,logitFit,'b-');
xlabel('重量'); ylabel('比例');
set(line,'LineWidth',1.5);
legend(line,'数据','逻辑斯谛回归','Location', 'SE');
```

在 MATLAB 命令窗口运行上述程序，结果如下:

```
logitCoef =
        -13.3801
          0.0042
dev =
    6.4842
```

由此可知，逻辑斯谛回归得到的模型为

$$\text{proportion} = \frac{1}{1+\mathrm{e}^{0.0042\times \text{weight}-13.3801}} \tag{2.27}$$

运行上述程序，得到逻辑斯谛回归的拟合效果如图 2.4 所示。

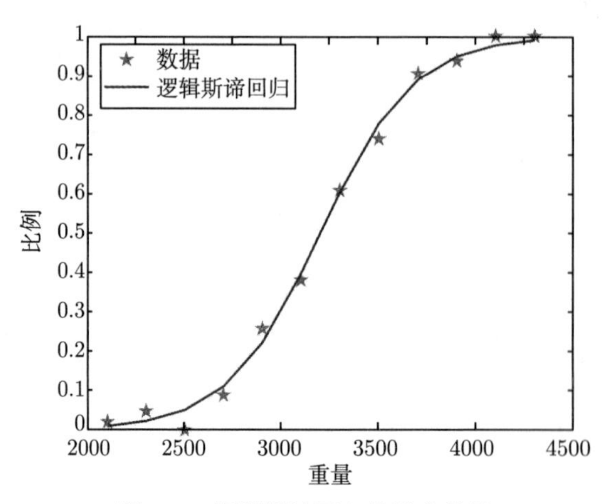

图 2.4 逻辑斯谛回归的拟合效果

在拟合的逻辑斯谛回归模型中当重量太小或太大时，故障率要么无限接近 0，要么接近 1，而且曲线也很好地刻画了数据点的分布，因此这是一个合理的模型。现在有了这个模型，自然希望用它来预测某个重量下车辆里程测试中车辆的故障率。下面的程序利用模型预测输出 (cargdata_pre.m 文件)，相应的输出结果如图 2.5 所示。

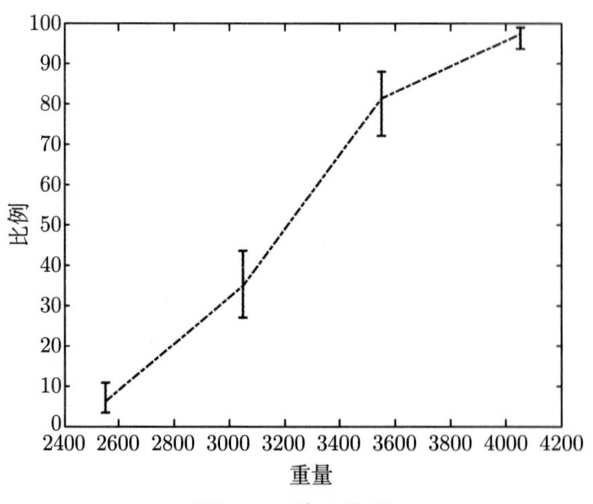

图 2.5 输出结果

```
%模型拟合,返回stats是一个结构体
[logitCoef,dev,stats]=glmfit(weight,[failed,tested],'binomial','logit');
figure (1);
normplot(stats.residp); %皮尔逊残差图
weightPred=2550:500:4050;
%这里测试了4个类型的车辆,重量为从2550到4050
```

```
[failedPred,dlow,dhigh]=glmval(logitCoef,weightPred,'logit',stats,0.95,100);
%logitCoef是拟合出的模型系数,failedPred是预测故障的
%车辆数,dlow和dhigh分别是95%置信区间的下限和上限
figure (2);
line=errorbar(weightPred,failedPred,dlow,dhigh,'r:');
set(line,'LineWidth',1.5);
```

例 2.3　用逻辑斯谛回归对鸢尾属植物数据集进行分类，并判别样本 x=[1.0, 0.2, 0.4, 2.0]（单位：厘米）所属的类别。

鸢尾属植物数据集（Iris Data Set）包括了 3 类不同的鸢尾属植物：setosa（山鸢尾）、versicolor（杂色鸢尾）、virginica（弗吉尼亚鸢尾）。每类收集了 50 个样本，因此这个数据集一共包含了 150 个样本。该数据集测量了所有 150 个样本的 4 个特征，分别是：花萼长度（Sepal Length，SL）、花萼宽度（Sepal Width，SW）、花瓣长度（Petal Length，PL）和花瓣宽度（Petal Width，PW ），这 4 个特征的单位都是厘米（cm）。

在 MATLAB 中，鸢尾属植物数据集的名称是 fisheriris，其中的样本矩阵名为 meas，标签向量名为 species。由于逻辑斯谛回归针对二分类问题，因此可以先将 setosa 类从数据集中剔除，变成二分类问题。

在 MATLAB 命令窗口运行程序 iris_c.m：

```
%鸢尾属植物数据集逻辑斯谛回归分类
load fisheriris;
X = meas(51:end,:); %剔除setosa类
y = strcmp('versicolor',species(51:end));
%versicolor类标签置为1, virginica类标签置为0
b = glmfit(X,y,'binomial','link','logit') %逻辑斯谛回归
x = [1.0,0.2,0.4,2.0];%待分类的新样本
p = glmval(b,x,'logit')
%p1 = 1./(1+exp(-([1 0.2 0.4 2]*b(2:5)+b(1))))
if (p>0.5)
    disp('样本 x 属于 versicolor (杂色鸢尾).');
else
    disp('样本 x 属于 virginica (弗吉尼亚鸢尾).');
end
```

得到结果如下：

```
>> iris_c
b =
   42.6378
    2.4652
    6.6809
   -9.4294
  -18.2861
p =
```

```
    0.9978
样本 x 属于 versicolor（杂色鸢尾）
```

由此可见，所建立的逻辑斯谛回归模型为：

$$y = \frac{1}{1 + \mathrm{e}^{2.4652x_1 + 6.6809x_2 - 9.4294x_3 - 18.2861x_4 + 42.6378}} \tag{2.28}$$

其中，x_1, x_2, x_3, x_4 分别表示花萼长度、花萼宽度、花瓣长度和花瓣宽度。待分类的样本 x= [1.0,0.2,0.4,2.0] 被判为 versicolor（杂色鸢尾）类。

第 3 章 决策树

一般而言，机器学习算法都是帮助人们进行决策或预测的，所以“决策树”这个术语的着重点是“树”。相对于线性模型，树结构本身具有更灵活的表达能力，并且集成模式与决策树模型的结合可发挥更大的威力。实际上，决策树是一种基于规则的方法，它用一组嵌套的规则进行预测，这些规则是通过学习得到的，而不是人工规定的。有了这些规则，在决策树的每个结点，可根据判断结果进入某一个分支，然后反复执行这种操作直至叶结点，得到预测结果。

3.1 决策树的基本原理

3.1.1 树模型决策过程

首先来看一个简单的例子。银行要根据客户有无偿还能力来确定是否给客户发放贷款，为此需要考察客户的房产、平均月收入和婚姻情况。在做决策之前，会先获取客户的这三个数据。如果把这个决策看作分类问题，这三个数据指标就是属性向量的分量，类别标签是“可以贷款”和“不能贷款”。银行按照下面的流程进行决策：

（1）判断客户的房产情况。如果有房产, 可以贷款；否则需要继续判断。

（2）判断客户是否结婚。如果已婚, 可以贷款；否则需要进一步判断。

（3）判断客户的平均月收入。如果平均月收入大于或等于 1.5 万元，可以贷款；否则不能贷款。

用图形表示这个决策过程就是一棵决策树，其示意图如图 3.1 所示。

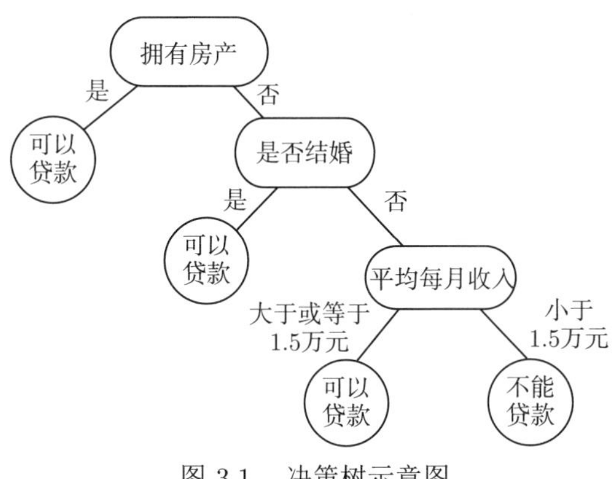

图 3.1　决策树示意图

平均月收入是数值型属性，一般为整数或实数，可以比较其大小。而房产（有房产或无房产）和婚姻情况（已婚或未婚）是类别型属性，不能比较其大小。图 3.1 中的所有内部结点为椭圆形，叶结点（即决策结果）为圆形。每一个内部结点都表示一个属性条件判断，叶结点表示是否给客户发放贷款。例如，客户甲没有房产，没有结婚，平均月收入为 2 万元。通过决策树的根结点判断，客户甲符合右边分支（拥有房产为“否”）；再判断是否结婚, 客户甲符合右边分支（未婚）；然后判断平均月收入是否大于或等于 1.5 万元，客户甲符合左边分支（月收入大于 1.5 万元）, 该客户落在“可以贷款”的叶结点上。所以，预测客户甲具备偿还贷款能力，可以发放贷款。

为了便于程序实现，一般将决策树设计成二叉树。决策树的结点一般分为两种类型：

（1）**决策结点**　在这类结点处需要进行条件判断以确定进入哪个分支。决策结点一定至少有两个子结点。

（2）**叶结点**　表示最终的决策结果, 这类结点不再有子结点。在上面的例子中, 叶结点的取值为“可以贷款”和“不能贷款”两种。一般来说, 对于分类问题, 叶结点的取值为类别标签。

决策树属于层次结构模型, 可以为每个结点赋予一个层次：根结点的层次数为 0, 子结点的层次数为其父结点的层次数加 1。树的深度定义为所有结点的最大层次数。图 3.1 所示的决策树深度为 3，也就是说，要得到一个决策结果，最多需要 3 次判定。

决策树包括分类树和回归树，分别用以解决分类问题和回归问题。分类树的映射函数是多维空间中的分段线性函数，即用平行于各坐标轴的超平面对空间进行分割；回归树的映射函数则是分段常函数。由于决策树的映射函数是分段函数, 因此决策树具有非线性建模的能力。对于回归问题，只要划分得足够细，分段常函数可以逼近闭区间上任意函数到任意指定的精度。也就是说，回归树在理论上可以对任意复杂的数据进行拟合。而对于分类问题，如果决策树层次足够深，便可以将训练样本集中的所有样本正确分类。但如果属性向量的维数过大，可能会因为面临“维数灾难”而导致准确率下降。

3.1.2　决策树的基本框架

决策树算法是一种十分常用的分类与回归算法，它通过对样本数据的学习得到一个树形的分类器或回归器，能够对于新出现的待预测样本给出正确的预测（分类或回归）。决策树算法的构造是一个递归的过程，它采用自顶向下进行递归。下面给出基本决策树的算法框架。

算法 3.1 (基本决策树)

function DTree(S, A)

输入：训练样本集 $S=\{(\boldsymbol{x}_1,y_1),(\boldsymbol{x}_2,y_2),\cdots,(\boldsymbol{x}_n,y_n)\}$。

输出：以 Node 为根结点的一棵决策树。

　　属性集 $A=\{a_1,a_2,\cdots,a_m\}$。

（1） 生成结点 Node

（2） **if** 所有样本属于同一类别 C

　　　将 Node 标记或类别为 C 的叶结点，返回。

　　end if

（3） **if** 属性值为空或 S 中样本在 A 上取值相同　**then**

　　将 Node 标记为叶结点，其类别为 T 中样本数最多的类，返回。
　end if
（4）从 A 中选择最优属性 a_* 作为根结点。
（5）**for** a_* 的每一个值 a_*^i **do**
　　为根结点 Node 增加一个分支，
　　令 S_i 表示 S 中在属性 a_* 上取值为 a_*^i 的样本子集。
　　if S_i 为空集 **then**
　　　将分支结点标记为叶结点，其类别为 S 中样本数最多的类，返回。
　　else
　　　递归创建决策子树，以 $\mathrm{DTree}(S_i, A\backslash\{a_*\})$ 为分支结点。
　　end if
　end for

在算法 3.1 中，有三种情形会导致递归返回：一是当前结点包含的样本全部属于同一类别，无须分类；二是当前属性集为空集，或者所有样本在所有属性上取值相同，无法分类；三是当前结点包含的样本集为空集，不能分类。

决策树算法的优点如下：

（1）算法能够直接体现数据的特点，易于理解和实现，用户在学习过程中无须了解过多背景知识即可理解决策树所表达的意义。

（2）计算量相对较小，运算速度快，且容易转化成分类规则。只要从根结点一直向下走到某个叶结点，沿途分割条件是唯一确定的。

决策树算法的缺点主要是在处理大容量样本集时，容易出现过拟合现象，从而降低分类或回归的准确性。

3.1.3 决策树的剪枝

剪枝是决策树对付过拟合的主要手段。在决策树学习中，为了尽可能对训练样本进行正确分类，有时会造成决策树分支过多，这时就可能会因为训练样本学得“太好”了，以至于把训练集自身的一些特点当作所有数据都具有的一般性质而导致过拟合。因此，可通过主动去掉一些分支来降低过拟合的风险。

决策树的剪枝分为“预剪枝”和“后剪枝”。预剪枝实际上不存在真正的剪枝操作，它是指在构造决策树的过程中根据一定的条件判断产生新的分支。后剪枝则是先构建一棵层次比较深的决策树，然后从降低过拟合的角度将一些不能提高泛化性能的树枝剪掉。实际应用中，预剪枝和后剪枝可以结合使用：先利用预剪枝的判断条件来终止树的生长，再用后剪枝技术自底向上地把一些结点剪掉。

后剪枝的基本思路是：准备好一个带有标签的验证数据集（确保它们不出现在训练集中），对构建好的决策树自底向上地将一个内部结点变为叶结点（即剪掉该分支），对比剪枝前后在验证集上的准确率，如果剪掉该分支后在验证集上的准确率提高了，就果断地剪掉，否则就保留该分支。

由此可知，后剪枝需要额外的验证集（不同于训练集和测试集），并且存在额外的计算量。而预剪枝在决策树的生长过程中自动判断是否停止。具体的方法有如下 4 种。

（1） 预先设定决策树的最深层次（比如 3 层），达到阈值（超过 3 层）时就停止生长。

（2） 当叶结点包含的样本数小于阈值时，该结点停止产生新分支。

（3） 当叶结点包含的样本“纯度”高于阈值时，该结点停止产生新分支。纯度可以用熵、信息增益（率）以及基尼指数等来度量（见 3.2 节）。

（4） 目标函数中同时考虑准确率和树的复杂度，当目标值不再上升时就停止生长。

前 3 种方法都比较简单，它们只是单方面地考虑了准确率或者树的复杂度。第 4 种方法则综合考虑了这两种情况，似乎更为合理。下面以分类树为例，说明第 4 种方法的具体应用。首先定义损失函数：

$$\text{loss} = \text{ErrorRatio} + \frac{\gamma|T|}{n}$$

其中，n 是样本总数，$|T|$ 是叶结点个数，γ 是对决策树复杂度的惩罚系数。设一个叶结点包含了 m 个样本，其中 e 个样本被分错，那么该叶结点的损失为：

$$\text{loss}_{\text{不划分}} = \frac{e}{m} + \frac{\gamma}{m} = \frac{e+\gamma}{m}$$

如果该结点再划分成 ℓ 个子结点，第 i 个子结点包含 m_i 个样本，其中有 e_i 个样本被分错，则这 ℓ 个子结点的总损失为：

$$\text{loss}_{\text{划分}} = \frac{\sum\limits_{i=1}^{\ell} e_i}{m} + \frac{\gamma\ell}{m} = \frac{\sum\limits_{i=1}^{\ell} e_i + \gamma\ell}{m}$$

如果

$$\sum_{i=1}^{\ell} e_i + \gamma\ell < e + \gamma \tag{3.1}$$

成立，则执行对该子结点的划分，否则不划分。

一种更为保守的策略是：不仅要求满足式 (3.1) 的条件，还要求留有足够的置信区间。我们注意到，一个样本被分错服从伯努利分布（0–1 分布），一次划分导致的分错总数服从二项分布。而二项分布的标准差为 $\sqrt{mp(1-p)}$，其中 m 为样本个数，p 为一个样本被分错的概率，有：

$$p = \frac{\sum\limits_{i=1}^{\ell} e_i + \gamma\ell}{m}$$

由于当 m 比较大时，二项分布 $B(m,p)$ 近似于正态分布 $N(\mu,\sigma^2)$，而正态分布落在区间 $[\mu-\sigma,\mu+\sigma]$ 之外的样本很少，μ 和 σ 分别为正态分布的期望和标准差，因此，当

$$\sum_{i=1}^{\ell} e_i + \gamma\ell + \sqrt{mp(1-p)} < e + \gamma \tag{3.2}$$

成立时，有足够大的置信度认为决策树继续划分可以减少损失。

以图 3.2 为例，取 $\gamma = 0.5$，如果父结点不继续进行划分，这时总共有 20 个样本，分错 7 个，则有：

$$e + \gamma = 7 + 0.5 = 7.5$$

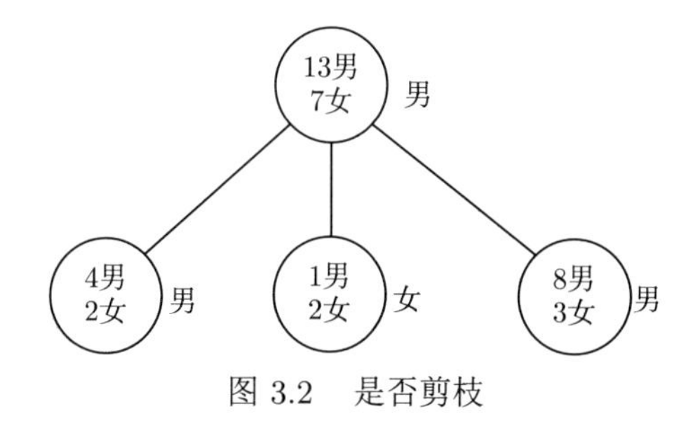

图 3.2 是否剪枝

如果该结点继续划分，产生 3 个子结点（如图 3.2 所示），分类错误率为：

$$p = \frac{2+1+3+0.5\times 3}{20} = 0.375$$

于是

$$\sum_{i=1}^{\ell} e_i + \gamma\ell + \sqrt{mp(1-p)} = 2+1+3+0.5\times 3 + \sqrt{20\times 0.375\times(1-0.375)} = 9.6651$$

因为 $9.6651 > 7.5$，所以该父结点不必继续划分，可以标为叶结点终止。

下面介绍后剪枝。著名的 CART 决策树（见 3.2.3 节）的后剪枝采用的方法是代价–复杂度剪枝算法，“代价”是指剪枝后导致的错误率变化值，而“复杂度”则是指决策树的规模和层次。下面介绍这一剪枝算法的原理。

训练好一棵决策树后，剪枝算法首先计算该决策树的每个非叶结点的 α 值，α 定义为：

$$\alpha = \frac{e(t)-e(t_i)}{|t_i|-1} \tag{3.3}$$

其中，$e(t)$ 是结点 t 的错误率；$e(t_i)$ 是以结点 t 为父结点的子树的错误率，是该子树所有的叶结点错误率之和；$|t_i|$ 为叶结点数目，即复杂度。α 值越小，剪枝后树的预测效果和剪枝前越接近。计算出所有的非叶结点的 α，剪掉该值最小的结点得到剪枝后的树，然后重复这种操作直到只剩下根结点，由此得到一个决策树序列：$\{T_0, T_1, \cdots, T_n\}$，其中，$T_0$ 是初始训练好的决策树，T_{i+1} 是 T_i 通过剪枝得到的，即剪掉 T_i 中 α 值最小的那个结点并用一个叶结点替代后得到的树。

代价–复杂度剪枝算法可以分为两个步骤：

（1）按照式 (3.3) 自下向上计算每一个非叶结点的 α 值，然后每一次都剪掉具有最小 α 值的子树，直到只剩下根结点得到剪枝后的树序列。这一步的误差计算采用的是训练样本集。

（2）根据真实的错误率在得到的树序列中选出一个最好的决策树作为剪枝后的结果。

下面利用具体实例进行讲解。图 3.3 是一棵训练好的决策树的一部分。假设男、女生共有 100 人，我们自下向上计算 t_5 和 t_6 两个非叶结点的 α 值。

先计算 t_5 的 α 值：

$$e(t_5) = \frac{2}{12}\times\frac{12}{100} = \frac{2}{100} = 0.02$$

$$e(t_{5,i}) = e(t_7) + e(t_8) = \frac{0}{6} \times \frac{6}{100} + \frac{2}{6} \times \frac{6}{100} = 0.02$$

故

$$\alpha = \frac{e(t_5) - e(t_{5,i})}{|t_{5,i}| - 1} = \frac{0.02 - 0.02}{2 - 1} = 0$$

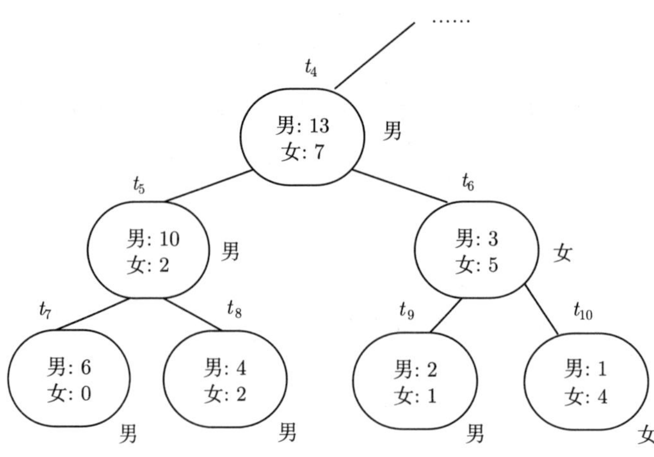

图 3.3　代价-复杂度剪枝示意图

计算 t_6 的 α 值：

$$e(t_6) = \frac{3}{8} \times \frac{8}{100} = \frac{3}{100} = 0.03$$

$$e(t_{6,i}) = e(t_9) + e(t_{10}) = \frac{1}{3} \times \frac{3}{100} + \frac{1}{5} \times \frac{5}{100} = 0.02$$

故

$$\alpha = \frac{e(t_6) - e(t_{6,i})}{|t_{6,i}| - 1} = \frac{0.03 - 0.02}{2 - 1} = 0.01$$

由于 t_5 的 α 值小于 t_6 的 α 值，因此将 t_5 剪掉而得到一棵新的决策树。

3.2　基本决策树的改进

从算法 3.1 可以看出，决策树算法的关键是第 4 步，即选择最优属性 a_*。一般而言，随着分割过程不断进行，希望决策树的分支结点所包含的样本尽可能属于同一类别，即结点的“纯度”越来越高。而度量“纯度”最常用的指标是“信息熵”。假定当前样本集 D 共包含 ℓ 类样本，其中第 k 类样本所占的比例为 $p_k\,(k = 1, 2, \cdots, \ell)$，则 D 的信息熵定义为：

$$H(D) = -\sum_{k=1}^{\ell} p_k \log_2 p_k \tag{3.4}$$

$H(D)$ 的值越小，则 D 的纯度越高；相反，其值越大，则表示信息的凌乱程度越大。

3.2.1 信息增益与 ID3 决策树

假定离散属性 a 有 m 个可能的取值 $\{a^1, a^2, \cdots, a^m\}$，若使用 a 来对样本集 D 进行划分，则会产生 m 个分支结点，其中第 i 个分支结点包含了 D 中所有在属性 a 上取值为 a^i 的样本，记为 D^i。可根据式 (3.4) 计算出 D^i 的信息熵，再考虑到不同的分支结点所包含的样本数不同，给分支结点赋予权重 $|D^i|/|D|$，即样本数越多的分支结点的影响越大，于是可计算出用属性 a 对样本集 D 进行划分所获得的信息增益：

$$\mathrm{IG}(D,a) = H(D) - \sum_{i=1}^{m} \frac{|D^i|}{|D|} H(D^i) \tag{3.5}$$

一般而言，信息增益越大，意味着使用属性 a 来进行划分所获得的纯度提升越大。因此，可用信息增益来进行决策树的划分属性选择，即在算法 3.1 的第 4 步选择属性：

$$a_* = \arg\max_{a\in A}\ \mathrm{IG}(D,a)$$

这就是 ID3 决策树算法，它是以信息增益为准则来选择最优划分属性的。

ID3 算法的核心思想是以信息增益为依据，采用自顶向下的贪心策略遍历可能的决策树空间，以选择出划分后信息增益最大的属性。其基本框架如下：

（1） 使用统计测试来确定每个样例属性单独分类样本的能力（即计算每个属性的信息增益），选择分类能力最好（即信息增益最大）的属性作为树的根结点。

（2） 为根结点属性的每一个可能取值产生一个分支，把训练样本分配到适当的分支之下。重复该过程，用每个分支结点关联的训练样本选取在该点的被测试的最优属性，从而形成对决策树的贪心搜索。

从 ID3 算法的上述执行流程可知，该算法无回溯，属于局部最优算法。下面写出 ID3 决策树的具体计算流程。

算法 3.2 (ID3 决策树)

输入：训练数据集 D，属性集 A，阈值 ε。

输出：最优决策树 T。

（1）若 D 中所有实例属于同一类 C_k，则 T 为单结点树，并将类 C_k 作为该结点的类标签，返回 T。

（2）若 $A=\varnothing$，则 T 为单结点树，并将 D 中类别数目最多的类 C_k 作为该结点的类标签，返回 T。否则，利用式 (3.5) 计算 A 中每个属性对 D 的信息增益，选择信息增益最大的属性 $A_{\max}$。

（3）若 $A_{\max}$ 的信息增益小于阈值 ε，则 T 为单结点树，并将 D 中类别数目最多的类 C_k 作为该结点的类标签，返回 T。否则，对 $A_{\max}$ 的每一种可能值 a_i，依 $A_{\max}=a_i$ 将 D 分割为若干非空子集 D_i，将 D_i 中类别数目最多的类作为标记，构建子结点，由结点及其子树构成树 T，返回 T。

（4）对第 i 个子结点，以 D_i 为训练集，以 $A\backslash\{A_{\max}\}$ 为属性集，递归调用（1）~（3），得到子树 T_i，返回 T_i。

下面我们看一个通过计算信息增益来执行 ID3 算法的例子，以便读者能够具体地理解这一算法的操作方法。假设有 50 名学生，其中男生 30 人、女生 20 人，这 50 名男、女生可由两个“特征”（属性）来区分其性别。第一个属性是“头发长度”，有“长、中、短”三种取值，其中“头发长”的男生 2 人，女生 10 人；“头发中”的男生 15 人，女生 8 人；“头发短”的男生 13 人，女生 2 人。第二个属性是“肤色”，有“黑、白”两种取值，其中“皮肤黑”的男生 20 人，女生 5 人；“皮肤白”的男生 10 人，女生 15 人。在构建决策树时究竟以哪个属性作为根结点，可以通过计算二者的信息增益来决定。为了便于计算，我们将上述数据列成如表 3.1 所示的表格。

表 3.1　男、女生属性信息表　　单位：人

	头发长	头发中	头发短	合计	皮肤黑	皮肤白	合计
男生	2	15	13	30	20	10	30
女生	10	8	2	20	5	15	20

现在我们利用这些数据，根据式 (3.4) 和式 (3.5) 来分别计算两个属性的信息增益。首先计算“头发长度”这个属性的信息增益：

$$H(\text{性别})=-\frac{30}{50}\log_2\frac{30}{50}-\frac{20}{50}\log_2\frac{20}{50}=0.9710$$

$$H(\text{性别}\,|\,\text{头发长度}=\text{长})=-\frac{2}{12}\log_2\frac{2}{12}-\frac{10}{12}\log_2\frac{10}{12}=0.6500$$

$$H(\text{性别}\,|\,\text{头发长度}=\text{中})=-\frac{15}{23}\log_2\frac{15}{23}-\frac{8}{23}\log_2\frac{8}{23}=0.9321$$

$$H(\text{性别}\,|\,\text{头发长度}=\text{短})=-\frac{13}{15}\log_2\frac{13}{15}-\frac{2}{15}\log_2\frac{2}{15}=0.5665$$

故

$$\begin{aligned}H(\text{性别}\,|\,\text{头发长度})=&\frac{12}{50}H(\text{性别}\,|\,\text{头发长度}=\text{长})+\frac{23}{50}H(\text{性别}\,|\,\text{头发长度}=\text{中})\ +\\&\frac{15}{50}H(\text{性别}\,|\,\text{头发长度}=\text{短})\\=&0.2400\times0.6500+0.4600\times0.9321+0.3000\times0.5665\\=&0.7547\end{aligned}$$

所以有：

$$\text{IG}(\text{头发长度})=H(\text{性别})-H(\text{性别}\,|\,\text{头发长度})=0.9710-0.7547=0.2163$$

再来计算“肤色”这个属性的信息增益：

$$H(\text{性别}\,|\,\text{肤色}=\text{黑})=-\frac{20}{25}\log_2\frac{20}{25}-\frac{5}{25}\log_2\frac{5}{25}=0.7219$$

$$H(\text{性别}\,|\,\text{肤色}=\text{白})=-\frac{10}{25}\log_2\frac{10}{25}-\frac{15}{25}\log_2\frac{15}{25}=0.9710$$

故

$$H(\text{性别}\,|\,\text{肤色}) = \frac{25}{50}H(\text{性别}\,|\,\text{肤色} = \text{黑}) + \frac{25}{50}H(\text{性别}\,|\,\text{肤色} = \text{白})$$
$$= 0.5 \times 0.7219 + 0.5 \times 0.9710 = 0.8464$$

所以有：

$$\text{IG}(\text{肤色}) = H(\text{性别}) - H(\text{性别}\,|\,\text{肤色}) = 0.9710 - 0.8464 = 0.1246$$

由于 IG(肤色) < IG(头发长度)，所以按“头发长度”这个属性作为根结点是最优的选择。因此，此次分叉属性选择“头发长度”属性。分叉后形成的结点包含的数据作为新的数据集，按照上述方法，以此类推，即可建立整个决策树。

3.2.2 增益率与 C4.5 决策树

根据信息增益来选择最优划分属性也存在一些问题。一般来说，如果一个离散变量的取值较多，那么它的每个子结点中的样本“纯度”就会比较大，该属性对应的信息增益相应地也就比较大; 相反，如果一个离散变量的取值比较少，那么它的子结点中的样本“纯度”就会比较小。由于贪心策略只顾眼前，因此会选择那个信息增益最大的属性进行划分。

实际上，信息增益准则对可取值数目较多的属性有所偏好，为减少这种偏好可能带来的不利影响，C4.5 决策树算法使用“增益率”来选择最优划分属性，而不是直接使用信息增益作为划分准则。采用与式 (3.5) 相同的符号表示，增益率定义为：

$$\text{IG\_ratio}(D, a) = \frac{\text{IG}(D, a)}{\text{IV}(a)} \tag{3.6}$$

其中，

$$\text{IV}(a) = -\sum_{i=1}^{m} \frac{|D^i|}{|D|} \log_2 \frac{|D^i|}{|D|} \tag{3.7}$$

称为属性 a 的“固有值”。属性 a 的可能取值数目越多（即 m 越大），则 $\text{IV}(a)$ 的值通常会越大。所以，信息增益率实际上是在信息增益的基础上对分支比较多的情况进行了一定的“惩罚”，以降低决策树的复杂度。

C4.5 算法是对 ID3 决策树的改进分类算法，采用信息增益率来选择最优属性。下面写出 C4.5 决策树的具体计算流程。

算法 3.3 (C4.5 决策树)

输入：训练数据集 D，属性集 A，阈值 ε。

输出：最优决策树 T^*。

(1) 如果 D 中所有实例属于同一类 C_k，则 T 为单结点树，并将类 C_k 作为该结点的类标签，返回 T。

(2) 如果 $A = \varnothing$，则 T 为单结点树，并将 D 中类别数目最多的类 C_k 作为该结点的类标签，返回 T。否则，利用式 (3.6) 计算 A 中每个属性对 D 的信息增益率，选择信息增益率最大的属性 $A_{\max}$。

（3）如果 $A_{\max}$ 的信息增益小于阈值 ε，则 T 为单结点树，并将 D 中类别数目最多的类 C_k 作为该结点的类标签，返回 T。否则，对 $A_{\max}$ 的每一种可能值 a_i，依 $A_{\max}=a_i$ 将 D 分割为若干非空子集 D_i，将 D_i 中类别数目最多的类作为标签，构建子结点，由结点及其子树构成树 T，返回 T。

（4）对第 i 个子结点，以 D_i 为训练集，以 $A\backslash\{A_{\max}\}$ 为属性集，递归调用（1）～（3），得到子树 T_i，返回 T_i。

（5）用后剪枝方法对生成的决策树 T 进行剪枝，最终返回剪枝后的最优决策树 T^*。

可以看出，C4.5 决策树算法是 ID3 算法的改进，它在实现决策树分叉时，最优属性的选择是依靠参数“信息增益率”进行的。C4.5 算法继承了 ID3 算法的优点，并在以下几个方面对 ID3 进行了改进：

（1） 用信息增益率来选择最优属性，克服了用信息增益选择属性时的不足。

（2） 在决策树的构建过程中进行剪枝。

（3） 能够完成对连续与缺失值的处理。

C4.5 算法的优点是产生的分类规则易于理解，准确率高；不足之处是在决策树的构建过程中，需要对数据集进行多次顺序扫描和排序，从而导致算法效率低。

下面借助表 3.1 中的数据对 C4.5 决策树进行实例讲解。主要的工作是计算“头发长度”和“肤色”两个属性的信息增益率，选择信息增益率较大的属性值作为根结点属性：

$$\mathrm{IV}(头发长度)=-\frac{12}{50}\log_2\frac{12}{50}-\frac{23}{50}\log_2\frac{23}{50}-\frac{15}{50}\log_2\frac{15}{50}=1.5306$$

$$\mathrm{IG\_ratio}(头发长度)=\frac{\mathrm{IG}(头发长度)}{\mathrm{IV}(头发长度)}=\frac{0.2163}{1.5306}=0.1413$$

$$\mathrm{IV}(肤色)=-\frac{25}{50}\log_2\frac{25}{50}-\frac{25}{50}\log_2\frac{25}{50}=1.0000$$

$$\mathrm{IG\_ratio}(肤色)=\frac{\mathrm{IG}(肤色)}{\mathrm{IV}(肤色)}=\frac{0.1246}{1.0000}=0.1246$$

由此可知，虽然“头发长度”的信息增益比“肤色”的信息增益高出很多，但如果按照信息增益率进行比较，则“头发长度”的优势就没有那么明显，只是勉强高于“肤色”而已。

值得注意的是，与信息增益准则不同，增益率准则对取值数目较少的属性有所偏好，因此，C4.5 决策树算法并不是直接选择增益率最大的属性作为最优划分属性，而是使用了一个启发式策略：先从候选划分属性中找出信息增益高于平均水平的属性，再从中选择增益率最高的。

3.2.3 基尼指数与 CART 决策树

另一种决策树算法是 CART（Classification And Regression Tree，分类与回归树）决策树，它既支持分类问题，也支持回归问题。CART 决策树算法使用“基尼指数”来选择划分属性。假定当前样本集 D 共包含 ℓ 类样本，其中第 k 类样本所占的比例为 $p_k\,(k=1,2,\cdots,\ell)$，数据集 D 的纯度可用基尼值来度量：

$$\begin{aligned}\text{Gini}(D) &= \sum_{k=1}^{\ell}\sum_{k'\neq k} p_k p_{k'} = \sum_{k=1}^{\ell} p_k\Big(\sum_{k'\neq k} p_{k'}\Big)\\ &= \sum_{k=1}^{\ell} p_k(1-p_k) = 1-\sum_{k=1}^{\ell} p_k^2 \end{aligned} \tag{3.8}$$

直观来说，$\text{Gini}(D)$ 反映了从数据集 D 中随机抽取两个样本其类标签不一致的概率。因此，$\text{Gini}(D)$ 越小，数据集 D 的纯度越高。

而对于某个属性 a 的基尼指数则定义为：

$$\text{Gini\_index}(D,a) = \sum_{i=1}^{m} \frac{|D^i|}{|D|}\text{Gini}(D^i) \tag{3.9}$$

于是，在候选属性集 A 中，选择那个使得划分后基尼指数最小的属性作为最优划分属性，即：

$$a_* = \arg\min_{a\in A} \text{Gini\_index}(D,a)$$

下面给出 CART 分类树的具体流程。

算法 3.4 (CART 分类树)

输入：训练集 D，基尼指数的阈值，样本个数阈值。

输出：CART 分类树 T。

算法从根结点开始，用训练集递归建立 CART 分类树。

（1）当前结点的数据集为 D，如果样本个数小于阈值或没有属性，则返回决策树子树，当前结点停止递归。

（2）计算样本集 D 的基尼指数，如果基尼指数小于阈值，则返回决策树子树，当前结点停止递归。

（3）计算当前结点现有的各个属性的每个属性值对数据集 D 的基尼指数。

（4）选择基尼指数最小的属性 A 和对应的属性值 a。根据这个最优属性和最优属性值，把数据集划分成 D_1 和 D_2 两部分，同时建立当前结点的左、右结点，左结点的数据集为 D_1，右结点的数据集为 D_2。

（5）对左、右子结点递归调用（1）～（4），生成决策树。

需要指出的是，对生成的决策树做预测时，假如测试集里的样本 x 落到了某个叶结点，而叶结点里有多个训练样本，则对于 x 的类别预测采用的是这个叶结点里概率最大的类别。

下面来看看 CART 回归树算法。CART 回归树和 CART 分类树的算法流程类似，这里只说不同之处。

（1）分类树与回归树的区别在于样本输出，如果输出是离散值，则是分类树；如果输出是连续值，则是回归树。分类树的输出是样本的类别，回归树的输出是一个实数。

（2）连续值的处理方法不同。

（3）决策树建立后做预测的方式不同：分类模型采用基尼指数的大小度量属性各个划分点的优劣；回归模型则采用“误差平方和”度量，度量目标是对于划分属性 A，对应划分点 s 两边的数据集 D_1 和 D_2，使 D_1 和 D_2 各自集合的误差平方和最小，同时 D_1 和 D_2 的误差之和最小。表达式为：

$$\min_{A,s}\left(\min_{\mu_1}\sum_{x_i\in D_1(A,s)}(y_i-\mu_1)^2+\min_{\mu_2}\sum_{x_i\in D_2(A,s)}(y_i-\mu_2)^2\right) \tag{3.10}$$

其中，μ_1,μ_2 分别为 D_1 和 D_2 的样本输出均值。

对于决策树建立后做预测的方式，CART 分类树采用叶结点里概率最大的类别作为当前结点的预测类别；而 CART 回归树输出的不是类别，采用叶结点的均值或者中位数来预测输出结果。

同样，以表 3.1 的数据为例进行计算。先以“头发长度”属性为例介绍计算过程。其中，“头发长度 = 长”的学生中，男生 2 人，女生 10 人，因此，

$$\text{Gini}(\text{头发长度}=\text{长})=1-\left[\left(\frac{2}{12}\right)^2+\left(\frac{10}{12}\right)^2\right]=0.2778$$

“头发长度 = 中”的学生中，男生 15 人，女生 8 人，因此，

$$\text{Gini}(\text{头发长度}=\text{中})=1-\left[\left(\frac{15}{23}\right)^2+\left(\frac{8}{23}\right)^2\right]=0.4537$$

“头发长度 = 短”的学生中，男生 13 人，女生 2 人，因此，

$$\text{Gini}(\text{头发长度}=\text{短})=1-\left[\left(\frac{13}{15}\right)^2+\left(\frac{2}{15}\right)^2\right]=0.2311$$

所以，“头发长度”属性的基尼指数为：

$$\text{Gini\_index}(\text{头发长度})=\frac{12}{50}\times 0.2778+\frac{23}{50}\times 0.4537+\frac{15}{50}\times 0.2311=0.3447$$

再来计算“肤色”属性的基尼指数。其中，“肤色 = 黑”的学生中，男生 20 人，女生 5 人，因此，

$$\text{Gini}(\text{肤色}=\text{黑})=1-\left[\left(\frac{20}{25}\right)^2+\left(\frac{5}{25}\right)^2\right]=0.32$$

“肤色 = 白”的学生中，男生 10 人，女生 15 人，因此，

$$\text{Gini}(\text{肤色}=\text{白})=1-\left[\left(\frac{10}{25}\right)^2+\left(\frac{15}{25}\right)^2\right]=0.48$$

所以，“肤色”属性的基尼指数为：

$$\text{Gini\_index}(\text{肤色})=\frac{25}{50}\times 0.32+\frac{25}{50}\times 0.48=0.40$$

因为 $\text{Gini\_index}(\text{头发长度})=0.3447<\text{Gini\_index}(\text{肤色})=0.40$，所以选择“头发长度”作为根结点来构建决策树。

3.3 决策树的 MATLAB 实现

MATLAB 中针对分类树和回归树分别封装了两个函数：fitctree 和 fitrtree。由于分类树和回归树两者具有极大的相似性，因此 fitctree 和 fitrtree 两者的使用方法也基本一致。

分类树函数 fitctree 在决策树进行分支时，采用的是 CART 方法，其主要调用方式为：

```
tree = fitctree(X,Y);
tree = fitctree(X,Y,Name,Value);
```

其中，X 是样本数据输入矩阵，Y 是样本标签，{Name,Value} 是成对出现的属性名及其取值。

例 3.1 MATLAB 中自带的鸢尾属植物数据集 fisheriris 的属性分别为花萼长度 (SL)、花萼宽度 (SW)、花瓣长度 (PL)、花瓣宽度 (PW)，标签分别为“setosa”(山鸢尾)、“versicolor” (杂色鸢尾) 和 “virginica” (弗吉尼亚鸢尾)。数据集中共包含 3 类 150 个样本，每一类有 50 个样本。利用 MATLAB 自带的分类树函数 fitctree 构建决策树，并对新样本 $x = [4.1, 2.3, 3.6, 1.3]$ 的类别进行预测。

具体代码如下 (fitctree_mat.m 文件)：

```
%CART决策树算法MATLAB实现
clear all;close all; clc;
load fisheriris;  %载入样本数据
t=fitctree(meas,species,'PredictorNames',{'SL','SW','PL','PW'})
%定义4种属性显示名称
view(t); %在命令窗口中用文本显示决策树结构
view(t,'Mode','graph'); %图形显示决策树结构
```

运行后显示结果如图 3.4 所示。

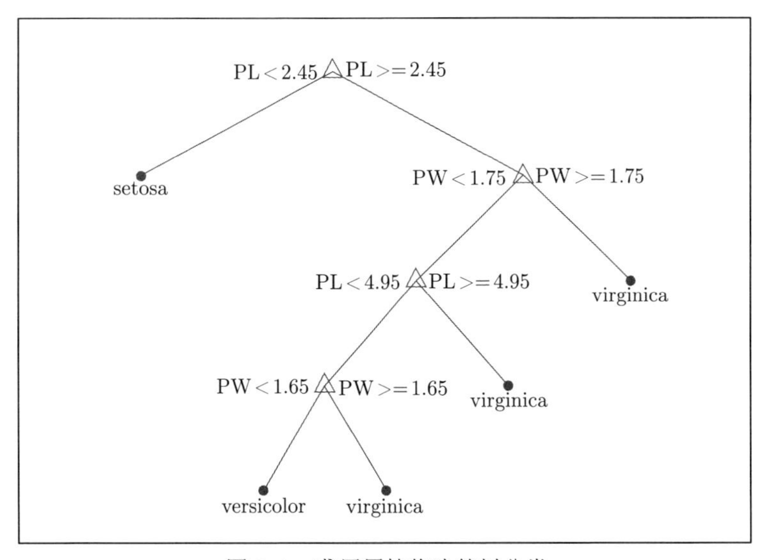

图 3.4 鸢尾属植物决策树分类

MATLAB 命令窗口显示结果如下：

```
t =
  ClassificationTree
           PredictorNames: {'SL'  'SW'  'PL'  'PW'}
             ResponseName: 'Y'
    CategoricalPredictors: []
               ClassNames: {'setosa'  'versicolor'  'virginica'}
           ScoreTransform: 'none'
          NumObservations: 150

  Properties, Methods

Decision tree for classification
1  if PL<2.45 then node 2 elseif PL>=2.45 then node 3 else setosa
2  class = setosa
3  if PW<1.75 then node 4 elseif PW>=1.75 then node 5 else versicolor
4  if PL<4.95 then node 6 elseif PL>=4.95 then node 7 else versicolor
5  class = virginica
6  if PW<1.65 then node 8 elseif PW>=1.65 then node 9 else versicolor
7  class = virginica
8  class = versicolor
9  class = virginica

cls =
  1×1 cell 数组
    {'versicolor'}
```

可以单击上述 MATLAB 命令窗口中的 Properties 或 Methods 超链接，查看有关信息。

单击 Properties 超链接显示的是类 ClassificationTree（可理解为生成的决策树）的所有属性，是指通过 fitctree 训练得到的树的所有属性，一部分属性值可在 fitctree 函数调用时进行定义，如上述程序中的 PredictorNames（描述各属性的名称）等；另一部分属性则是对形成的树的具体属性描述，如 NumNodes（描述树的结点数）等。由于各属性属于训练生成的决策树，因此当需要观测和调用属性值时，可采用 t.xxx 调用，其中 t 表示训练生成的树的名称，xxx 表示属性名称。

单击 Methods 超链接显示的是类 ClassificationTree（可理解为生成的决策树）的操作方法。

```
类 ClassificationTree 的方法：
compact          loss            resubEdge        view
compareHoldout   margin          resubLoss
crossval         predict         resubMargin
cvloss     predictorImportance   resubPredict
edge       prune                 surrogateAssociation
```

对于属性和方法的具体含义及使用方法，可通过 help xxx 查询，xxx 为属性或方法名。下面介绍决策树的剪枝方法（prune）和观测方法（view）的基本使用方法。

语法如下：

```
t2=prune(t1,'level',levelvalue)
t2=prune(t1,'node',nodes)
view(t2,'Mode','graph')
```

其中，t1 是原决策树，t2 表示剪枝后的新决策树，`'level'` 表示按照层进行剪枝，levelvalue 表示剪掉的层数，`'node'` 表示按照结点剪枝，nodes 表示剪掉该结点后的所有枝。`view（t2,'Mode','graph'）`表示以图形化方式显示 t2 决策树。

针对上述的决策树进行剪枝，在 MATLAB 命令窗口中输入以下代码：

```
t2=prune(t,'level',1) %剪掉第一层之后的决策树结点
view(t2,'Mode','graph')
```

经过剪枝后的决策树如图 3.5 所示。

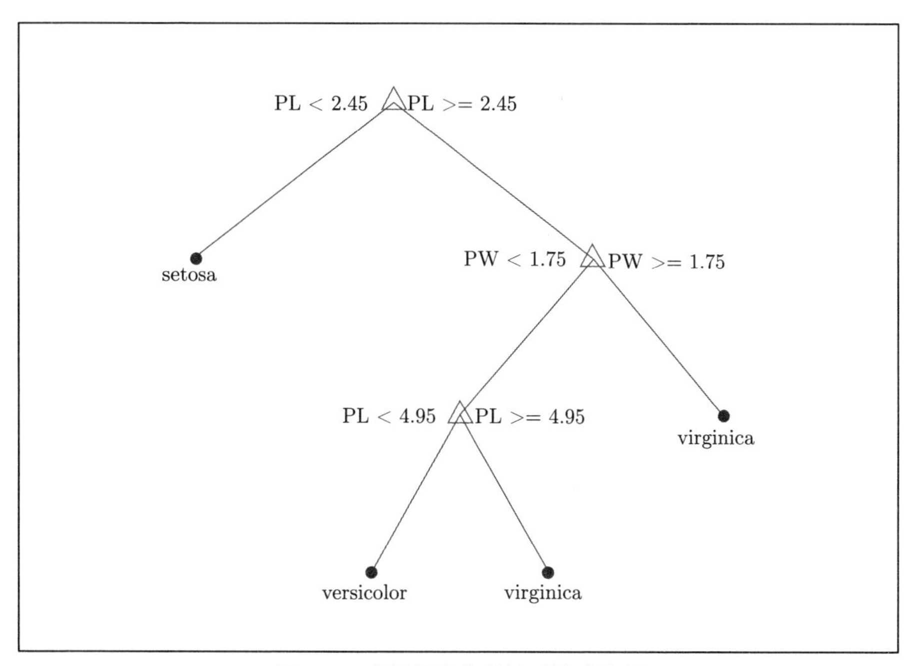

图 3.5　鸢尾属植物剪枝后的决策树

经过上述对决策树的剪枝等操作后，就形成了一个具有使用价值的决策树，再在 MATLAB 命令窗口中输入：

```
predict(t,[4.1,2.3,3.6,1.3])
%[4.1,2.3,3.6,1.3]为测试样本数据
```

运行后输出结果如下：

```
ans =
     1×1 cell 数组
         {'versicolor'}
```

表示通过剪枝后的决策树分类后，属性值为 [4.1,2.3,3.6,1.3] 的鸢尾属植物为 versicolor（杂色鸢尾）。

例 3.2 用 MATLAB 自带的 fitctree 函数构建决策树，对电离层数据集（Ionosphere Data Set）进行分类。该数据集需要根据给定的电离层中的自由电子的雷达回波来预测大气的结构。它是一个二分类问题，每个类的观测值数量不均等，一共有 351 个观测值，34 个（17 对雷达回波数据）输入变量和 1 个输出变量（两个类：g 表示好，b 表示坏）。

编制 MATLAB 程序如下 (cart_mat.m 文件)：

```
%对电离层数据集(Ionosphere Data Set)进行分类
clc; close all; clear all;
load ionosphere; %载入电离层数据集
n=size(X,1); %样本个数
rng(1); %可重复出现
indices=crossvalind('KFold', n, 5);
%用5折分类法将样本随机分为5部分
i=1; %1份进行测试,4份用来训练
test = (indices == i);
train = ~test;
X_train=X(train, :); %训练集
Y_train=Y(train, :); %训练集标签
X_test=X(test, :); %测试集
Y_test=Y(test, :); %测试集标签
%构建CART算法分类树
cart_tree=fitctree(X_train,Y_train)
view(cart_tree); %显示决策树的文字描述
view(cart_tree,'Mode','graph'); %生成树图
rules_num=(cart_tree.IsBranchNode==0);
rules_num=sum(rules_num); %求取规则数量
disp(['规则数: ' num2str(rules_num)]);
c_result=predict(cart_tree,X_test); %使用测试样本进行验证
c_result=cell2mat(c_result);
Y_test=cell2mat(Y_test);
c_result=(c_result==Y_test);
c_length=size(c_result,1); %统计准确率
c_rate=(sum(c_result))/c_length*100;
disp(['准确率: ' num2str(c_rate)]);
```

运行上述程序，得到可视化结果如图 3.6 所示。

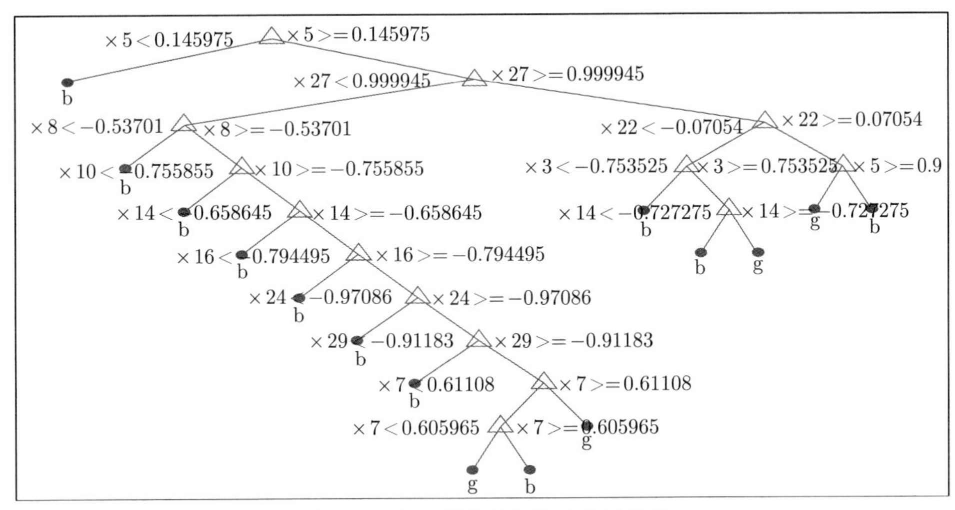

图 3.6　电离层数据集的决策树分类

在命令窗口显示如下结果：

```
cart_tree =
    ClassificationTree
             ResponseName: 'Y'
    CategoricalPredictors: []
               ClassNames: {'b'  'g'}
           ScoreTransform: 'none'
          NumObservations: 281

Decision tree for classification
 1  if x5<0.145975 then node 2 elseif x5>=0.145975 then node 3 else g
 2  class = b
 3  if x27<0.999945 then node 4 elseif x27>=0.999945 then node 5 else g
 4  if x8<-0.53701 then node 6 elseif x8>=-0.53701 then node 7 else g
 5  if x22<-0.07054 then node 8 elseif x22>=-0.07054 then node 9 else b
 6  class = b
 7  if x10<-0.755855 then node 10 elseif x10>=-0.755855 then node 11 else g
 8  if x3<0.753525 then node 12 elseif x3>=0.753525 then node 13 else g
 9  if x5<0.90402 then node 14 elseif x5>=0.90402 then node 15 else b
10  class = b
11  if x14<-0.658645 then node 16 elseif x14>=-0.658645 then node 17 else g
12  class = b
13  if x14<-0.727275 then node 18 elseif x14>=-0.727275 then node 19 else g
14  class = g
15  class = b
16  class = b
17  if x16<-0.794495 then node 20 elseif x16>=-0.794495 then node 21 else g
18  class = b
19  class = g
```

```
20  class = b
21  if x24<-0.97086 then node 22 elseif x24>=-0.97086 then node 23 else g
22  class = b
23  if x29<-0.91183 then node 24 elseif x29>=-0.91183 then node 25 else g
24  class = b
25  if x7<0.61108 then node 26 elseif x7>=0.61108 then node 27 else g
26  if x7<0.605965 then node 28 elseif x7>=0.605965 then node 29 else g
27  class = g
28  class = g
29  class = b

规则数: 15
准确率: 90
```

结果显示，在测试集上的分类准确率达到 90%。

第 4 章 贝叶斯分类器

贝叶斯分类器是一种概率类型的分类器，它用贝叶斯公式来解决分类问题。如果样本的属性向量服从某种概率分布，则可以计算其属于每个类的条件概率，然后将条件概率最大的类作为分类的结果。有两类重要的贝叶斯算法：朴素贝叶斯算法和正态贝叶斯算法，前者假定属性向量各分量之间相互独立，后者假定属性向量服从多维正态分布。

4.1 贝叶斯分类器的原理

4.1.1 贝叶斯决策

贝叶斯算法的基本公式如下：

$$P(A|B) = \frac{P(B|A)P(A)}{P(B)} \tag{4.1}$$

其中，$P(A)$ 表示事件 A 的“先验概率”（也称为边缘概率），之所以称为“先验”是因为它不考虑事件 B 的任何因素；$P(B)$ 表示事件 B 的先验概率；$P(B|A)$ 表示 A 发生后 B 的条件概率，就是先有 A，之后才有 B，所以称 $P(B|A)$ 为 B 的“后验概率”，同理称 $P(A|B)$ 为 A 的“后验概率”。

从式 (4.1) 可知，贝叶斯公式描述了两个随机事件之间的概率关系。这一结论可以推广到随机变量（向量）的情形。分类问题中，样本的特征向量取值 $\boldsymbol{x}$ 与样本所属类别（标签）取值 y 之间具有因果关系：因为样本属于类别 y，所以具有属性值 $\boldsymbol{x}$。但分类器要做的事情刚好相反：在已知样本的特征向量为 $\boldsymbol{x}$ 的条件下反推该样本所属的类别 y，也就是需要求后验概率 $P(y|\boldsymbol{x})$，根据式 (4.1)，有：

$$P(y|\boldsymbol{x}) = \frac{P(\boldsymbol{x}|y)P(y)}{P(\boldsymbol{x})} \tag{4.2}$$

由式 (4.2) 可知，只要知道样本特征向量的概率分布 $P(\boldsymbol{x})$ 和每一类样本出现的概率 $P(y)$（即类先验概率），再加上样本的条件概率，就可以计算出样本属于每一类的概率 $P(y|\boldsymbol{x})$。

由于分类问题只需要预测类别，比较样本属于每一类的概率大小，找出概率值最大的类即可。而式 (4.2) 的分母 $P(\boldsymbol{x})$ 是先验概率，与类别 y 无关，因此可以忽略它，故简化后贝叶斯分类器的判别函数为：

$$\arg\max_{y} P(\boldsymbol{x}|y)P(y)$$

注意，$P(\boldsymbol{x}|y)P(y)=P(\boldsymbol{x},y)$（联合概率），所以贝叶斯算法是一种生成模型，它是对联合概率进行建模的。另外，由于实现贝叶斯算法需要知道样本特征向量所服从的概率分布（否则无法计算概率值），而现实应用中很多随机变量都服从或者近似服从正态分布，因此，通常用正态分布来表示样本特征向量所服从的概率分布。

4.1.2 朴素贝叶斯算法

给定样本特征向量 $\boldsymbol{x}=(x_1,x_2,\cdots,x_m)^{\mathrm{T}}$，根据贝叶斯公式，该样本属于某一类 c_j $(j=1,2,\cdots,\ell)$ 的概率为：

$$P(y=c_j|\boldsymbol{x})=\frac{P(y=c_j)P(\boldsymbol{x}|y=c_j)}{P(\boldsymbol{x})} \tag{4.3}$$

注意，概率值 $P(\boldsymbol{x}|y=c_j)$ 的计算比较麻烦，因为它是在 $y=c_j$ 条件下随机变量 $x_1,x_2,\cdots,x_m$ 的联合概率。但如果假设样本特征向量 $\boldsymbol{x}$ 的各分量 x_i 相互独立，则这个概率值的计算将变得非常容易。在此假设下，式 (4.3) 变为：

$$P(y=c_j|\boldsymbol{x})=\frac{P(y=c_j)\prod\limits_{i=1}^{m}P(x_i|y=c_j)}{P(\boldsymbol{x})}$$

前面已经提及，分母中的先验概率 $P(\boldsymbol{x})$ 可以略去不计算，为了保证左边的 $P(y=c_i|\boldsymbol{x})$ 成为一个概率值，可以用一个归一化因子 Z 替换右边的分母 $P(\boldsymbol{x})$，即：

$$P(y=c_j|\boldsymbol{x})=\frac{1}{Z}P(y=c_j)\prod_{i=1}^{m}P(x_i|y=c_j) \tag{4.4}$$

式 (4.4) 右边的分子可以理解为类概率 $P(y=c_j)$ 与该类每个属性分量的条件概率 $P(x_i|y=c_j)$ 的连乘积。类概率 $P(y=c_j)$ 的计算并不难，只需计算该类样本在整个样本集中出现的频率即可。比如有 100 名学生，其中男生 65 名，女生 35 名，那么男生这一类别的类概率为 0.65，女生的类概率为 0.35。那么剩下的问题就是如何计算条件概率 $P(x_i|y=c_j)$。我们分连续型随机变量和离散型随机变量两种情况进行讨论。

1. 连续型随机变量

如果特征向量的分量是连续型随机变量，可以假设它服从一维正态分布。根据训练样本集可以计算出该分布的均值 μ 和方差 σ^2（可以通过极大似然估计方法得到）。于是，可以得到概率密度函数为：

$$f(x_i=x|y=c_j)=\frac{1}{\sqrt{2\pi}\sigma}\mathrm{e}^{-\frac{(x-\mu)^2}{2\sigma^2}}$$

注意，连续型随机变量可以直接用概率密度函数的值替代随机变量的概率值，得到最优贝叶斯分类的判别函数为：

$$\arg\max_{j\in\{1,2,\cdots,\ell\}}P(y=c_j)\prod_{i=1}^{m}f(x_i=x|y=c_j) \tag{4.5}$$

上面的分类器是针对 ℓ 个类别的，如果 $\ell=2$，即二分类问题，还可以进一步简化。假设正、负类样本的标签分别为 +1 和 −1，那么特征向量属于正类和负类样本的概率分别为：

$$P(y=+1|\boldsymbol{x})=\frac{1}{Z}P(y=+1)\prod_{i=1}^{m}\frac{1}{\sqrt{2\pi}\sigma_i}\mathrm{e}^{-\frac{(x_i-\mu_i)^2}{2\sigma_i^2}}$$

$$P(y=-1|\boldsymbol{x})=\frac{1}{Z}P(y=-1)\prod_{i=1}^{m}\frac{1}{\sqrt{2\pi}\sigma_i}\mathrm{e}^{-\frac{(x_i-\mu_i)^2}{2\sigma_i^2}}$$

其中，Z 为归一化因子，μ_i,σ_i^2 分别为第 i 个属性 x_i 的均值和方差。对上面两式分别取对数得：

$$\ln P(y=+1|\boldsymbol{x})=\ln\frac{P(y=+1)}{Z}-\sum_{i=1}^{m}\left(\frac{(x_i-\mu_i)^2}{2\sigma_i^2}+\ln\sqrt{2\pi}\sigma_i\right)$$

$$\ln P(y=-1|\boldsymbol{x})=\ln\frac{P(y=-1)}{Z}-\sum_{i=1}^{m}\left(\frac{(x_i-\mu_i)^2}{2\sigma_i^2}+\ln\sqrt{2\pi}\sigma_i\right)$$

由对数函数的单调性，在分类时只需比较这两个值的大小，即当

$$\ln P(y=+1|\boldsymbol{x})>\ln P(y=-1|\boldsymbol{x})$$

时，将该样本判定为正类样本，否则判定为负类样本。

下面我们来看一个朴素贝叶斯分类的简单实例。

例 4.1 根据身高、体重和脚长来判断 9 名学生的性别，样本数据如表 4.1 所示。

表 4.1 男生与女生样本数据

序号	身高 (cm)	体重 (kg)	脚长 (cm)	性别
1	182	83	28.0	男
2	170	66	25.2	男
3	178	78	27.4	男
4	173	70	25.5	男
5	175	74	26.6	男
6	161	51	24.5	女
7	167	63	24.7	女
8	165	57	24.3	女
9	160	54	23.6	女

试根据上述数据建立贝叶斯分类器，并给出一个测试样本，数据如表 4.2 所示，判断该样本是男生还是女生。

表 4.2 测试样本数据

序号	身高 (cm)	体重 (kg)	脚长 (cm)	性别
1	170	60	25.0	?

假设训练集的样本属性服从正态分布，则可计算出样本属性身高（属性 1）、体重（属性 2）和脚长（属性 3）的均值和方差如下：

$$
\begin{aligned}
&\mu_{\text{男, 身高}}=175.6\text{cm},\ \sigma^2_{\text{男, 身高}}=21.3,\ \mu_{\text{女, 身高}}=163.25\text{cm},\ \sigma^2_{\text{女, 身高}}=10.9167\\
&\mu_{\text{男, 体重}}=74.2\text{kg},\ \sigma^2_{\text{男, 体重}}=44.2,\ \mu_{\text{女, 体重}}=56.25\text{kg},\ \sigma^2_{\text{女, 体重}}=26.25\\
&\mu_{\text{男, 脚长}}=26.54\text{cm},\ \sigma^2_{\text{男, 脚长}}=1.438,\ \mu_{\text{女, 脚长}}=24.275\text{cm},\ \sigma^2_{\text{女, 脚长}}=0.2292
\end{aligned}
\tag{4.6}
$$

由于 9 个样本数据为 5 男 4 女，故类概率为：

$$
P(\text{男})=\frac{5}{9}=0.5556,\quad P(\text{女})=\frac{4}{9}=0.4444
$$

对于上述数据，可通过计算两类样本的后验概率进行判断，哪一类的后验概率大则属于哪一类。男生和女生的后验概率可通过下面的公式进行计算：

$$
P_{\text{后验}}(\text{男})=\frac{1}{Z}P(\text{男})\cdot P(\text{身高}|\text{男})\cdot P(\text{体重}|\text{男})\cdot P(\text{脚长}|\text{男}) \tag{4.7}
$$

$$
P_{\text{后验}}(\text{女})=\frac{1}{Z}P(\text{女})\cdot P(\text{身高}|\text{女})\cdot P(\text{体重}|\text{女})\cdot P(\text{脚长}|\text{女}) \tag{4.8}
$$

这里，Z 是归一化因子，用来归一化各类别的后验概率之和为 1，在本例中

$$
Z=P(\text{男})P(\text{身高}|\text{男})P(\text{体重}|\text{男})P(\text{脚长}|\text{男})+P(\text{女})P(\text{身高}|\text{女})P(\text{体重}|\text{女})P(\text{脚长}|\text{女})
$$

根据式 (4.6) 中各属性分量的均值和方差，可以计算出式 (4.7) 和式 (4.8) 中各因子的值：

$$
P(\text{身高}|\text{男})=\frac{1}{\sqrt{2\pi\sigma^2_{\text{男, 身高}}}}\exp\left(-\frac{(170-\mu_{\text{男, 身高}})^2}{2\sigma^2_{\text{男, 身高}}}\right)=\frac{1}{\sqrt{2\pi\times 21.3}}\exp\left(-\frac{(170-175.6)^2}{2\times 21.3}\right)=0.0414
$$

$$
P(\text{体重}|\text{男})=\frac{1}{\sqrt{2\pi\sigma^2_{\text{男, 体重}}}}\exp\left(-\frac{(60-\mu_{\text{男, 体重}})^2}{2\sigma^2_{\text{男, 体重}}}\right)=\frac{1}{\sqrt{2\pi\times 44.2}}\exp\left(-\frac{(60-74.2)^2}{2\times 44.2}\right)=0.0061
$$

$$
P(\text{脚长}|\text{男})=\frac{1}{\sqrt{2\pi\sigma^2_{\text{男, 脚长}}}}\exp\left(-\frac{(60-\mu_{\text{男, 脚长}})^2}{2\sigma^2_{\text{男, 脚长}}}\right)=\frac{1}{\sqrt{2\pi\times 1.438}}\exp\left(-\frac{(25-26.54)^2}{2\times 1.438}\right)=0.1458
$$

同理，可计算得到：

$$
P(\text{身高}|\text{女})=0.0150,\quad P(\text{体重}|\text{女})=0.0596,\quad P(\text{脚长}|\text{女})=0.2647
$$

于是有：

$$
P(\text{男})\cdot P(\text{身高}|\text{男})\cdot P(\text{体重}|\text{男})\cdot P(\text{脚长}|\text{男})=\frac{5}{9}\times 0.0414\times 0.0061\times 0.1458=2.0456\times 10^{-5}
$$

$$P(\text{女})\cdot P(\text{身高}|\text{女})\cdot P(\text{体重}|\text{女})\cdot P(\text{脚长}|\text{女})=\frac{4}{9}\times 0.0150\times 0.0596\times 0.2647=1.0517\times 10^{-4}$$

从而

$$Z=2.0456\times 10^{-5}+1.0517\times 10^{-4}=1.2563\times 10^{-4}$$

因此有：

$$P_{\text{后验}}(\text{男})=\frac{2.0456\times 10^{-5}}{1.2563\times 10^{-4}}=0.1629,\quad P_{\text{后验}}(\text{女})=\frac{1.0517\times 10^{-4}}{1.2563\times 10^{-4}}=0.8371$$

上式表明，测试样本女生的后验概率大，因此判定为女生。

2. 离散型随机变量

如果特征向量的分量是离散型随机变量，可以根据训练样本直接计算出其服从的概率分布，即类条件概率。计算公式为：

$$P(x_i=a|y=c_j)=\frac{n_{x_i=a,y=c_j}}{n_{y=c_j}} \tag{4.9}$$

其中，$n_{y=c_j}$ 为第 c_j 类训练样本数，$n_{x_i=a,y=c_j}$ 为第 c_j 类训练样本中第 i 个属性取值为 a 的训练样本数。式 (4.9) 的右边其实就是每类训练样本的每个属性分量取各个值的频率，用频率值作为类条件概率的估计值。因此，最后得到的分类判别函数为：

$$\arg\max_{j\in\{1,2,\cdots,\ell\}} P(y=c_j)\prod_{i=1}^{m} P(x_i=a|y=c_j) \tag{4.10}$$

其中，$P(y=c_j)$ 是第 c_j 类训练样本在整个样本集中出现的概率，即类概率，其计算公式为：

$$P(y=c_j)=\frac{n_{y=c_j}}{n}$$

其中，n 为训练样本总数，$n_{y=c_j}$ 为第 c_j 类样本的数量。

注意，在式 (4.9) 中，如果 $n_{x_i=a,y=c_j}=0$，即特征向量的第 i 个分量 x_i 取值为 a 在第 c_j 类训练样本中一次都不出现，则会导致式 (4.10) 中的分类判别函数取 0 值，这显然是不合理的。补救的办法是采用拉普拉斯平滑技术，即分子、分母都加上一个适当的正数。如果属性分量的取值有 ℓ 种情况（即有 ℓ 个类别），则将分子加上 1，分母加上 ℓ，这样可以保证所有类的条件概率之和仍然为 1，即：

$$P(x_i=a|y=c_j)=\frac{n_{x_i=a,y=c_j}+1}{n_{y=c_j}+\ell} \tag{4.11}$$

最后，我们指出，对于每一个类别，通过式 (4.9) 或式 (4.11) 计算出待预测样本各个属性分量的类条件概率 $P(x_i=a|y=c_j)\,(i=1,2,\cdots,n;j=1,2,\cdots\ell)$，然后与类概率 $P(y=c_j)$ 一起连乘，得到上面的预测值，将预测值最大的类作为最终的分类结果。

下面我们给出一个离散型特征的朴素贝叶斯分类实例。

例 4.2 某个医院早上收了 6 个门诊病人，如表 4.3 所示。

表 4.3 门诊病人数据

序号	症状	职业	疾病
1	打喷嚏	农民	感冒
2	皮肤瘙痒	农民	过敏
3	发热	工人	肺炎
4	发热	工人	感冒
5	打喷嚏	教师	感冒
6	发热	教师	肺炎

后面又来了第 7 个病人，他是一个发热的农民。请问他最可能患上什么疾病？

本例有两个特征：症状和职业，假设它们是相互独立的。“症状”有三种取值：打喷嚏、皮肤瘙痒、发热；“职业”也有三种取值：农民、工人、教师。令“$\boldsymbol{x}=(\text{发热}, \text{农民})$”，“$y=\text{疾病}$”，$y\in\{\text{感冒}, \text{过敏}, \text{肺炎}\}$。利用贝叶斯公式：

$$P(y|\boldsymbol{x})=\frac{P(\boldsymbol{x}|y)P(y)}{P(\boldsymbol{x})}$$

先验概率 $P(\boldsymbol{x})$ 可以不必计算，我们有：

$$P((\text{发热}, \text{农民})|\text{感冒})\cdot P(\text{感冒})=P(\text{发热}|\text{感冒})\cdot P(\text{农民}|\text{感冒})\cdot P(\text{感冒})$$

$$=\frac{1}{3}\times\frac{1}{3}\times\frac{3}{6}=\frac{1}{18}$$

$$P((\text{发热}, \text{农民})|\text{肺炎})\cdot P(\text{肺炎})=P(\text{发热}|\text{肺炎})\cdot P(\text{农民}|\text{肺炎})\cdot P(\text{肺炎})$$

$$=\frac{2}{2}\times\frac{0+1}{0+3}\times\frac{2}{6}=\frac{1}{9}$$

$$P((\text{发热}, \text{农民})|\text{过敏})\cdot P(\text{过敏})=P(\text{发热}|\text{过敏})\cdot P(\text{农民}|\text{过敏})\cdot P(\text{过敏})$$

$$=\frac{0+1}{0+3}\times 1\times\frac{1}{6}=\frac{1}{18}$$

从而，归一化因子为：

$$Z=\frac{1}{18}+\frac{1}{9}+\frac{1}{18}=\frac{4}{18}$$

因此，

$$P(\text{感冒}|(\text{发热}, \text{农民}))=\frac{1}{Z}\cdot P((\text{发热}, \text{农民})|\text{感冒})\cdot P(\text{感冒})=\frac{18}{4}\times\frac{1}{18}=\frac{1}{4}$$

$$P(\text{肺炎}|(\text{发热}, \text{农民}))=\frac{1}{Z}\cdot P((\text{发热}, \text{农民})|\text{肺炎})\cdot P(\text{肺炎})=\frac{18}{4}\times\frac{1}{9}=\frac{1}{2}$$

$$P(\text{过敏}|(\text{发热, 农民})) = \frac{1}{Z} \cdot P((\text{发热, 农民})|\text{过敏}) \cdot P(\text{过敏}) = \frac{18}{4} \times \frac{1}{18} = \frac{1}{4}$$

上面的计算结果表明，第 7 个病人最可能患上肺炎。

在本小节的最后，给出朴素贝叶斯算法的详细流程。

算法 4.1 (朴素贝叶斯算法)

（1）将每个训练样本都表示成 m 维特征向量 $\boldsymbol{x} = (x_1, x_2, \cdots, x_m)^{\mathrm{T}}$，它是属性 $\{a_1, a_2, \cdots, a_m\}$ 的 m 个度量值。同时，假设类变量 $C = \{c_1, c_2, \cdots, c_\ell\}$。

（2）给定一个待分类的数据样本 $\widetilde{\boldsymbol{x}}$（即没有标签），按式 (4.4) 计算后验概率：

$$P(c_1|\widetilde{\boldsymbol{x}}), P(c_2|\widetilde{\boldsymbol{x}}), \cdots, P(c_\ell|\widetilde{\boldsymbol{x}})$$

（3）如果

$$P(c_i|\widetilde{\boldsymbol{x}}) = \max\{P(c_1|\widetilde{\boldsymbol{x}}), P(c_2|\widetilde{\boldsymbol{x}}), \cdots, P(c_\ell|\widetilde{\boldsymbol{x}})\}$$

则将 $\widetilde{\boldsymbol{x}}$ 分配给 c_i 类。

4.1.3　正态贝叶斯算法

下面考虑更一般的情形。若样本的特征向量服从多维正态分布，则由此建立的贝叶斯算法称为正态贝叶斯算法。假设样本特征向量 $\boldsymbol{x} = (x_1, x_2, \cdots, x_m)^{\mathrm{T}}$ 服从 m 维正态分布，$\boldsymbol{\mu}$ 为其均值向量，$\boldsymbol{\Sigma}$ 为其协方差矩阵，则其类条件概率密度函数为：

$$p(\boldsymbol{x}|c) = \frac{1}{(2\pi)^{\frac{m}{2}}|\boldsymbol{\Sigma}|^{\frac{1}{2}}} \mathrm{e}^{-\frac{1}{2}(\boldsymbol{x}-\boldsymbol{\mu})^{\mathrm{T}}\boldsymbol{\Sigma}^{-1}(\boldsymbol{x}-\boldsymbol{\mu})}$$

其中，$|\boldsymbol{\Sigma}|$ 是协方差矩阵的行列式，$\boldsymbol{\Sigma}^{-1}$ 是协方差矩阵的逆矩阵。由 $p(\boldsymbol{x}|c)$ 的表达式可知，样本特征向量 $\boldsymbol{x}$ 越接近均值 $\boldsymbol{\mu}$，其概率密度函数的值越大；反之，越远离均值，其概率密度函数的值越小。

正态贝叶斯算法在训练阶段需要根据训练样本数据计算每一类样本条件概率密度函数的均值向量和协方差矩阵，可以通过极大似然估计或矩估计来得到正态分布的这两个参数。同时，还需要计算协方差矩阵的行列式和逆矩阵。由于协方差矩阵是实对称矩阵，因此一定存在特征分解，可以借助特征分解来计算它的行列式和逆矩阵。协方差矩阵 $\boldsymbol{\Sigma}$ 的特征分解为：

$$\boldsymbol{\Sigma} = \boldsymbol{Q}\boldsymbol{\Lambda}\boldsymbol{Q}^{\mathrm{T}}$$

其中，$\boldsymbol{\Lambda}$ 为对角矩阵，其对角元为协方差矩阵的特征值；$\boldsymbol{Q}$ 为正交矩阵，其列为协方差矩阵的特征值所对应的特征向量。于是有：

$$|\boldsymbol{\Sigma}| = |\boldsymbol{\Lambda}| = \lambda_1\lambda_2\cdots\lambda_m$$

$$\boldsymbol{\Sigma}^{-1} = \boldsymbol{Q}\boldsymbol{\Lambda}^{-1}\boldsymbol{Q}^{\mathrm{T}} = \boldsymbol{Q}\mathrm{diag}\left(\lambda_1^{-1}, \lambda_2^{-1}, \cdots, \lambda_m^{-1}\right)\boldsymbol{Q}^{\mathrm{T}}$$

下面给出正态贝叶斯分类的训练算法，其具体步骤如下：

（1）计算每一类样本的均值向量 $\boldsymbol{\mu}_j$ 和协方差矩阵 $\boldsymbol{\Sigma}_j$ $(j = 1, 2, \cdots, \ell)$。

（2）对协方差矩阵 $\boldsymbol{\Sigma}_j$ 进行特征分解，得到正交矩阵 $\boldsymbol{Q}_j$，计算所有特征值的逆 λ_j^{-1} $(j=1,2,\cdots,\ell)$，得到 $\boldsymbol{\Lambda}^{-1}$，并计算 $|\boldsymbol{\Sigma}_j|=|\boldsymbol{\Lambda}_j|=\lambda_1\lambda_2\cdots\lambda_m$。

通过上述训练算法得到模型的相关参数后，预测时需要寻找具有最大条件概率的那个类，即最大化后验概率。根据贝叶斯公式，有：

$$\arg\max_{j\in\{1,2,\cdots,\ell\}} p(c_j|\boldsymbol{x})=\arg\max_{j\in\{1,2,\cdots,\ell\}}\frac{p(c_j)\,p(\boldsymbol{x}|c_j)}{p(\boldsymbol{x})} \tag{4.12}$$

若假设每个类别的样本数相等，则有 $p(c_1)=p(c_2)=\cdots p(c_\ell)=$ 常数，而 $p(\boldsymbol{x})$ 相对于每个类别都是相同的，此时，式 (4.12) 等价于：

$$\arg\max_{j\in\{1,2,\cdots,\ell\}} p(\boldsymbol{x}|c_j) \tag{4.13}$$

也就是只需计算每个类的条件概率值 $p(\boldsymbol{x}|c_j)$，然后取最大的那个。为了计算简便，并考虑到对数函数的单调性，式 (4.13) 又等价于：

$$\arg\max_{j\in\{1,2,\cdots,\ell\}} \ln p(\boldsymbol{x}|c_j) \tag{4.14}$$

注意到，

$$\ln p(\boldsymbol{x}|c_j)=-\frac{m}{2}\ln(2\pi)-\frac{1}{2}\ln|\boldsymbol{\Sigma}_j|-\frac{1}{2}(\boldsymbol{x}-\boldsymbol{\mu}_j)^{\mathrm{T}}\boldsymbol{\Sigma}_j^{-1}(\boldsymbol{x}-\boldsymbol{\mu}_j)$$

由于 $-\dfrac{m}{2}\ln(2\pi)$ 是常数，故由上式，分类器判别函数 (4.14) 等价于下面的极小化问题：

$$\arg\min_{j\in\{1,2,\cdots,\ell\}}\frac{1}{2}\big(\ln|\boldsymbol{\Sigma}_j|+(\boldsymbol{x}-\boldsymbol{\mu}_j)^{\mathrm{T}}\boldsymbol{\Sigma}_j^{-1}(\boldsymbol{x}-\boldsymbol{\mu}_j)\big)$$

对于上式，$\ln|\boldsymbol{\Sigma}_j|$ 在训练算法时已计算好，与 $\boldsymbol{x}$ 无关，不用重复计算。所以，测试时只需根据样本特征向量 $\boldsymbol{x}$ 计算出 $(\boldsymbol{x}-\boldsymbol{\mu}_j)^{\mathrm{T}}\boldsymbol{\Sigma}_j^{-1}(\boldsymbol{x}-\boldsymbol{\mu}_j)$ $(j=1,2,\cdots,\ell)$ 的值即可，而 $\boldsymbol{\Sigma}_j^{-1}$ 也在训练时已算好，无须再算。下面考虑一种特殊情况，即每类样本的协方差矩阵均为对角矩阵 $\boldsymbol{\Sigma}_j=\sigma_j^2\boldsymbol{I}$。此时，

$$\boldsymbol{\Sigma}_j^{-1}=\frac{1}{\sigma_j^2}\boldsymbol{I},\quad \ln|\boldsymbol{\Sigma}_j|=\ln(\sigma_j^2)^m=2m\ln\sigma_j$$

故有：

$$\ln p(\boldsymbol{x}|c_j)=-\frac{m}{2}\ln(2\pi)-m\ln\sigma_j-\frac{1}{2\sigma_j^2}(\boldsymbol{x}-\boldsymbol{\mu}_j)^{\mathrm{T}}(\boldsymbol{x}-\boldsymbol{\mu}_j)$$

进一步，分类器判别函数 (4.14) 等价于下面的极小化问题：

$$\arg\min_{j\in\{1,2,\cdots,\ell\}} m\ln\sigma_j+\frac{1}{2\sigma_j^2}(\boldsymbol{x}-\boldsymbol{\mu}_j)^{\mathrm{T}}(\boldsymbol{x}-\boldsymbol{\mu}_j)$$

4.2　贝叶斯算法的 MATLAB 实现

MATLAB 中封装了函数 fitcnb 来实现贝叶斯分类器，其主要调用方法为：

```
Mdl = fitcnb(X,Y)
Mdl = fitcnb(X,Y,Name,Value)
```

其中，X 是样本特征矩阵，Y 是样本标签，Name 为可选参数的名称，Value 为可选参数的取值。

下面以 MATLAB 中自带的统计 3 种鸢尾属植物的样本数据集 fisheriris 为例，说明函数 fitcnb 的使用方法。

例 4.3　鸢尾属植物数据集 fisheriris 中共包含 150 组数据信息，每一类植物有 50 组数据，其属性分别为花萼长度、花萼宽度、花瓣长度、花瓣宽度，标签分别为“setosa”（山鸢尾）、“versicolor”（杂色鸢尾）和“virginica”（弗吉尼亚鸢尾）。利用该数据集建立贝叶斯分类器，并预测样本 x=[1,0.2,0.4,2] 的类别。

具体代码如下 (nba_mat.m 文件)：

```
%朴素贝叶斯算法MATLAB实现
clear all;close all;clc;
load fisheriris;  %载入样本数据
X=meas;%训练样本矩阵
Y=species;%标签向量
Mdl=fitcnb(X,Y) %训练朴素贝叶斯模型
Mdl.ClassNames %查看模型中的分类名称
Mdl.Prior %查看模型中的先验概率
predict(Mdl,[1,0.2,0.4,2]) %预测新样本的类别
```

运行后在 MATLAB 命令窗口显示结果：

```
ans =

  3×1 cell 数组
    {'setosa'    }
    {'versicolor'}
    {'virginica' }


ans =
    0.3333    0.3333    0.3333


ans =

  1×1 cell 数组
    {'versicolor'}
```

上面的计算结果表明，通过贝叶斯分类后，样本 x=[1,0.2,0.4,2] 属于 versicolor 类（杂色鸢尾）。

进一步，单击 MATLAB 命令窗口中的 Properties 和 Methods 超链接，可显示有关信息。单击 Properties 超链接显示的是类 ClassificationNaiveBayes（可理解为生成的朴素贝叶斯模型）的所有属性，是指通过 fitcnb 训练得到的模型的所有属性，一部分属性值可在 fitcnb 函数调用时进行定义，如上述程序中的 PredictorName（描述各属性的名称）等；另一部分属性则是对形成的模型的具体属性描述，如 Prior（描述模型的先验概率）等。由于各属性属于训练生成的模型，因此当需要观测和调用属性值时，可采用 Mdl.xxx 调用，其中 Mdl 表示训练生成的树的名称，xxx 表示属性名称。

单击 Methods 超链接显示的是类 ClassificationNaiveBayes 的操作方法，共包括 12 种。

在 MATLAB 命令窗口中输入：

```
setosaIndex=strcmp(Mdl.ClassNames,'setosa');
estimates=Mdl.DistributionParameters{setosaIndex,1} %setosa类的均值与标准差
```

运行后输出结果如下：

```
estimates =
    5.0060
    0.3525
```

表示“setosa”类数据的均值是 5.0060，标准差是 0.3525。

另外，使用函数 fitcnb 时还可以预先指定先验概率。代码如下 (nba1_mat.m 文件)：

```
load fisheriris;
X=meas; Y=species;
classNames={'setosa','versicolor','virginica'};%指定类的顺序
prior=[0.5 0.2 0.3];%给定每个类的先验概率
Mdl=fitcnb(X,Y,'ClassNames',classNames,'Prior',prior);
%按指定的类序和先验概率创建新模型
CVMdl=crossval(Mdl);%对Mdl模型k-折交叉验证
Loss=kfoldLoss(CVMdl) %损失率
rng(1); %可重复性
defaultPriorMdl=Mdl;
FreqDist=cell2table(tabulate(Y));%混淆矩阵
defaultPriorMdl.Prior=FreqDist{:,3};%先验概率用1/3,1/3,1/3
defaultCVMdl=crossval(defaultPriorMdl);%k-折交叉验证
defaultLoss=kfoldLoss(defaultCVMdl) %损失率
```

运行上述程序后输出结果如下：

```
Loss =
    0.0340
defaultLoss =
    0.0533
```

上面的结果说明用指定的先验概率创建的新模型精度更好。

因为鸢尾属植物数据集 fisheriris 中的每个样本有 4 个属性，不方便进行分类结果的可视化显示，为此，选取该数据集的第 3 个和第 4 个属性构建朴素贝叶斯模型。编制程序如下 (nba2_mat.m 文件)：

```
load fisheriris; %载入fisheriris数据集
X=meas(:,3:4);%为方便可视化,仅使用第3个和第4个属性
Y=species;%类标签
tabulate(Y) %展示Y中各个species的占比
%创建朴素贝叶斯模型
Mdl=fitcnb(X,Y,'ClassNames',{'setosa','versicolor','virginica'});
Z=meas(25,3:4);
Zclass=predict(Mdl,Z) %预测
gscatter(X(:,1),X(:,2),Y,'kkk','*x+');%数据散点图
h=gca;hold on;
cxlim=h.XLim;cylim=h.YLim;%横、纵坐标范围
Params=cell2mat(Mdl.DistributionParameters);
Mu=Params(2*(1:3)-1,1:2);
Sigma=zeros(2,2,3);
for j=1:3
    Sigma(:,:,j)=diag(Params(2*j,:)).^2;%建立对角协方差矩阵
    xlim=Mu(j,1)+4*[1 -1]*sqrt(Sigma(1,1,j));
    ylim=Mu(j,2)+4*[1 -1]*sqrt(Sigma(2,2,j));
    ezcontour(@(x1,x2)mvnpdf([x1,x2],Mu(j,:),Sigma(:,:,j)),[xlim ylim]);
    %画多维正态分布等高线图
end
h.XLim=cxlim;h.YLim=cylim;
title(' 朴素贝叶斯分类器——鸢尾属植物数据集');
xlabel('花瓣长度(cm)');
ylabel('花瓣宽度(cm)');
hold off;
```

运行上述程序后输出可视化结果如图 4.1 所示。

命令窗口显示如下结果：

```
Value       Count   Percent
setosa        50     33.33%
versicolor    50     33.33%
virginica     50     33.33%

Zclass =
  1×1 cell 数组
   {'setosa'}
```

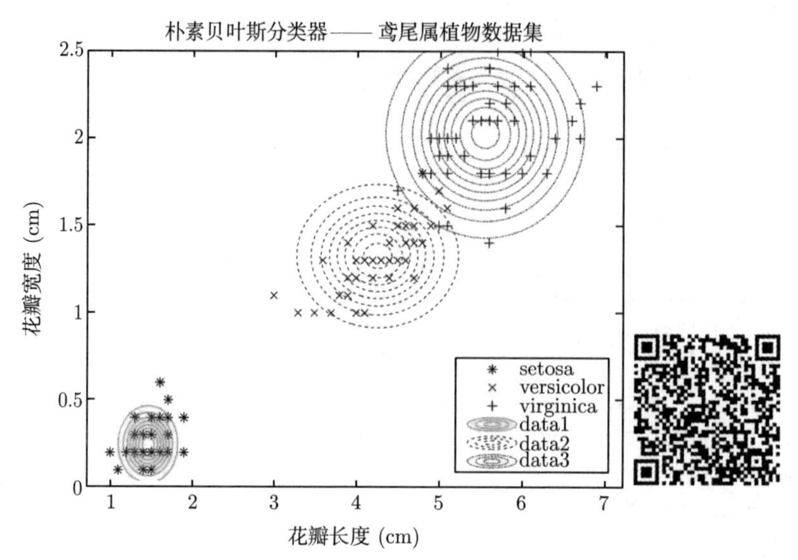

图 4.1　数据集 fisheriris 的朴素贝叶斯分类结果（扫描右侧二维码可查看彩色效果）

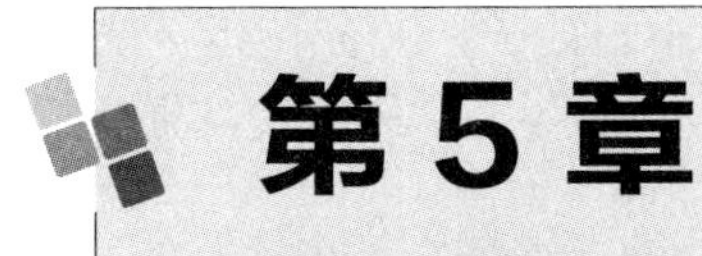

第 5 章 k近邻算法

k 近邻算法是一种常用的监督学习方法，它的基本思想是：要确定一个样本的类别，可以计算它与所有训练样本的某种距离（例如欧氏距离），然后找出与该样本最接近的 k 个样本，统计这些样本的类别并进行“投票”，得票最多的那个类就是分类结果。

5.1 k 近邻算法的基本原理

本节介绍 k 近邻算法的基本原理及各种距离函数的定义。

5.1.1 k 近邻算法的基本流程

k 近邻算法是“懒惰学习”的著名代表，因为它没有模型参数需要确定，因此也就没有训练过程，超参数 k 由人工指定。

图 5.1 给出了 k 近邻分类器的一个示意图。显然，k 是一个重要参数，当 k 取不同值时，分类结果会有显著不同。图 5.1 中的测试样本在 $k=3$ 时被判别为“−”类，在 $k=7$ 时被判别为“+”类。此外，不同的距离计算方式找出的“近邻”样本个数可能不同，从而导致分类的结果也会有所不同。

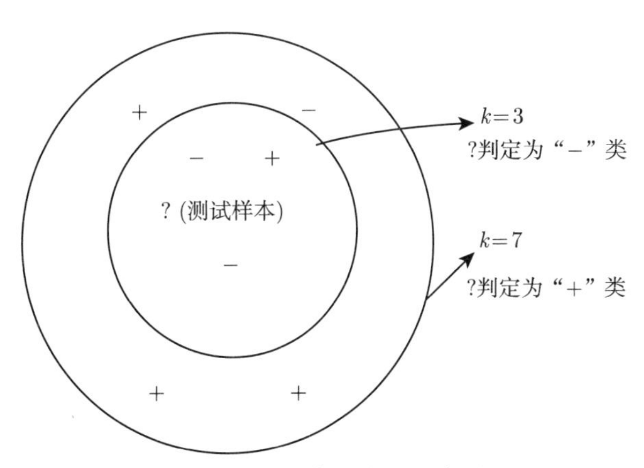

图 5.1 k 近邻分类器示意图

我们先对“最近邻分类器”（即 $k=1$）在二分类问题上的性能做一个简单的讨论。假设距离计算是“恰当”的，即能够恰当地找出 k 个近邻。给定测试样本 $\boldsymbol{x}$，若其最近邻样本为 $\boldsymbol{w}$，则最近邻分类器出错的概率就是 $\boldsymbol{x}$ 与 $\boldsymbol{w}$ 类标签不同的概率，即：

$$P(\text{err}) = 1 - \sum_{c \in \mathcal{Y}} P(c \,|\, \boldsymbol{x}) P(c \,|\, \boldsymbol{w}) \tag{5.1}$$

这里 $\mathcal{Y}=\{-1,+1\}$。假设样本独立同分布，且对任意 $\boldsymbol{x}$ 和任意小正数 δ，在 $\boldsymbol{x}$ 附近 δ 距离范围内总能找到一个式 (5.1) 中的训练样本 $\boldsymbol{w}$。令 $c^*=\arg\max\limits_{c\in\mathcal{Y}} P(c\,|\,\boldsymbol{x})$ 表示贝叶斯最优分类器的结果，则有：

$$\begin{aligned}
P(\mathrm{err}) &= 1-\sum_{c\in\mathcal{Y}} P(c\,|\,\boldsymbol{x})P(c\,|\,\boldsymbol{w}) \\
&\simeq 1-\sum_{c\in\mathcal{Y}} P^2(c\,|\,\boldsymbol{x}) \leqslant 1-P^2(c^*\,|\,\boldsymbol{x}) \\
&= (1+P(c^*\,|\,\boldsymbol{x}))(1-P(c^*\,|\,\boldsymbol{x})) \\
&\leqslant 2\times(1-P(c^*\,|\,\boldsymbol{x}))
\end{aligned} \tag{5.2}$$

式 (5.2) 表明：最近邻分类器虽简单，但它的泛化错误率不超过贝叶斯最优分类器的错误率的两倍。

下面我们来看 k 近邻算法的具体流程。对于分类问题，给定 n 个训练样例 $(\boldsymbol{x}_i,y_i)$，其中 $\boldsymbol{x}_i$ 为样本特征向量，y_i 为标签值。设定参数 k，假设样本类别数为 ℓ，待分类的样本为 $\boldsymbol{x}$，则 k 近邻算法的步骤如下。

算法 5.1 (k 近邻算法)

（1） 在训练样本中找出距离 $\boldsymbol{x}$ 最近的 k 个样本，记这 k 个样本的集合为 $S(k)$。

（2） 统计 $S(k)$ 中属于每一类的样本个数 $k_i(i=1,2,\cdots,\ell)$。

（3） 最终的分类结果为 $\max\limits_{i} k_i$，即最大的 k_i 值对应的那个类。

显然，当 $k=1$ 时，k 近邻算法退化为最近邻算法。更通俗地说，k 近邻算法是按照一定规则将相似的样本数据进行归类的，类似于现实生活中的“物以类聚，人以群分”。首先，计算待分类数据特征与训练数据特征之间的距离并排序，取出距离最近的 k 个训练数据特征；然后，根据这 k 个相近训练数据特征所属的类别来判定新样本的类别：如果它们都属于同一类，那么新样本也属于这一类；否则，对每个候选类别进行评分，按照某种规则确定新样本的类别。一般采用投票规则，即少数服从多数，期望的 k 值是一个奇数。精确的投票方法是计算每一个测试样本与 k 个样本之间的距离。

容易发现，k 近邻算法实现十分简单，只需计算待测样本与每一个训练样本的距离即可，这是它的优点；其缺点是当训练样本容量大、特征向量维数高时，计算复杂度将变得十分可观。因为每次预测时都要计算待测样本与每一个训练样本的距离，而且需要对距离进行排序找到最近的 k 个样本。

此外，一个不容忽视的问题是参数 k 的取值，除了必须是一个奇数外，还需要根据问题和数据的特点来确定。在算法实现时还可以考虑样本的权重，即每个样本有不同的投票权重，这种方法称为加权 k 近邻算法。

另外，k 近邻算法也可以用于回归问题。在得到待处理数据的 k 个最相似训练数据后，求取这些训练数据特征的平均值，并将该平均值作为待处理数据的特征值。也就是说，假设距离待测试样本最近的 k 个训练样本的标签值为 y_i，则对该样本的回归预测值为：

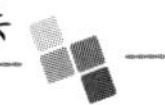

$$\hat{y} = \frac{1}{k}\sum_{i=1}^{k} y_i$$

即 k 个近邻样本标签值的算术平均，在这里 k 个近邻样本的贡献被认为是相等的。进一步地，可以考虑加权方案，即根据 k 个最相似训练样本和待预测样本的实际距离，赋予每一个训练样本不同的权值，然后再进行加权平均，这样得到的回归值更为有效，即：

$$\tilde{y} = \sum_{i=1}^{k} w_i y_i$$

其中，w_i 是第 i 个样本的权重。权值可以人工设定，也可以用其他方法来确定，例如设置为与距离成反比。

5.1.2　$\boldsymbol{k}$ 近邻算法的距离函数

必须指出的是，k 近邻算法的实现依赖于样本之间的距离，因此需要定义距离的计算方式。下面介绍几种常用的距离定义，它们适用于不同特点的数据。

两个样本特征向量 $\boldsymbol{x}_i$ 和 $\boldsymbol{x}_j$ 之间的距离记为 $d(\boldsymbol{x}_i, \boldsymbol{x}_j)$，它是一个将两个同维数向量映射为一个实数的函数，称为距离函数。实际上，距离函数是一种向量范数，因此必须满足向量范数的三个准则，即正定性、对称性和三角不等式：

（1）　$d(\boldsymbol{x}_i, \boldsymbol{x}_j) \geqslant 0$ 且 $d(\boldsymbol{x}_i, \boldsymbol{x}_j) = 0 \Leftrightarrow \boldsymbol{x}_i = \boldsymbol{x}_j$ （正定性）。

（2）　$d(\boldsymbol{x}_i, \boldsymbol{x}_j) = d(\boldsymbol{x}_j, \boldsymbol{x}_i)$ （对称性）。

（3）　$d(\boldsymbol{x}_i, \boldsymbol{x}_j) \leqslant d(\boldsymbol{x}_i, \boldsymbol{x}_k) + d(\boldsymbol{x}_k, \boldsymbol{x}_j)$ （三角不等式）。

在样本数有限的情况下，k 近邻算法的误判概率和距离的具体测度有直接关系。因此，在选择近邻样本数时利用适当的距离函数能够提高分类的正确率。通常，k 近邻算法可采用欧氏距离（Euclidean Distance）、曼氏距离（Manhattan Distance）、马氏距离（Mahalanobis Distance）等距离函数。

设样本特征向量 $\boldsymbol{x} = (x_1, \cdots, x_m)^{\mathrm{T}}$, $\boldsymbol{y} = (y_1, \cdots, y_m)^{\mathrm{T}}$，则有以下距离函数。

（1）欧氏距离（Euclidean Distance）：

$$d(\boldsymbol{x}, \boldsymbol{y}) = \|\boldsymbol{x} - \boldsymbol{y}\|_2 = \left(\sum_{i=1}^{m}(x_i - y_i)^2\right)^{\frac{1}{2}}$$

（2）曼氏距离（Manhattan Distance 又叫街区距离）：

$$d(\boldsymbol{x}, \boldsymbol{y}) = \sum_{i=1}^{m} |x_i - y_i|$$

（3）马氏距离（Mahalanobis Distance）：

$$d(\boldsymbol{x}, \boldsymbol{y}) = \sqrt{(\boldsymbol{x} - \boldsymbol{y})^{\mathrm{T}} \boldsymbol{\Sigma}^{-1} (\boldsymbol{x} - \boldsymbol{y})}$$

其中，$\boldsymbol{\Sigma}$ 为 $\boldsymbol{x}$ 和 $\boldsymbol{y}$ 所在数据集的协方差矩阵。

欧氏距离是最常用也是我们最熟知的距离。但在使用欧氏距离时，要注意将特征向量的分量归一化，以减少因特征值的尺度范围差异所带来的干扰，否则数值小的特征分量会被数值大的特征分量所淹没。也就是说，欧氏距离只是将特征向量看作空间中的点，并未考虑这些样本特征向量的概率分布规律。与欧氏距离不同，马氏距离则是一种概率意义上的距离，它与数据的尺度无关。马氏距离更为一般的定义是：

$$d(\boldsymbol{x},\boldsymbol{y})=\|\boldsymbol{x}-\boldsymbol{y}\|_S=\sqrt{(\boldsymbol{x}-\boldsymbol{y})^{\mathrm{T}}\boldsymbol{S}(\boldsymbol{x}-\boldsymbol{y})}$$

其中，$\boldsymbol{S}$ 是对称正定矩阵。这种距离度量的是两个随机向量的相似度。显然，当 $\boldsymbol{S}$ 为单位阵时，马氏距离即退化为欧氏距离。矩阵 $\boldsymbol{S}$ 可以通过计算训练样本的协方差矩阵得到，也可以通过对样本的“距离度量学习”得到。

另外还有一种巴氏距离（Bhattacharyya Distance），它定义了两个离散型或连续型随机向量概率分布的相似性。对于在同一域 X 的两个离散型分布 $p(x), q(x)$，其定义为：

$$d(p,q)=-\ln\left(\sum_{x\in X}\sqrt{p(x)q(x)}\right)$$

对于连续型分布，其定义为：

$$d(p,q)=-\ln\left(\int\sqrt{p(x)q(x)}\mathrm{d}x\right)$$

显然，两个随机向量越相似，这个距离值越小。注意，巴氏距离不满足三角不等式。

5.1.3 k 近邻算法的判别函数

现在来建立 k 近邻算法的分类判别函数。假设数据集为：

$$\{\boldsymbol{x}_j^{(i)}\},\ i=1,2,\cdots,\ell,\ j=1,2,\cdots,n_i;\ n=\sum_{i=1}^{s}n_i$$

这些数据分别属于 ℓ 种不同类别，其中 n_i 是第 i 个分类 c_i 的样本个数。对一个待测数据 $\boldsymbol{x}$，分别计算它与这 n 个已知类别的样本 $\boldsymbol{x}_j^{(i)}$ 的距离，将其判为距离最近的那个样本所属的类。

第 c_i 类的判别函数为：

$$d_i(\boldsymbol{x},\boldsymbol{x}_j^{(i)})=\min_{j\in\{1,\cdots,n_i\}}\|\boldsymbol{x}-\boldsymbol{x}_j^{(i)}\|_2,\ i=1,2,\cdots,\ell$$

判别准则为：

$$\boldsymbol{x}\in c_{i^*},\ i^*=\min_{i\in\{1,\cdots,\ell\}}\{d_i(\boldsymbol{x},\boldsymbol{x}_j^{(i)})\}$$

上述方法仅根据距离待识模式最近的一个样本类别决定其类别，即最近邻法。

为了克服单个样本类别的偶然性，增加分类的可靠性，可以考查待测数据的 k 个最近邻样本，统计这 k 个最近邻样本中属于哪一类别的样本最多，就将 $\boldsymbol{x}$ 判属给该类。设 $k_1, k_2, \cdots, k_\ell$ 分别是 $\boldsymbol{x}$ 的 k 个最近邻样本属于 $c_1, c_2, \cdots, c_\ell$ 类的样本数，定义 c_i 类的判别函数为：

$$k_i := d_i(\boldsymbol{x}, \boldsymbol{x}_j^{(i)}) = \min_{j\in\{1,\cdots,n_i\}} \|\boldsymbol{x} - \boldsymbol{x}_j^{(i)}\|_2,\ i = 1, 2, \cdots, \ell$$

判别准则为：

$$\boldsymbol{x} \in c_{i^*},\ i^* = \max_{i=1,2,\cdots,\ell} \{\, k_i \,\}$$

这就是 k 近邻算法的判别函数和判别准则。

最后，我们来总结一下 k 近邻算法的计算步骤。一般来说，实现 k 近邻算法可分为如下 7 步：

（1） 初始化距离值为最大值，便于在搜索过程中迭代掉。

（2） 计算待分类样本和每个训练样本的距离 dist。

（3） 得到目前 k 个最近邻样本中的最大距离 maxdist。

（4） 如果 dist 小于 maxdist，则将该训练样本作为 k 近邻样本。

（5） 重复步骤 （2）、（3）、（4），直到未知样本和所有训练样本的距离都计算完。

（6） 统计 k 近邻样本中每个类标号出现的次数。

（7） 选择出现频率最高的类标号作为未知样本的类标号。

5.2　*k* 近邻算法的 MATLAB 实现

基于 k 近邻的相关算法已成功应用于手写体识别、数字验证码识别、文本分类、聚类分析、预测分析、模式识别、图像处理等方面。

下面我们来看一个例子，通过 MATLAB 实例，演示 k 近邻算法的具体应用。

例 5.1　假设有一个区分某一电影是武打片还是言情片的应用问题。首先，需要建立已知标签的样本，通过人工统计或数字图像处理技术统计众多电影中的打斗镜头数和拥抱镜头数，并对相应的电影进行标签标注。之后，对于一部未看过的电影，如何通过机器计算的方式判断其为武打片还是言情片？此时，就可以使用 k 近邻算法加以解决。

为了方便起见，通过 MATLAB 随机生成有标签的数据样本，其主要利用两个随机高斯分布生成两类数据（假设打斗镜头数和拥抱镜头数可以为小数），并将一类数据（假设为武打片）标记为 1，将另一类数据（假设为言情片）标记为 2。

待检测的样本分别为拥抱镜头数遍历 3~7 次和打斗镜头数遍历 3~7 次产生的 25 个数据，通过 k 近邻算法判别是武打片还是言情片（取 $k = 11$）。编写代码实现 k 近邻算法如下 (knn_mat.m 文件)：

```
%k近邻算法的MATLAB实现
clc; clear all; close all;
%利用高斯分布生成打斗片数据和标签
mu1=[2 8];%均值
```

```
sigma1=[2.5 0;0 3];%二维数据的协方差矩阵
data1=mvnrnd(mu1,sigma1,100);%产生高斯分布数据
data1(find(data1<0))=0;%令高斯数据中的负数为零,因为打斗镜头数和拥抱镜头数不能
为负数
label1=ones(100,1);%将该类数据的标签定义为1
plot(data1(:,1),data1(:,2),'b+');%用+号绘制出数据
axis([-1 12 -1 12]);%设定两坐标轴范围
xlabel('打斗镜头数');%标记横轴为打斗镜头数
ylabel('拥抱镜头数');%标记纵轴为拥抱镜头数
hold on;
%利用高斯分布生成言情片数据和标签
mu2=[8 2];%均值
sigma2=[2.5 0; 0 3];%二维数据的协方差矩阵
data2=mvnrnd(mu2,sigma2,100);%产生高斯分布数据
data2(find(data2<0))=0;%令高斯数据中的负数为零
label2=2*ones(100,1);  %将该类数据的标签定义为2
plot(data2(:,1),data2(:,2),'k*');%用*号绘制出数据
data=[data1; data2];
label=[label1;label2];
k=11;%两个类,一般k取奇数有利于测试数据属于哪个类
%测试数据,k近邻算法看这个数据属于哪个类,测试数据共25个
%打斗镜头数遍历3~7次,拥抱镜头数也遍历3~7次
for movenum=3:7
    for kissnum=3:7
        test_data=[movenum, kissnum];%测试数据,为5*5矩阵
        %求测试数据与类中每个数据的距离,欧氏距离
        dist=zeros(200,1);
        for i=1:200
            dist(i)=sqrt((test_data(1)-data(i,1)).^2+(test_data(2)-data(i,2)).^2);
        end
        %选择排序算法,只找出最小的前k个数据,对数据和标号都进行排序
        for i=1:k
            min=dist(i);
            for j=i+1:200
                if dist(j)<min
                    min=dist(j);
                    label_min=label(j);
                    tmp=j;
                end
            end
            dist(tmp)=dist(i);%排数据
            dist(i)=min;
            label(tmp)=label(i);
            label(i)=label_min;
```

```
        end
        cls1=0;%统计类1中距离测试数据最近的个数
        for i=1:k
            if label(i)==1
                cls1=cls1+1;
            end
        end
        cls2=k-cls1;%统计类2中距离测试数据最近的个数
        if cls1>cls2
            plot(movenum,kissnum,'r<');%属于类1(武打片)的数据画左三角
        else
            plot(movenum,kissnum,'rp');%属于类2(言情片)的数据画五角星
        end
        label=[label1;label2];%更新label标签排序
    end
end
```

运行程序得到对电影类别的判断结果如图 5.2 所示，其中，左三角表示武打片，五角星表示言情片。

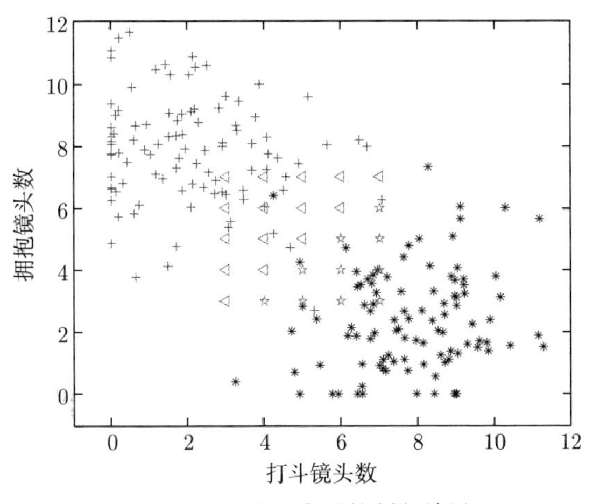

图 5.2　对电影类别的判断结果

例 5.2　编制 k 近邻算法的 MATLAB 程序，对鸢尾属植物数据集 fisheriris 进行分类。编写代码实现 k 近邻算法如下 (knn_alg.m 文件)：

```
%三分类的KNN程序
function Est_Y=knn_alg(X,Y,test_X,k)
for i=1:length(test_X)
    for j=1:length(X)
        dist(i,j)=norm(test_X(i)-X(j));%计算欧氏距离
    end
    [~,idx]=mink(dist(i,:),k);%求数组中最小的k个元素
    result(i,:) = Y(idx);
```

```
end
for i=1:length(test_X)
    s1=sum(result(i,:)==1);
    s2=sum(result(i,:)==2);
    s3=sum(result(i,:)==3);
    [~,idx]=max([s1,s2,s3]);
    if (idx==1)
        Est_Y(i)=1;
    else if (idx==2)
            Est_Y(i)=2;
        else
            Est_Y(i)=3;
        end
    end
end
```

再编写主程序 knn_alg_main.m 如下：

```
%对鸢尾属植物数据集进行分类
k=23; %选取超参数k的值
flower=load('iris.txt');
train_X=[flower(1:40,:);flower(51:90,:);flower(101:140,:)];
train_Y=[ones(40,1);2*ones(40,1);3*ones(40,1)];
test_X=[flower(41:50,:);flower(91:100,:);flower(141:150,:)];
test_Y=[ones(10,1);2*ones(10,1);3*ones(10,1)];test_Y=test_Y'
Est_Y=knn_alg(train_X,train_Y,test_X,k)
Correct_ratio=sum(Est_Y==test_Y)./length(test_Y)
```

在 MATLAB 命令窗口运行 knn_alg_main.m 程序，结果如下：

```
>> knn_alg_main
test_Y =
  列 1 至 16
    1    1    1    1    1    1    1    1    1    1    2    2    2    2    2    2
  列 17 至 30
    2    2    2    2    3    3    3    3    3    3    3    3    3    3
Est_Y =
  列 1 至 16
    1    1    1    1    1    1    1    1    1    1    2    2    2    1    2    2
  列 17 至 30
    2    2    1    2    3    3    2    3    3    3    3    3    2    2
Correct_ratio =
    0.8333
```

上面是通过自己编写代码实现 k 近邻算法，会发现代码十分冗长，这对初学者来说是一个不小的挑战。其实，MATLAB 中已经封装了实现 k 近邻算法的函数。新版 MATLAB 中的 k 近邻算法函数是 fitcknn()。从严格意义上来说，fitcknn 不是一个函数，而是一个类

(Class)。函数 fitcknn() 可以被认为是这个类的构造函数，这个类的主要作用是构建一个 k 近邻分类器对象。其主要用法如下：

（1） `mdl=fitcknn(X,Y);`

返回分类器模型对象，输入参数 X 是训练数据，Y 是标签。X 是一个数值矩阵，每一行表示一个样本数据。Y 可以是数值向量、逻辑向量或者元胞数组等，用于表示每个样本的标签。因此，X 的行数应该等于 Y 的长度，都表示样本的个数。

（2） `mdl=fitcknn(Tbl,ResponseVarName);`

Tb1 是一个 table 类型的数据，每一行表示一个样本的观测值，每一列表示一个特征变量。Response-VarName 表示 Tb1 的最后一列是标签。分别使用 predictor 和 response 表示特征和标签这两个含义。

（3） `mdl=fitcknn(Tbl,Y);`

如果不使用 ResponseVarName 参数，那么默认 Tb1 只包含训练器要用到的数据，不包含标签，因此需要使用 Y，其中存放着每个样本观测值的标签。

（4） `mdl= fitcknn(…, Name,Value);`

Name 和 Value 成对出现，比如 'NumNeighbors', 5 和 'Standardize', 1 等。

运行 fitcknn() 函数后，在命令窗口会出现两个超链接——Properties（类的属性）和 Methods（方法成员），分别解释如下。

类的属性（Properties）

所有类的属性，可以在使用构造函数时通过键值对来赋值或者修改。

（1）**W** 与 Y 的长度相同的非负数值向量，用于表示对应样本观测值的权值。

（2）**Sigma** 数值向量，长度等于特征变量的个数，表示对应特征变量做归一化时的标准差。

（3）**PredictorNames** 特征变量的变量名。

（4）**ResponseName** 标签变量的变量名。

（5）**ClassNames** 标签的种类，存放每种标签的名字。

（6）**Prior** 数值向量。每一类标签的先验概率，也就是每种类别在 X 中的占比。向量中的元素对应 ClassNames 中的元素。

（7）**NumNeighbors** 正数，表示 k 近邻的个数。

（8）**NumObservations** 用于训练分类器的样本数，小于或者等于 X 的行数，因为如果 X 中存在 NaN，这些数据无效，会导致训练数据小于 X 的行数。或者说，即使 X 中有些数据错误，也不会导致程序报错，这个库函数是具有容错性的。

（9）**Mu** 数值向量，长度等于特征变量的个数，表示每个特征变量的均值，用于归一化。

（10）**Distance** 字符向量或者函数句柄，表示 k 近邻所选择的距离标准，比如是欧氏距离还是其他距离等，可用 help fitcknn 查看。选择不同的距离标准还受到搜索方法的限制，搜索方法由 NsMethod 参数决定。

（11）**ModelParameters** 训练分类器用到的参数。NsMethod 就在其中。NsMethod 参数有“exhaustive”和“kdtree”两种，分别是穷举搜索和基于树的搜索。

（12）**DistanceWeight** 字符向量或者函数句柄，可选参数有 'equal' 'inverse' 'square-inverse'，分别表示无权重、与距离的一次方成反比、与距离的二次方成反比。

（13）**DistParameter** 距离标准的额外参数，可选参数 'mahalanobis' 'minkowski' 'seuclidean'，分别表示正定相关矩阵 C、闵可夫斯基距离指数（一个正的标量）、元素为正的向量且长度等于 X 的列数。

（14）**ExpandedPredictorNames** 如果模型使用了编码以后的特征变量，那么这个参数用于描述扩展的变量。

（15）**HyperparameterOptimizationResults** 自动优化超参数。

（16）**IncludeTies** 逻辑值，表示是否包含所有第 k 个距离最小的点，如果不包含，需要通过 BreakTies 做更加详细的设置。

（17）**Cost** 代价矩阵。

方法成员（Methods）

在介绍方法成员之前，需要介绍一些名词概念。这些概念当然也可以在帮助文档中找到。

（1）**后验概率（Posterior Probability）** $\hat{P}(k\,|\,\boldsymbol{x})$ 在已有观测值 $\boldsymbol{x}$ 的基础上，判断其为第 k 类的概率。计算方法是用第 k 类邻近的点的个数除以观测值 $\boldsymbol{x}$ 所有邻近点的个数。

（2）**分数（Score）** 一个模型的分数就是这个模型的后验概率。

（3）**裕度（Margin）** 裕度是指留有一定余地的程度，判断正确的类的分数与判断错误的类的最大分数之间的差距。

（4）**边（Edge）** 裕度的均值。

下面介绍方法成员。

（1）**compareHoldout()** 比较两个模型的精确度。输入是两个模型各自的训练数据和测试数据，输出是假设检验结果、p 值和分类损失。这个函数主要是建立在假设检验理论之上的。

（2）**crossval()** k 近邻分类器交叉验证。输入是 k 近邻模型，输出是一个 ClassificationPartitionedModel 的对象。

（3）**edge()** k 近邻分类器的边，是裕度的均值。

（4）**loss()** k 近邻分类器的损失函数。损失函数有很多类别，具体使用哪种类别可以在输入参数中选择。

（5）**margin()** k 近邻分类器的裕度。

（6）**pretict()** 使用 k 近邻分类器模型预测标签。

（7）**resubEdge()** 通过重构的边。

（8）**resubLoss()** 通过重构的损失函数。

（9）**resubMargin()** 通过重构的裕度。

（10）**resubPredict()** 通过重构的预测值。重构就是修改模型参数以后的模型。

例 5.3 用 MATLAB 自带的 k 近邻算法函数 fitcknn() 对不同均值和方差的两类高斯随机样本数据进行分类。

代码如下 (knn_self.m 文件):

```
%MATLAB自带k近邻算法函数fitcknn
clc;clear all;close all;
rng(1);%可重复性
%生成200个数据样本
mu1=[2 2];sigma1=[1 0;0 1];
mu2=[-2 -2];sigma2=[2 0;0 2];
train=[mvnrnd(mu1,sigma1,100); mvnrnd(mu2,sigma2,100)];
%200个数据的前100个标记为标签1,后100个标记为标签2
group=[ones(100,1);2*ones(100,1)];
%绘制出离散的样本数据点
gscatter(train(:,1),train(:,2),group,'rb','*x');
hold on;
%生成待分类样本20个
sample=unifrnd(-2,2,20,2);
%产生一个20*2矩阵,这个矩阵中的每个元素为-2~2之间连续均匀分布的随机数
k=3;%k近邻算法中的k值
ck=fitcknn(train,group,'NumNeighbors',k);
cls=predict(ck,sample)
gscatter(sample(:,1),sample(:,2),cls,'gm','od');
hold off;
```

运行上述程序，得到可视化结果如图 5.3 所示。

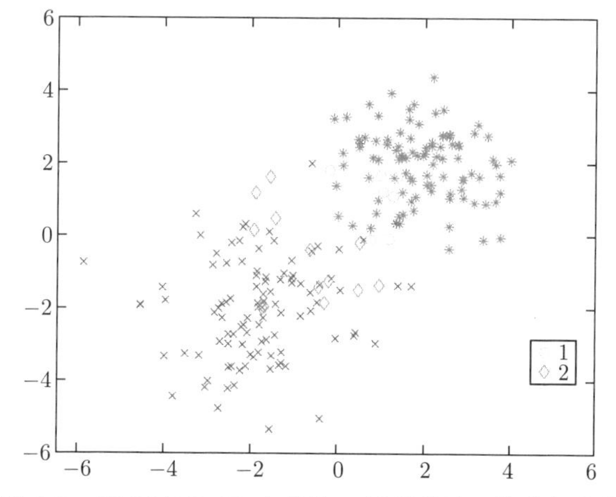

图 5.3　用 MATLAB 自带的 k 近邻算法函数进行分类

例 5.4　取 $k=5$，用 MATLAB 自带的 k 近邻算法函数 fitcknn() 对鸢尾属植物数据集 fisheriris 进行分类，并判别样本 $\boldsymbol{x}=(1,0.2,0.4,2)^{\mathrm{T}}$ 的类别。

程序代码如下 (knn_self2.m 文件):

```
%对鸢尾属植物数据集进行分类
clc; clear all; close all
load fisheriris;
```

```
X=meas;
Y=species;
mdl=fitcknn(X,Y,'NumNeighbors',5,'Standardize',1)
cls=predict(mdl,[1 0.2 0.4 2])
```

运行上述程序，在命令窗口显示如下结果：

```
cls=
  1×1 cell 数组
    {'versicolor'}
```

说明样本 $[1, 0.2, 0.4, 2]$ 属于类别“versicolor”。

第 6 章 支持向量机

苏联数学家万普尼克（Vapnik）等于 20 世纪 90 年代提出了一类二分类的广义线性分类器，被称为支持向量机（Support Vector Machine, SVM），属于监督学习的范畴。在深度学习技术出现之前，使用高斯核函数（RBF）的支持向量机在很多分类问题上一度取得了最好的效果，是最有影响力的机器学习算法之一。支持向量机不仅可以用于分类问题, 而且也可以用于回归问题。此外，支持向量机还擅长处理样本数据线性不可分的情况，主要通过引入核函数来实现，具有泛化性能好、特别适合小样本和高维特征等优点。

6.1 支持向量机的基本原理

对于二分类问题，假设给定样本数据集 $D = \{(\boldsymbol{x}_1, y_1), (\boldsymbol{x}_2, y_2), \cdots, (\boldsymbol{x}_n, y_n)\}$，其中，$\boldsymbol{x}_i \in \mathbb{R}^m$，$y_i \in \{-1, +1\}$，我们的目的是基于训练集 D 在样本空间中找到一个分隔超平面将两类样本分开。如图 6.1 所示，能将训练样本分开的分隔超平面可能有很多，我们应该去找哪一个呢？

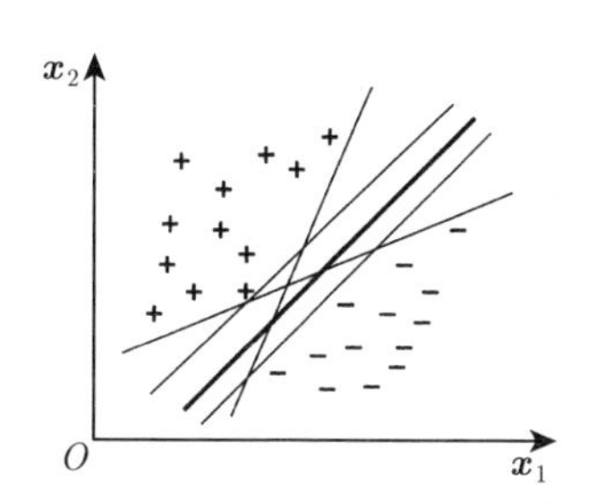

图 6.1　存在多个超平面将两类样本分开

直观上看，应该去找位于两类训练样本“正中间”的那个超平面——图 6.1 中粗黑色的那个，因为这个超平面对训练样本局部扰动的“容忍”度最好，即它所产生的分类结果是最鲁棒的，对未见样本的泛化能力最强。

6.1.1 线性可分问题

可以用一个超平面将两类样本完全分开的分类问题称为线性可分问题。支持向量机的目标是寻找一个分隔超平面，它不仅能正确地对每一个样本进行分类，而且能使每一类样本中距离超平面最近的样本到超平面的距离尽可能远。

在样本空间中，分隔超平面可通过如下线性方程来描述：

$$\boldsymbol{w}^{\mathrm{T}}\boldsymbol{x} + b = 0 \tag{6.1}$$

其中，$\boldsymbol{w}=(w_1,w_2,\cdots,w_m)^{\mathrm{T}}$ 为法向量，决定了超平面的方向；b 为位移，决定了超平面与原点之间的距离。显然，分隔超平面可被法向量 $\boldsymbol{w}$ 和位移 b 确定，下面将这个超平面记为 $(\boldsymbol{w},b)$。

首先，式 (6.1) 中的超平面要保证训练数据集 D 中的每个样本 $\boldsymbol{x}_i$ 都被正确分类，即对于正类样本（对应于标签 $y_i=+1$），有：

$$\boldsymbol{w}^{\mathrm{T}}\boldsymbol{x}_i+b\geqslant 0$$

而对于负类样本（对应于标签 $y_i=-1$），有：

$$\boldsymbol{w}^{\mathrm{T}}\boldsymbol{x}_i+b<0$$

上面两个不等式可以统一写成不等式约束：

$$y_i(\boldsymbol{w}^{\mathrm{T}}\boldsymbol{x}_i+b)\geqslant 0$$

其次，要求超平面离两类样本的距离尽可能大。样本空间中任意点 $\boldsymbol{x}_i$ 到超平面 $(\boldsymbol{w},b)$ 的距离可写为：

$$r=\frac{|\boldsymbol{w}^{\mathrm{T}}\boldsymbol{x}_i+b|}{\|\boldsymbol{w}\|}\tag{6.2}$$

为了能够求取具有最大间隔的超平面，希望可以用 $(\boldsymbol{w},b)$ 表示出临界超平面。注意到式 (6.1) 中的超平面方程有冗余，即将方程两边乘以同一个不等于零的数还是同一个超平面——$\tau\boldsymbol{w}^{\mathrm{T}}\boldsymbol{x}+\tau b=0$，利用这个特点可以简化求解的问题，对 $\boldsymbol{w}$ 和 b 加上如下约束：

$$\min_{\boldsymbol{x}_i}|\boldsymbol{w}^{\mathrm{T}}\boldsymbol{x}_i+b|=1$$

可以消除这个冗余，同时简化点到超平面距离的计算公式。这样对分隔超平面的约束变成：

$$\begin{cases}\boldsymbol{w}^{\mathrm{T}}\boldsymbol{x}_i+b\geqslant +1, & y_i=+1\\ \boldsymbol{w}^{\mathrm{T}}\boldsymbol{x}_i+b\leqslant -1, & y_i=-1\end{cases}\tag{6.3}$$

式 (6.3) 可以统一写成下面的形式：

$$y_i(\boldsymbol{w}^{\mathrm{T}}\boldsymbol{x}_i+b)\geqslant 1\tag{6.4}$$

如图 6.2 所示，距离超平面最近的几个训练样本点使式 (6.3) 的等号成立，它们被称为“支持向量”，两个异类支持向量到超平面的距离之和称为“间隔”：

$$\gamma=\frac{2}{\|\boldsymbol{w}\|}\tag{6.5}$$

推导如下：设 $\boldsymbol{x}_+$、$\boldsymbol{x}_-$ 分别是正、负类样本的支持向量，则满足：

$$\boldsymbol{w}^{\mathrm{T}}\boldsymbol{x}_++b=1,\quad \boldsymbol{w}^{\mathrm{T}}\boldsymbol{x}_-+b=-1$$

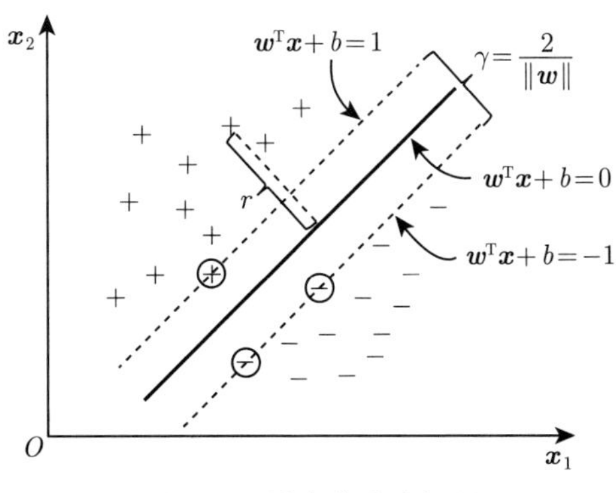

图 6.2　最大化分类间隔

于是，正、负类样本的支持向量到分隔超平面 $(\boldsymbol{w}, b)$ 的距离之和为：

$$\gamma = d_+ + d_- = \frac{|\boldsymbol{w}^\mathrm{T}\boldsymbol{x}_+ + b|}{\|\boldsymbol{w}\|} + \frac{|\boldsymbol{w}^\mathrm{T}\boldsymbol{x}_- + b|}{\|\boldsymbol{w}\|} = \frac{2}{\|\boldsymbol{w}\|}$$

这就得到了式 (6.5)。

要找到具有“最大间隔”的分隔超平面，也就是要找到能满足式 (6.3) 中约束的 $(\boldsymbol{w}, b)$，使得 γ 最大，即：

$$\max_{\boldsymbol{w},b} \frac{2}{\|\boldsymbol{w}\|} \tag{6.6}$$

$$\text{s.t. } y_i(\boldsymbol{w}^\mathrm{T}\boldsymbol{x}_i + b) \geqslant 1,\ i = 1, 2, \cdots, n$$

显然，极大化 $\|\boldsymbol{w}\|^{-1}$ 等价于极小化 $\|\boldsymbol{w}\|^2$。于是，问题 (6.6) 等价于：

$$\min_{\boldsymbol{w},b} \frac{1}{2}\|\boldsymbol{w}\|^2 \tag{6.7}$$

$$\text{s.t. } y_i(\boldsymbol{w}^\mathrm{T}\boldsymbol{x}_i + b) \geqslant 1,\ i = 1, 2, \cdots, n$$

这就是支持向量机的基本模型。我们希望求解极小化问题 (6.7) 来得到具有最大间隔的分隔超平面所对应的模型

$$f(\boldsymbol{x}) = \boldsymbol{w}^\mathrm{T}\boldsymbol{x} + b \tag{6.8}$$

其中，$\boldsymbol{w}$ 和 b 是模型参数。

极小化问题 (6.7) 称为支持向量机模型的“原问题”，它本身是一个凸二次规划问题，有唯一的极小解，可以直接使用现成的优化计算包来求解，但我们可以有更高效的办法，那就是求解其“对偶问题”。

对极小化问题 (6.7) 使用拉格朗日乘子法即可得到其“对偶问题”。具体来说，对极小化问题 (6.7) 的每条约束添加拉格朗日乘子 $\alpha_i \geqslant 0$，则该问题的拉格朗日函数可写为：

$$L(\boldsymbol{w}, b, \boldsymbol{\alpha}) = \frac{1}{2}\|\boldsymbol{w}\|^2 - \sum_{i=1}^{n} \alpha_i\big(y_i(\boldsymbol{w}^\mathrm{T}\boldsymbol{x}_i + b) - 1\big) \tag{6.9}$$

其中，$\boldsymbol{\alpha}=(\alpha_1,\alpha_2,\cdots,\alpha_n)^{\mathrm{T}}$。

由于假设样本数据是线性可分的，因此一定存在 $\boldsymbol{w}$ 和 b 使得不等式约束严格满足，即存在可行解 $\boldsymbol{w}$ 和 b 满足 $\boldsymbol{w}^{\mathrm{T}}\boldsymbol{x}_i+b>1$，根据 Slater 条件可知强对偶性成立，故原问题与其对偶问题具有相同的最优解：

$$\text{(原问题)}\quad \min_{\boldsymbol{w},b}\max_{\boldsymbol{\alpha}} L(\boldsymbol{w},b,\boldsymbol{\alpha}) \iff \max_{\boldsymbol{\alpha}}\min_{\boldsymbol{w},b} L(\boldsymbol{w},b,\boldsymbol{\alpha})\quad\text{(对偶问题)}$$

这里我们求解对偶问题，先固定拉格朗日乘子 $\boldsymbol{\alpha}$，对拉格朗日函数关于 $\boldsymbol{w}$ 和 b 求极小值。对 $L(\boldsymbol{w},b,\boldsymbol{\alpha})$ 关于 $\boldsymbol{w}$ 和 b 求偏导并令其为零可得：

$$\nabla_{\boldsymbol{w}} L(\boldsymbol{w},b,\boldsymbol{\alpha})=0 \implies \boldsymbol{w}=\sum_{i=1}^{n}\alpha_i y_i \boldsymbol{x}_i \tag{6.10}$$

及

$$\frac{\partial L(\boldsymbol{w},b,\boldsymbol{\alpha})}{\partial b}=0 \implies \sum_{i=1}^{n}\alpha_i y_i=0 \tag{6.11}$$

将式 (6.10) 代入式 (6.9)，即可将 $L(\boldsymbol{w},b,\boldsymbol{\alpha})$ 中的 $\boldsymbol{w}$ 和 b 消去，再考虑式 (6.11) 的约束，就得到极小化问题 (6.7) 的对偶问题：

$$\begin{aligned}
\max_{\boldsymbol{\alpha}}\quad & \sum_{i=1}^{n}\alpha_i-\frac{1}{2}\sum_{i=1}^{n}\sum_{j=1}^{n}\alpha_i\alpha_j y_i y_j \boldsymbol{x}_i^{\mathrm{T}}\boldsymbol{x}_j\\
\text{s.t.}\quad & \sum_{i=1}^{n}\alpha_i y_i=0\\
& \alpha_i\geqslant 0,\ i=1,2,\cdots,n
\end{aligned}$$

上面的优化问题等价于：

$$\begin{aligned}
\min_{\boldsymbol{\alpha}}\quad & \frac{1}{2}\sum_{i=1}^{n}\sum_{j=1}^{n}\alpha_i\alpha_j y_i y_j \boldsymbol{x}_i^{\mathrm{T}}\boldsymbol{x}_j-\sum_{i=1}^{n}\alpha_i\\
\text{s.t.}\quad & \sum_{i=1}^{n}\alpha_i y_i=0\\
& \alpha_i\geqslant 0,\ i=1,2,\cdots,n
\end{aligned} \tag{6.12}$$

从对偶问题 (6.12) 解出 $\boldsymbol{\alpha}$ 后，求出 $\boldsymbol{w}$ 与 b，即可得到：

$$f(\boldsymbol{x})=\boldsymbol{w}^{\mathrm{T}}\boldsymbol{x}+b=\sum_{i=1}^{n}\alpha_i y_i \boldsymbol{x}_i^{\mathrm{T}}\boldsymbol{x}+b \tag{6.13}$$

于是分类预测函数为：

$$y=\operatorname{sgn}(f(\boldsymbol{x}))=\operatorname{sgn}\Big(\sum_{i=1}^{n}\alpha_i y_i \boldsymbol{x}_i^{\mathrm{T}}\boldsymbol{x}+b\Big)$$

从对偶问题 (6.12) 解出的 α_i 是极小化问题 (6.7) 中的拉格朗日乘子，它恰好对应着训练样本 $(\boldsymbol{x}_i, y_i)$。注意到极小化问题 (6.7) 中有不等式约束，因此上述过程需满足 KKT (Karush-Kuhn-Tucker) 条件，即要求：

$$\begin{cases} \alpha_i \geqslant 0 \\ y_i f(\boldsymbol{x}_i) - 1 \geqslant 0 \\ \alpha_i(y_i f(\boldsymbol{x}_i) - 1) = 0 \end{cases} \tag{6.14}$$

于是，对任意训练样本 $(\boldsymbol{x}_i, y_i)$，总有 $\alpha_i = 0$ 或 $y_i f(\boldsymbol{x}_i) = 1$。若 $\alpha_i = 0$，则该样本将不会在式 (6.13) 的求和中出现，也就不会对 $f(\boldsymbol{x})$ 有任何影响; 若 $\alpha_i > 0$，则必有 $y_i f(\boldsymbol{x}_i) = 1$，所对应的样本点位于最大间隔边界上，是一个支持向量。这显示出支持向量机的一个重要性质：训练完成后，大部分的训练样本都不需保留，最终模型仅与支持向量有关。

注 6.1 求解对偶问题 (6.12) 得到最优解 $\boldsymbol{\alpha}^*$ 后，立即可计算 $\boldsymbol{w}^*$：

$$\boldsymbol{w}^* = \sum_{i=1}^{n} \alpha_i^* y_i \boldsymbol{x}_i$$

那么如何确定最优的位移 b^* 呢？注意到对任意支持向量 $(\boldsymbol{x}_s, y_s)$ 都有 $y_s f(\boldsymbol{x}_s) = 1$，即：

$$y_s\left(\sum_{i \in S} \alpha_i^* y_i \boldsymbol{x}_i^{\mathrm{T}} \boldsymbol{x}_s + b^*\right) = 1 \tag{6.15}$$

其中，$S = \{i | \alpha_i > 0, i = 1, 2, \cdots, n\}$ 为所有支持向量的下标集。理论上，可选取任意支持向量并通过求解式 (6.15) 获得 b^*，但现实任务中常采用一种更鲁棒的做法——使用所有支持向量求解的平均值：

$$b^* = \frac{1}{|S|} \sum_{s \in S} \left(y_s - \sum_{i \in S} \alpha_i^* y_i \boldsymbol{x}_i^{\mathrm{T}} \boldsymbol{x}_s\right) \tag{6.16}$$

6.1.2 线性不可分问题

线性可分的支持向量机通常不具有太多的实用价值，因为在现实任务中样本一般都不是线性可分的。求解线性不可分问题的一个办法是允许支持向量机的分类在一些样本上出现错误。通过引入松弛变量和惩罚因子对违反不等式约束的样本进行惩罚，可以得到如下的极小化问题：

$$\begin{aligned} \min_{\boldsymbol{w}, b, \xi_i} \quad & \frac{1}{2}\|\boldsymbol{w}\|^2 + C \sum_{i=1}^{n} \xi_i \\ \text{s.t.} \quad & y_i(\boldsymbol{w}^{\mathrm{T}} \boldsymbol{x}_i + b) \geqslant 1 - \xi_i \\ & \xi_i \geqslant 0,\ i = 1, 2, \cdots, n \end{aligned} \tag{6.17}$$

其中，ξ_i 是松弛变量，如果它不为 0，表示样本违反了不等式约束条件，需要惩罚; C 为惩罚因子，是人工设定的正参数（称为超参数），用来平衡惩罚项的重要程度。

显然，极小化问题 (6.17) 中每个样本都有一个对应的松弛变量，用以表征该样本不满足约束 (6.4) 的程度。与极小化问题 (6.7) 相似，这仍是一个凸二次规划问题，因而有唯一的极小解。同样，可以证明极小化问题 (6.17) 满足强对偶性条件，原问题与对偶问题具有相同的最优解。通过拉格朗日乘子法可得到极小化问题 (6.17) 的拉格朗日函数：

$$\begin{aligned}L(\boldsymbol{w},b,\boldsymbol{\alpha},\boldsymbol{\xi},\boldsymbol{\beta}) =& \frac{1}{2}\|\boldsymbol{w}\|^2 + C\sum_{i=1}^{n}\xi_i - \\ & \sum_{i=1}^{n}\alpha_i[y_i(\boldsymbol{w}^{\mathrm{T}}\boldsymbol{x}_i + b) - (1-\xi_i)] - \sum_{i=1}^{n}\beta_i\xi_i\end{aligned} \tag{6.18}$$

其中，$\alpha_i \geqslant 0, \beta_i \geqslant 0$ 是拉格朗日乘子。令 $L(\boldsymbol{w},b,\boldsymbol{\alpha},\boldsymbol{\xi},\boldsymbol{\beta})$ 对 $\boldsymbol{w},b,\xi_i$ 的偏导为零可得：

$$\begin{cases}\dfrac{\partial L}{\partial \boldsymbol{w}} = 0 \implies \boldsymbol{w} = \sum\limits_{i=1}^{n}\alpha_i y_i \boldsymbol{x}_i \\ \dfrac{\partial L}{\partial b} = 0 \implies \sum\limits_{i=1}^{n}\alpha_i y_i = 0 \\ \dfrac{\partial L}{\partial \xi_i} = 0 \implies \alpha_i + \beta_i = C\end{cases} \tag{6.19}$$

将式 (6.19) 代入式 (6.18) 消去 $\boldsymbol{w},b,\xi_i$ 得到关于 $\boldsymbol{\alpha},\boldsymbol{\beta}$ 的函数。由于约束条件 $\alpha_i+\beta_i = C$，因此乘子变量 $\boldsymbol{\beta}$ 也可被消去，于是得到极小化问题 (6.17) 的对偶问题：

$$\begin{aligned}\max_{\boldsymbol{\alpha}} \quad & \sum_{i=1}^{n}\alpha_i - \frac{1}{2}\sum_{i=1}^{n}\sum_{j=1}^{n}\alpha_i\alpha_j y_i y_j \boldsymbol{x}_i^{\mathrm{T}}\boldsymbol{x}_j \\ \text{s.t.} \quad & \sum_{i=1}^{n}\alpha_i y_i = 0 \\ & 0 \leqslant \alpha_i \leqslant C,\ i = 1,2,\cdots,n\end{aligned}$$

等价地，有：

$$\begin{aligned}\min_{\boldsymbol{\alpha}} \quad & \varGamma(\boldsymbol{\alpha}) = \frac{1}{2}\sum_{i=1}^{n}\sum_{j=1}^{n}\alpha_i\alpha_j y_i y_j \boldsymbol{x}_i^{\mathrm{T}}\boldsymbol{x}_j - \sum_{i=1}^{n}\alpha_i \\ \text{s.t.} \quad & \sum_{i=1}^{n}\alpha_i y_i = 0 \\ & 0 \leqslant \alpha_i \leqslant C,\ i = 1,2,\cdots,n\end{aligned} \tag{6.20}$$

将对偶问题 (6.20) 与对偶问题 (6.12) 对比可看出，两者唯一的差别就在于对偶变量的约束不同：前者是 $0 \leqslant \alpha_i \leqslant C$，后者是 $0 \leqslant \alpha_i$。求出对偶问题的解 $\boldsymbol{\alpha}$ 之后，可确定参数 $\boldsymbol{w}$ 和 b，从而得到分类预测函数为：

$$y = \operatorname{sgn}\left(\sum_{i=1}^{n}\alpha_i y_i \boldsymbol{x}_i^{\mathrm{T}}\boldsymbol{x} + b\right)$$

这和线性可分情形是一样的。

类似于式 (6.14)，对于线性不可分支持向量机，KKT 条件为：

$$\begin{cases} \alpha_i \geqslant 0,\ y_i f(\boldsymbol{x}_i) - 1 + \xi_i \geqslant 0 \\ \alpha_i(y_i f(\boldsymbol{x}_i) - 1 + \xi_i) = 0 \\ \beta_i \geqslant 0,\ \xi_i \geqslant 0,\ \beta_i \xi_i = 0 \end{cases} \tag{6.21}$$

于是，对任意训练样本 $(\boldsymbol{x}_i, y_i)$，总有 $\alpha_i = 0$ 或 $y_i f(\boldsymbol{x}_i) = 1 - \xi_i$。若 $\alpha_i = 0$，则该样本不会对 $f(\boldsymbol{x})$ 有任何影响; 若 $\alpha_i > 0$，则必有 $y_i f(\boldsymbol{x}_i) = 1 - \xi_i$，即该样本是支持向量。由 $\alpha_i + \beta_i = C$ 可知，若 $\alpha_i < C$，则 $\beta_i > 0$，进而有 $\xi_i = 0$，即该样本恰好在最大间隔边界上；若 $\alpha_i = C$，则有 $\beta_i = 0$，此时若 $\xi_i \leqslant 1$，则该样本落在最大间隔内部，若 $\xi_i > 1$，则该样本被错误分类。由此可看出，线性不可分支持向量机的最终模型也仅与支持向量有关。

6.2　核化支持向量机

虽然在 6.1.2 节中通过引入松弛变量和惩罚因子可处理线性不可分问题，但得到的支持向量机还是一个线性分类器，只是允许有错分样本的存在。本节通过引入核映射（核函数）使支持向量机成为真正意义的非线性分类器，其决策边界不再是线性的超平面，而可以是形状复杂的超曲面。

对于线性不可分问题，例如简单的异或问题，可将样本从原始的特征空间映射到一个更高维的特征空间，使得样本在这个高维特征空间中线性可分。幸运的是，已经证明，如果原始空间是有限维空间，即样本的特征数有限，那么这样的高维特征空间一定存在。

令 $\varphi(\boldsymbol{x})$ 表示将 $\boldsymbol{x}$ 映射后的特征向量，于是，在高维特征空间中分隔超平面所对应的模型可表示为：

$$f(\boldsymbol{x}) = \boldsymbol{w}^{\mathrm{T}} \varphi(\boldsymbol{x}) + b \tag{6.22}$$

其中，$\boldsymbol{w}$ 和 b 是模型参数。类似极小化问题 (6.7)，有：

$$\begin{aligned} \min_{\boldsymbol{w}, b} \quad & \frac{1}{2}\|\boldsymbol{w}\|^2 \\ \text{s.t.} \quad & y_i(\boldsymbol{w}^{\mathrm{T}} \varphi(\boldsymbol{x}_i) + b) \geqslant 1,\ i = 1, 2, \cdots, n \end{aligned} \tag{6.23}$$

其对偶问题是：

$$\begin{aligned} \min_{\boldsymbol{\alpha}} \quad & \frac{1}{2} \sum_{i=1}^{n} \sum_{j=1}^{n} \alpha_i \alpha_j y_i y_j \varphi(\boldsymbol{x}_i)^{\mathrm{T}} \varphi(\boldsymbol{x}_j) - \sum_{i=1}^{n} \alpha_i \\ \text{s.t.} \quad & \sum_{i=1}^{n} \alpha_i y_i = 0 \\ & \alpha_i \geqslant 0,\ i = 1, 2, \cdots, n \end{aligned} \tag{6.24}$$

求解对偶问题 (6.24) 涉及计算核映射的内积 $\varphi(\boldsymbol{x}_i)^{\mathrm{T}}\varphi(\boldsymbol{x}_j)$，这是样本 $\boldsymbol{x}_i$ 与 $\boldsymbol{x}_j$ 映射到高维特征空间之后的内积。由于特征空间维数可能很高，甚至可能是无穷维，因此直接计算内积 $\varphi(\boldsymbol{x}_i)^{\mathrm{T}}\varphi(\boldsymbol{x}_j)$ 通常是十分困难的。为了解决这个困难，可以设想有这样的一个函数 $K:\mathbb{R}^m\times\mathbb{R}^m\mapsto\mathbb{R}$：

$$K(\boldsymbol{x}_i,\boldsymbol{x}_j)=\langle\varphi(\boldsymbol{x}_i),\varphi(\boldsymbol{x}_j)\rangle=\varphi(\boldsymbol{x}_i)^{\mathrm{T}}\varphi(\boldsymbol{x}_j) \tag{6.25}$$

即 $\boldsymbol{x}_i$ 与 $\boldsymbol{x}_j$ 在高维特征空间的内积等于它们在原始样本空间中通过函数 $K(\cdot,\cdot)$ 计算的结果。函数 $K(\cdot,\cdot)$ 称为核函数。有了核函数，就不必直接去计算高维甚至无穷维特征空间中的内积了，于是对偶问题 (6.24) 可重写为：

$$\begin{aligned}
\min_{\boldsymbol{\alpha}}\quad & \frac{1}{2}\sum_{i=1}^{n}\sum_{j=1}^{n}\alpha_i\alpha_j y_i y_j K(\boldsymbol{x}_i,\boldsymbol{x}_j)-\sum_{i=1}^{n}\alpha_i \\
\text{s.t.}\quad & \sum_{i=1}^{n}\alpha_i y_i=0 \\
& \alpha_i\geqslant 0,\ i=1,2,\cdots,n
\end{aligned} \tag{6.26}$$

求解对偶问题 (6.24) 或对偶问题 (6.26) 后即可得到：

$$\begin{aligned}
f(\boldsymbol{x}) &= \sum_{i=1}^{n}\alpha_i y_i\varphi(\boldsymbol{x}_i)^{\mathrm{T}}\varphi(\boldsymbol{x})+b \\
&= \sum_{i=1}^{n}\alpha_i y_i K(\boldsymbol{x}_i,\boldsymbol{x})+b
\end{aligned} \tag{6.27}$$

于是决策函数为：

$$y=\operatorname{sgn}\left(\sum_{i=1}^{n}\alpha_i y_i K(\boldsymbol{x}_i,\boldsymbol{x})+b\right)$$

注 6.2 若允许核化支持向量机有错分样本的存在，则同样可通过引入松弛变量和惩罚因子得到下面的优化问题：

$$\begin{aligned}
\min_{\boldsymbol{w},b,\xi_i}\quad & \frac{1}{2}\|\boldsymbol{w}\|^2+C\sum_{i=1}^{n}\xi_i \\
\text{s.t.}\quad & y_i(\boldsymbol{w}^{\mathrm{T}}\varphi(\boldsymbol{x}_i)+b)\geqslant 1-\xi_i \\
& \xi_i\geqslant 0,\ i=1,2,\cdots,n
\end{aligned} \tag{6.28}$$

其中，ξ_i 是松弛变量，如果它不为 0，表示样本违反了不等式约束条件，需要惩罚；C 为惩罚因子，用来平衡惩罚项的重要程度。与线性不可分情形相类似，式 (6.28) 的对偶问题为：

$$\min_{\boldsymbol{\alpha}}\quad \frac{1}{2}\sum_{i=1}^{n}\sum_{j=1}^{n}\alpha_i\alpha_j y_i y_j K(\boldsymbol{x}_i,\boldsymbol{x}_j)-\sum_{i=1}^{n}\alpha_i$$

$$\text{s.t.}\quad \sum_{i=1}^{n}\alpha_i y_i = 0 \tag{6.29}$$
$$0 \leqslant \alpha_i \leqslant C,\ i = 1, 2, \cdots, n$$

对偶问题 (6.29) 与对偶问题 (6.26) 相比，只是乘子变量的非负约束 $\alpha_i \geqslant 0$ 变成界约束 $0 \leqslant \alpha_i \leqslant C$，其余完全相同。

显然，若已知合适映射 $\varphi(\cdot)$ 的具体形式，则可写出核函数 $K(\cdot,\cdot)$。但在现实任务中我们通常不知道 $\varphi(\cdot)$ 是什么形式，也不知道什么样的核函数是合适的。于是，核函数的选择成为核化支持向量机的最大变数。若核函数选择不合适，则意味着将样本映射到了一个不合适的高维特征空间，很可能导致分类的泛化性能不佳。

下面是几种常用的核函数。

（1）**线性核函数**　$K(\boldsymbol{x}_i, \boldsymbol{x}_j) = \boldsymbol{x}_i^{\mathrm{T}}\boldsymbol{x}_j$。

（2）**多项式核函数**　$K(\boldsymbol{x}_i, \boldsymbol{x}_j) = \left(\alpha\boldsymbol{x}_i^{\mathrm{T}}\boldsymbol{x}_j + \beta\right)^d$, $d \geqslant 1$ 为多项式的次数。

（3）**高斯核函数**　$K(\boldsymbol{x}_i, \boldsymbol{x}_j) = \exp\left(-\dfrac{\|\boldsymbol{x}_i - \boldsymbol{x}_j\|^2}{2\sigma^2}\right)$，$\sigma > 0$ 为高斯核的带宽。

（4）**拉普拉斯核函数**　$K(\boldsymbol{x}_i, \boldsymbol{x}_j) = \exp\left(-\dfrac{\|\boldsymbol{x}_i - \boldsymbol{x}_j\|}{\sigma}\right)$，$\sigma > 0$。

（5）**Sigmoid 核函数**　$K(\boldsymbol{x}_i, \boldsymbol{x}_j) = \tanh\left(\gamma\boldsymbol{x}_i^{\mathrm{T}}\boldsymbol{x}_j - \theta\right)$，tanh 为双曲正切函数，$\gamma > 0, \theta > 0$。

此外，还可通过函数组合得到，例如：

（1） 若 K_1 和 K_2 为核函数，则对于任意正数 γ_1、γ_2，则其线性组合 $\gamma_1 K_1 + \gamma_2 K_2$ 也是核函数。

（2） 若 K_1 和 K_2 为核函数，则核函数的直积 $K_1 \otimes K_2(\boldsymbol{x}, \boldsymbol{z}) = K(\boldsymbol{x}, \boldsymbol{z})K(\boldsymbol{x}, \boldsymbol{z})$ 也是核函数。

（3）若 K_1 为核函数，则对于任意函数 $g(\boldsymbol{x})$, $K(\boldsymbol{x}, \boldsymbol{z}) = g(\boldsymbol{x})K_1(\boldsymbol{x}, \boldsymbol{z})g(\boldsymbol{z})$ 也是核函数。

6.3　支持向量回归模型

前面阐述的支持向量机模型都是适用于分类问题的，现在来考虑用于回归问题的支持向量机。给定训练样本 $D = \{(\boldsymbol{x}_1, y_1), (\boldsymbol{x}_2, y_2), \cdots, (\boldsymbol{x}_n, y_n)\}$，$y_i \in \mathbb{R}$，希望获得一个形如式 (6.8) 的回归模型，使得 $f(\boldsymbol{x})$ 与 y 尽可能接近，$\boldsymbol{w}$ 和 b 是待确定的模型参数。

对于样例 $(\boldsymbol{x}, y)$，传统回归模型通常直接基于模型输出 $f(\boldsymbol{x})$ 与真实输出 y 之间的均方误差来计算损失，当且仅当 $f(\boldsymbol{x})$ 与 y 完全相同时，损失才为零。与此不同，支持向量回归模型假设可以容忍 $f(\boldsymbol{x})$ 与 y 之间最多有 ε 的偏差，即仅当 $f(\boldsymbol{x})$ 与 y 之间的差别绝对值大于 ε 时才计算损失。如图 6.3 所示，支持向量回归模型相当于以 $f(\boldsymbol{x})$ 为中心，构建了一个宽度为 2ε 的间隔带，若训练样本落入此间隔带，则认为是被预测正确的。

于是，支持向量回归问题的优化目标函数可形式化表示为：

$$\min_{\boldsymbol{w},b} \frac{1}{2}\|\boldsymbol{w}\|^2 + C\sum_{i=1}^{n}\left(\max\{0, f(\boldsymbol{x}_i) - y_i - \varepsilon\} + \max\{0, y_i - f(\boldsymbol{x}_i) - \varepsilon\}\right) \tag{6.30}$$

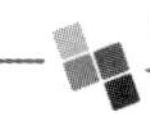

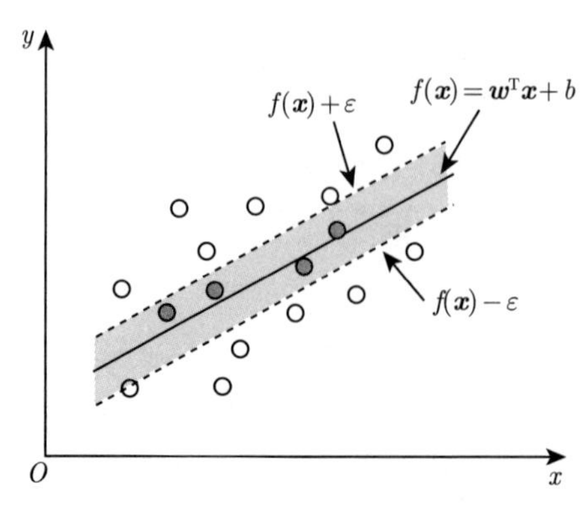

图 6.3　支持向量回归示意图

其中，C 为正则化常数。式 (6.30) 表明，不满足不等式 $|y_i-f(\boldsymbol{x}_i)|\leqslant\varepsilon$ 的样本将受到“惩罚”。引入松弛变量 ξ_i 和 $\hat{\xi}_i$，可将式 (6.30) 重写为：

$$\begin{aligned}&\min_{\boldsymbol{w},b,\xi_i,\hat{\xi}_i}\ \frac{1}{2}\|\boldsymbol{w}\|^2+C\sum_{i=1}^{n}(\xi_i+\hat{\xi}_i)\\&\text{s.t.}\ \ f(\boldsymbol{x}_i)-y_i-\xi_i\leqslant\varepsilon\\&\qquad y_i-f(\boldsymbol{x}_i)-\hat{\xi}_i\leqslant\varepsilon\\&\qquad \xi_i\geqslant 0,\ \hat{\xi}_i\geqslant 0,\ i=1,2,\cdots,n\end{aligned}\tag{6.31}$$

由拉格朗日乘子法可得到式 (6.31) 的拉格朗日函数：

$$\begin{aligned}L(\boldsymbol{w},b,\boldsymbol{\alpha},\hat{\boldsymbol{\alpha}},\boldsymbol{\xi},\hat{\boldsymbol{\xi}},\boldsymbol{\beta},\hat{\boldsymbol{\beta}})=&\frac{1}{2}\|\boldsymbol{w}\|^2+C\sum_{i=1}^{n}(\xi_i+\hat{\xi}_i)-\sum_{i=1}^{n}\beta_i\xi_i-\sum_{i=1}^{n}\hat{\beta}_i\hat{\xi}_i-\\&\sum_{i=1}^{n}\alpha_i(y_i-f(\boldsymbol{x}_i)+\varepsilon+\xi_i)-\sum_{i=1}^{n}\hat{\alpha}_i(f(\boldsymbol{x}_i)-y_i+\varepsilon+\hat{\xi}_i)\end{aligned}\tag{6.32}$$

其中，$\beta_i\geqslant 0$，$\hat{\beta}_i\geqslant 0$，$\alpha_i\geqslant 0$，$\hat{\alpha}_i\geqslant 0$ 为拉格朗日乘子。将 $f(\boldsymbol{x}_i)=\boldsymbol{w}^{\mathrm{T}}\boldsymbol{x}_i+b$ 代入式 (6.32)，再令 $L(\boldsymbol{w},b,\boldsymbol{\alpha},\hat{\boldsymbol{\alpha}},\boldsymbol{\xi},\hat{\boldsymbol{\xi}},\boldsymbol{\beta},\hat{\boldsymbol{\beta}})$ 对 $\boldsymbol{w},b,\xi_i$ 和 $\hat{\xi}_i$ 的偏导数为零可得：

$$\begin{aligned}&\boldsymbol{w}=\sum_{i=1}^{n}(\hat{\alpha}_i-\alpha_i)\boldsymbol{x}_i\\&\sum_{i=1}^{n}(\hat{\alpha}_i-\alpha_i)=0\\&\alpha_i+\beta_i=C\\&\hat{\alpha}_i+\hat{\beta}_i=C\end{aligned}\tag{6.33}$$

将上面的 4 个等式代入式 (6.32)，消去变量 $\boldsymbol{w},b,\xi_i,\hat{\xi}_i,\beta_i,\hat{\beta}_i$，即可得到对偶问题：

$$\max_{\boldsymbol{\alpha},\hat{\boldsymbol{\alpha}}}\ \ -\frac{1}{2}\sum_{i=1}^{n}\sum_{j=1}^{n}(\hat{\alpha}_i-\alpha_i)(\hat{\alpha}_j-\alpha_j)\boldsymbol{x}_i^{\mathrm{T}}\boldsymbol{x}_j+$$

$$
\begin{aligned}
&\sum_{i=1}^{n}\left[y_i(\hat{\alpha}_i-\alpha_i)-\varepsilon(\hat{\alpha}_i+\alpha_i)\right]\\
\text{s.t.}\quad &\sum_{i=1}^{n}(\hat{\alpha}_i-\alpha_i)=0\\
&0\leqslant\alpha_i\leqslant C,\ 0\leqslant\hat{\alpha}_i\leqslant C
\end{aligned}
$$

或者等价地，

$$
\begin{aligned}
\min_{\boldsymbol{\alpha},\hat{\boldsymbol{\alpha}}}\quad &\frac{1}{2}\sum_{i=1}^{n}\sum_{j=1}^{n}(\hat{\alpha}_i-\alpha_i)(\hat{\alpha}_j-\alpha_j)\boldsymbol{x}_i^{\mathrm{T}}\boldsymbol{x}_j-\\
&\sum_{i=1}^{n}\left[y_i(\hat{\alpha}_i-\alpha_i)-\varepsilon(\hat{\alpha}_i+\alpha_i)\right]\\
\text{s.t.}\quad &\sum_{i=1}^{n}(\hat{\alpha}_i-\alpha_i)=0\\
&0\leqslant\alpha_i\leqslant C,\ 0\leqslant\hat{\alpha}_i\leqslant C
\end{aligned}
\tag{6.34}
$$

上述过程中需满足 KKT 条件，其中的互补松弛条件为：

$$
\begin{cases}
\alpha_i(f(\boldsymbol{x}_i)-y_i-\varepsilon-\xi_i)=0\\
\hat{\alpha}_i(y_i-f(\boldsymbol{x}_i)-\varepsilon-\hat{\xi}_i)=0\\
(C-\alpha_i)\xi_i=0,\ (C-\hat{\alpha}_i)\hat{\xi}_i=0
\end{cases}
\tag{6.35}
$$

可以看出，当且仅当 $f(\boldsymbol{x}_i)-y_i-\varepsilon-\xi_i=0$ 时，α_i 能取非零值，当且仅当 $f(\boldsymbol{x}_i)-y_i-\varepsilon-\hat{\xi}_i=0$ 时，$\hat{\alpha}_i$ 能取非零值。换言之，仅当样本 $(\boldsymbol{x}_i,y_i)$ 不落入 ε 间隔带中时，相应的 α_i 和 $\hat{\alpha}_i$ 才能取非零值。此外，约束 $f(\boldsymbol{x}_i)-y_i-\varepsilon-\xi_i=0$ 和 $y_i-f(\boldsymbol{x}_i)-\varepsilon-\hat{\xi}_i=0$ 不能同时成立，因此 α_i 和 $\hat{\alpha}_i$ 中至少有一个为零。

将式 (6.33) 代入式 (6.8)，则支持向量回归模型的解为:

$$
f(\boldsymbol{x})=\sum_{i=1}^{n}(\hat{\alpha}_i-\alpha_i)\boldsymbol{x}_i^{\mathrm{T}}\boldsymbol{x}+b
\tag{6.36}
$$

能使式 (6.36) 中的 $(\hat{\alpha}_i-\alpha_i)\neq 0$ 的样本即为支持向量，它们必落在 ε-间隔带之外。显然，支持向量仅是训练样本的一部分，即其解仍具有稀疏性。

由 KKT 条件 (6.35) 可看出，对每个样本 $(\boldsymbol{x}_i,y_i)$ 都有 $(C-\alpha_i)\xi_i=0$ 且 $\alpha_i(f(\boldsymbol{x}_i)-y_i-\varepsilon-\xi_i)=0$。于是，在得到 α_i 后，若 $0<\alpha_i<C$，则必有 $\xi_i=0$，进而有：

$$
b=y_i+\varepsilon-\sum_{j=1}^{n}(\hat{\alpha}_j-\alpha_j)\boldsymbol{x}_j^{\mathrm{T}}\boldsymbol{x}_i
\tag{6.37}
$$

因此，在求解对偶问题 (6.34) 得到 α_i 后，理论上来说，可任意选取满足 $0 < \alpha_i < C$ 的样本通过对偶问题 (6.34) 求得 b。实践中常采用一种更鲁棒的办法：选取多个（或所有）满足条件 $0 < \alpha_i < C$ 的样本求解 b 后取平均值。

若引入特征映射 $\varphi(\cdot)$，即考虑预测函数 $f(\boldsymbol{x}) = \boldsymbol{w}^{\mathrm{T}}\varphi(\boldsymbol{x})+b$，则相应地，对偶问题 (6.34) 将形如

$$\boldsymbol{w} = \sum_{i=1}^{n}(\hat{\alpha}_i - \alpha_i)\varphi(\boldsymbol{x}_i) \tag{6.38}$$

于是类似分类支持向量机的推导，有：

$$f(\boldsymbol{x}) = \sum_{i=1}^{n}(\hat{\alpha}_i - \alpha_i)K(\boldsymbol{x}_i, \boldsymbol{x}) + b \tag{6.39}$$

其中，$K(\boldsymbol{x}_i, \boldsymbol{x}) = \varphi(\boldsymbol{x}_i)^{\mathrm{T}}\varphi(\boldsymbol{x})$ 为核函数。

6.4 支持向量机的 MATLAB 实现

MATLAB 从 7.0 版本开始提供对支持向量机的支持，主要通过 svmtrain（训练）和 svmclassify（分类）两个函数封装了 SVM 训练和分类的相关功能。但在新版本中，svmtrain 和 svmclassify 函数提示已经被移除，为方便用户的使用，MATLAB 中针对支持向量机分类和支持向量机回归分别封装了两个函数：fitcsvm 和 fitrsvm。由于两者具有极大的相似性，因此使用方法也基本一致。

支持向量机分类函数 fitcsvm 在进行分类时，采用的是 SMO（序列最小优化）方法，其主要的调用格式为：

```
Mdl = fitcsvm(X,y,Name,Value);
```

其中，X 是样本特征值矩阵；y 是样本标签（向量）；“Name, Value” 是可选项参数（参数名, 参数值），一般是成对出现的。例如，常用的可选参数及其取值有：‘Standardize’, true；‘KernelFunction’, ‘RBF’；‘KernelScale’, ‘auto’；‘OutlierFraction’, 0.05；等等。

例 6.1 用支持向量机对 MATLAB 自带的鸢尾属植物数据集进行分类。

该数据集共 150 个样本，每个样本是一个 4 维的特征向量，这 4 维特征的意义分别为: 花萼长度、花萼宽度、花瓣长度、花瓣宽度。150 个样本分别属于 3 类鸢尾属植物（每类 50 个样本）。为了便于训练和分类结果的可视化，实验中只使用后二维特征。为了暂时避开多类问题，将样本数据剔除“setosa”（山鸢尾）类而变成两类问题。

MATLAB 程序如下 (main_svm.m 文件)：

```
%支持向量机二分类示例
load fisheriris;   %载入数据集
inds=~strcmp(species,'setosa'); %提取不是'setosa'类的数据
X=meas(inds,3:4);  %利用后两个特征(花瓣长度和花瓣宽度)
y=species(inds); 剔除'setosa'类后变成二分类问题
```

```
SVMModel=fitcsvm(X,y)
sv=SVMModel.SupportVectors; %支持向量
gscatter(X(:,1),X(:,2),y,'br','*p'); %按标签y绘制散点图
hold on;
plot(sv(:,1),sv(:,2),'ko','MarkerSize',9); %画出支持向量
legend('versicolor','virginica','Support Vector')
hold off;
```

在命令窗口运行上述程序，显示结果如下:

```
SVMModel =

  ClassificationSVM
           ResponseName: 'Y'
  CategoricalPredictors: []
             ClassNames: {'versicolor'  'virginica'}
         ScoreTransform: 'none'
        NumObservations: 100
                  Alpha: [24×1 double]
                   Bias: -14.4149
       KernelParameters: [1×1 struct]
         BoxConstraints: [100×1 double]
        ConvergenceInfo: [1×1 struct]
        IsSupportVector: [100×1 logical]
                 Solver: 'SMO'

  Properties, Methods
```

从上述显示的输出结果中可以了解有关信息，例如，“Solver: ‘SMO’”表示使用的求解器为 SMO 算法，“ClassNames: {‘versicolor’ ‘virginica’}”表示类别名分别为 versicolor 和 virginica，等等。最下面一行的“Properties, Methods”是两个超链接，表示“属性”和“方法”，可点开查看相关信息。

可以利用模型提供的方法进行进一步的分析。例如，方法“predict”可以利用训练好的模型对新样本进行分类预测，假设有一个样本，其花瓣长度和宽度分别为 4.23cm 和 3.12cm，在命令窗口键入:

```
predict(SVMModel,[4.23, 3.12])
```

回车后显示结果:

```
ans =
  1×1 cell 数组
   {'virginica'}
```

表示该样本属于“virginica”类。

此外，运行程序 main_svm.m 还会得到可视化分类结果，如图 6.4 所示。

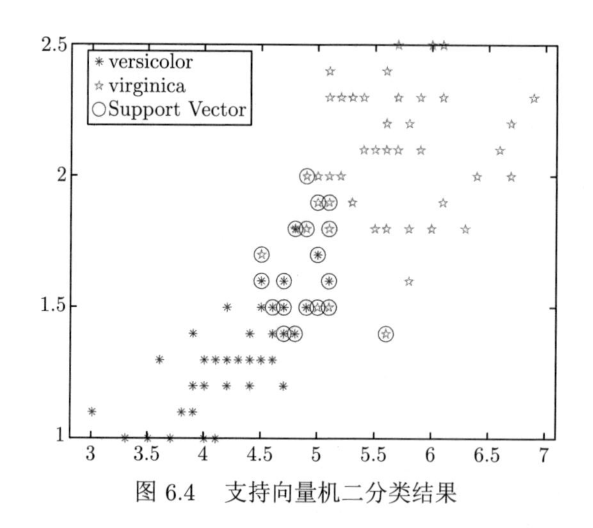

图 6.4　支持向量机二分类结果

下面介绍如何利用 fitcsvm 进行多分类。多分类的调用方式如下：

```
SVMModel=fitcsvm(X,y,'ClassNames',{'negClass','posClass'}, ...
         'Standardize',true,'KernelFunction','rbf','BoxConstraint',1);
```

简单介绍一下参数：

X 是训练样本，$n \times m$ 的矩阵，n 是样本数，m 是特征维数。

y 是样本标签，$n \times 1$ 的矩阵，n 是样本数。

'ClassNames', 'negClass', 'posClass' 为键值对参数，指定正负类别，负类名在前，正类名在后，与样本标签 y 中的元素对应。

'Standardize', true为键值对参数，表示是否将数据标准化（即中心化）。

'KernelFunction', 'rbf' 为键值对参数，有 3 种：'linear'（线性核，默认）、'gaussian'（or 'rbf'，高斯核）、'polynomial'（多项式核）。

'BoxConstraint', 1 为键值对参数，直观上可以理解为一个惩罚因子（或者说正则参数），涉及软间隔支持向量机的间隔大小。基本思想是：当原始数据未能呈现出较好的可分性时，算法允许其在训练集上呈现出一些错误分类，MATLAB 默认的 BoxConstraint 为 1。BoxCons-traint 的数值越大，意味着惩罚力度越小，最后得到的分类超平面的间隔越小，支持向量数越多，模型越复杂。这也就是很多机器学习理论书中一开始推导的硬间隔支持向量机，因为该参数默认为 1，所以使用默认参数训练时，我们采用的是软间隔支持向量机。

例 6.2　用支持向量机对鸢尾属植物数据集进行多分类。

程序代码如下 (multi_svm.m 文件)：

```
%支持向量机多分类示例
load fisheriris;  %载入fisheriris数据集
X=meas(:,3:4); %为了可视化,取数据集的后两个特征
Y=species; %标签
figure (1);
g=gscatter(X(:,1),X(:,2),Y,'mrb','*po');
hold on;
```

```
a=gca;  %当前坐标轴
lims=[a.XLim a.YLim]; %提取x轴和y轴的极限
title('{鸢尾属植物散点图}');xlabel('花瓣长度 (cm)');ylabel('花瓣宽度 (cm)');
legend(g,{'setosa','versicolor','virginica'},'Location','NW');
SVMModels=cell(3,1);
%SVMModels是一个3×1的元胞数组,每个单元包含一个ClassificationSVM分类器
%对于每个元胞,正类分别是setosa,versicolor和virginica
Cls=unique(Y);%unique(Y)表示去掉Y中的重复数据,并按从小到大的顺序返回给Cls
rng(1); %可重复性
for j=1:numel(Cls)
   indx=strcmp(Y,Cls(j)); %为每个分类器创建二分类
   SVMModels{j}=fitcsvm(X,indx,'ClassNames',[false true],...
    'Standardize',true,'KernelFunction','rbf','BoxConstraint',1);
end
d=0.02;
[x1Grid,x2Grid]=meshgrid(min(X(:,1)):d:max(X(:,1)),min(X(:,2)):d:max(X(:,2)));
xGrid=[x1Grid(:),x2Grid(:)];N=size(xGrid,1);
Scores=zeros(N,numel(Cls)); %存储得分
for j=1:numel(Cls)
   [~,score]=predict(SVMModels{j},xGrid);
   Scores(:,j)=score(:,2); %第二列包含正类分数
end
%定义一个精细的网格,并将坐标视为来自训练数据分布的新观测值,使用每个分类器估计新观
%察值的得分。每一行的分数包含三个分数,得分最高的元素的索引是新观测值最可能所属
%的类的索引
[~,maxScore]=max(Scores,[ ],2);
%根据相应的新观测值所属的类,在图中的区域上色
figure (2);
h(1:3)=gscatter(xGrid(:,1),xGrid(:,2),maxScore, ...
                [0.1 0.5 0.5; 0.5 0.1 0.5; 0.5 0.5 0.1]);
hold on;
h(4:6)=gscatter(X(:,1),X(:,2),Y,'mrb','*po');
title('{鸢尾属植物分类区域}');xlabel('花瓣长度(cm)');ylabel('花瓣宽度(cm)');
legend(h,{'setosa region','versicolor region','virginica region', ...
   'observed setosa','observed versicolor','observed virginica'},'Location','NW');
axis tight; hold off;
```

上述程序的运行结果如图 6.5 和图 6.6 所示。

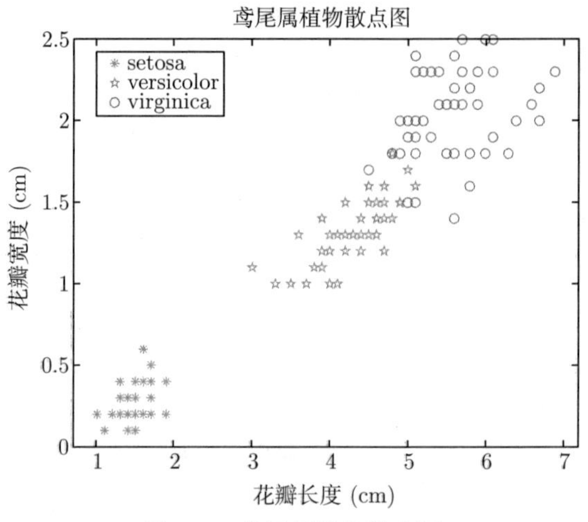

图 6.5　鸢尾属植物散点图

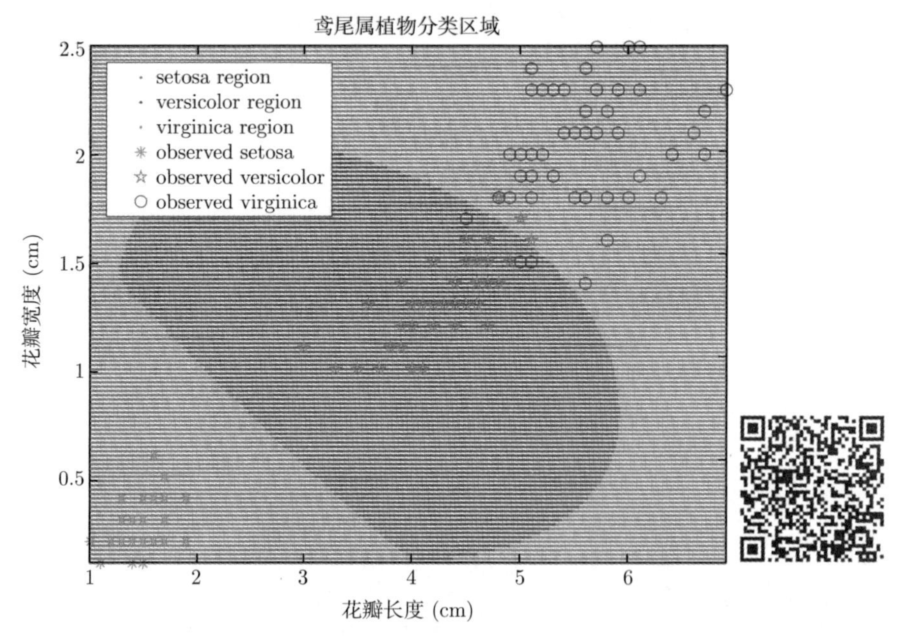

图 6.6　鸢尾属植物分类区域（扫描右侧二维码可查看彩色效果）

第 7 章 人工神经网络

人工神经网络（简称 ANN 或 NN）是对人脑或生物神经网络若干基本特性的抽象和模拟。它由多个相互连接的神经元构成，这些神经元从其他相连的神经元接收输入数据，通过计算产生输出数据。人工神经网络为从样本中学习值为实数、离散值或向量值的函数提供了一种鲁棒性很强的解决方案，已经在解决人脸识别、汽车自动驾驶和光学字符识别（OCR）等诸多实际问题中取得了惊人的成果。

对于一个分类问题，其目标就是学习一个决策函数 $h(x)$，该函数的输出为离散值（类标签）或者向量（经过编码的类标签），ANN 自然能够胜任这一任务。此外，由于可学习实值函数，ANN 也是函数拟合的利器。

7.1 前馈神经网络简介

7.1.1 M-P 神经元

神经网络中最基本的成分是神经元模型。在生物神经网络中，每个神经元与其他神经元相连，当它“兴奋”时，就会向相连的神经元发送化学物质，从而改变这些神经元内的电位；如果某神经元的电位超过了一个“阈值”，那么它就会被激活，即“兴奋”起来，向其他神经元发送化学物质。在人工神经网络中，神经元的作用与此类似。1943 年，McCulloch 和 Pitts 提出了如图 7.1 所示的“M-P 神经元模型”。在这个模型中，神经元接收的输入信号为向量 $\boldsymbol{x}=(x_1,x_2,\cdots,x_m)^{\mathrm{T}}$，向量 $\boldsymbol{w}=(w_1,w_2,\cdots,w_m)^{\mathrm{T}}$ 为输入向量的组合权重，b 为位移，是一个标量。神经元的作用是对输入向量的分量进行加权求和并加上位移，最后经过函数 f 处理后产生输出：

$$y=f\Big(\sum_{i=1}^{m}w_ix_i+b\Big)$$

写成向量形式为：

$$y=f\big(\boldsymbol{w}^{\mathrm{T}}\boldsymbol{x}+b\big)$$

即先计算输入向量与权重向量的内积并加上位移，再送入一个函数进行变换，最后得到输出。这个函数称为“激活函数”。理想的激活函数是单位阶跃函数：

$$f(x)=\begin{cases}1, & x\geqslant 0\\ 0, & x<0\end{cases} \tag{7.1}$$

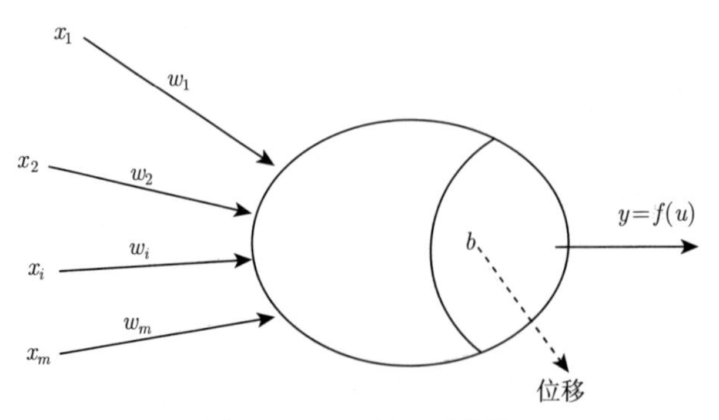

图 7.1　M-P 神经元模型

它将输入值映射为输出值“1”或“0”，显然，“1”对应于神经元兴奋，“0”对应于神经元抑制。由于单位阶跃函数是不连续的，因此实际中常用 Sigmoid 函数作为激活函数。典型的 Sigmoid 函数表达式如下：

$$\sigma(x) = \frac{1}{1 + \mathrm{e}^{-x}} \tag{7.2}$$

这个函数在第 3 章中也用于逻辑斯谛回归，它的定义域为 $(-\infty, \infty)$, 值域为 $(0, 1)$, 即它把可能在较大范围内变化的输入值挤压到 $(0, 1)$ 输出值范围内, 因此有时也称为“挤压函数”。除这些优点外，Sigmoid 函数是一个单调增函数，其导数的计算特别方便：

$$\sigma'(x) = \sigma(x)(1 - \sigma(x))$$

在点 $(0, 0.5)$ 处，该函数的导数值取得最大值 0.25，其图像是一条 S 形曲线，如图 7.2 所示。

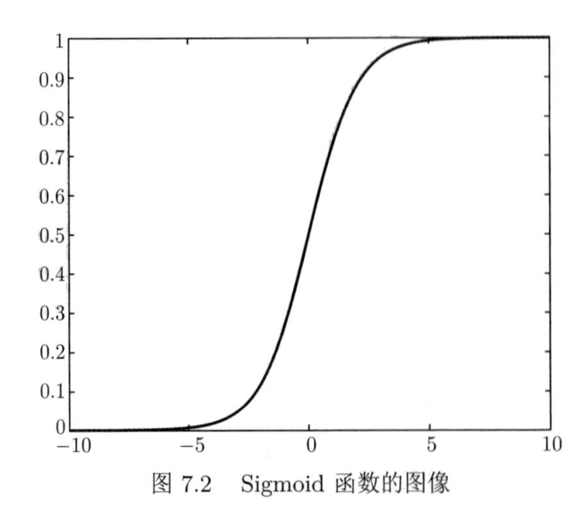

图 7.2　Sigmoid 函数的图像

把许多个这样的 M-P 神经元按一定的层次结构连接起来，就得到了神经网络。事实上，从计算科学的角度看，可以先不考虑神经网络是否真的模拟了生物神经网络，只需将一个神经网络视为包含了许多参数的数学模型即可。有效的神经网络学习算法大多以数学证明为支撑。

7.1.2 感知器模型

感知器是一种只具有两种输出（对应于二分类任务）的简单的人工神经元，其工作方式与生物神经单元颇为相似。感知器由两层神经元组成，如图 7.3 所示，输入层接收外界输入信号后传递给输出层，输出层是 M-P 神经元。

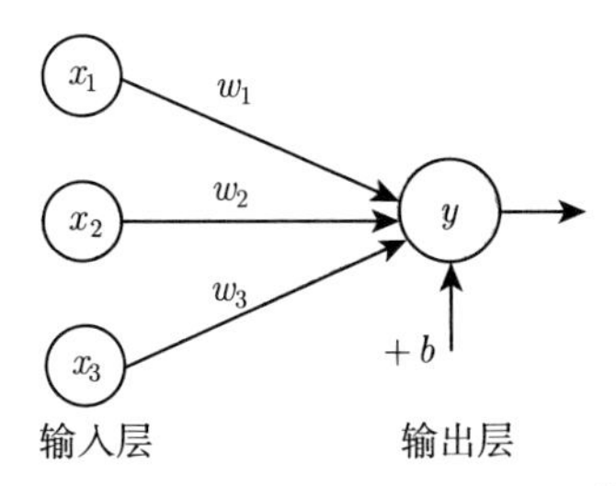

图 7.3　三个输入神经元的感知器网络结构

感知器的运行原理用数学表达式表示如下（以三个输入神经元为例）：

$$y=\begin{cases}1, & w_1x_1+w_2x_2+w_3x_3+b\geqslant 0\\ 0, & w_1x_1+w_2x_2+w_3x_3+b<0\end{cases}$$

感知器的每个输入信号都有各自固有的权重，这些权重发挥着控制各个信号的重要性的作用。也就是说，权重越大，对应该权重的信号的重要性就越高。

一般地，假设感知器有 m 个实数输入 $\boldsymbol{x}=(x_1,x_2,\cdots,x_m)^{\mathrm{T}}$，对应的权值为 $\boldsymbol{w}=(w_1,w_2,\cdots,w_m)^{\mathrm{T}}$，此外还有一个位移 b。首先需计算这 m 个输入根据其权值形成的一个线性组合再加上位移 b，即：

$$\hat{y}=\sum_{i=1}^{m}w_i\cdot x_i+b \tag{7.3}$$

不妨令 $x_0=1,w_0=b$，从而式 (7.3) 可表示为：

$$\hat{y}=\sum_{i=0}^{m}w_i\cdot x_i=\hat{\boldsymbol{w}}^{\mathrm{T}}\hat{\boldsymbol{x}} \tag{7.4}$$

其中，输入向量 $\hat{\boldsymbol{x}}=(1,x_1,x_2,\cdots,x_m)^{\mathrm{T}}$，权向量 $\hat{\boldsymbol{w}}=(w_0,w_1,w_2,\cdots,w_m)^{\mathrm{T}}$。

感知器的输出为：

$$y=\begin{cases}1, & \hat{y}=\hat{\boldsymbol{w}}^{\mathrm{T}}\hat{\boldsymbol{x}}\geqslant 0\\ 0, & \hat{y}=\hat{\boldsymbol{w}}^{\mathrm{T}}\hat{\boldsymbol{x}}<0\end{cases} \tag{7.5}$$

由式 (7.5) 的形式可知，感知器对应于一个 m 维空间中的超平面 $\boldsymbol{w}^{\mathrm{T}}\boldsymbol{x}+b=0$，它能够对两类样本进行分类。对于其一侧的输入样本输出 1，对于另一侧的样本输出 0。训练过程就是调整权值 $w_1,w_2,\cdots,w_m$，使得感知器对于两类样本分别输出 1 和 0。

只有 1 和 0 两种输出限制了感知器的处理和分类能力，一种简单的推广是线性单元，即不带阈值的感知器。一个具有 m 个输入 $x_1, x_2, \cdots, x_m$ 的线性单元，它的输出为其 m 个输入根据其权值形成的一个线性组合再加上位移 b，即：

$$\hat{y} = \sum_{i=1}^{m} w_i \cdot x_i + b \tag{7.6}$$

令 $x_0 = 1, w_0 = b$，从而式 (7.6) 可表示为：

$$\hat{y} = \sum_{i=0}^{m} w_i \cdot x_i = \hat{\boldsymbol{w}}^{\mathrm{T}} \hat{\boldsymbol{x}} \tag{7.7}$$

其中，输入向量 $\hat{\boldsymbol{x}} = (1, x_1, x_2, \cdots, x_m)^{\mathrm{T}}$，权向量 $\hat{\boldsymbol{w}} = (w_0, w_1, w_2, \cdots, w_m)^{\mathrm{T}}$。

训练线性单元的核心任务就是调整权值 $w_1, w_2, \cdots, w_m$，使得线性单元对于训练样本的实际输出与训练样本的目标输出尽可能接近。

为了推导线性单元的权值学习法则，首先必须定义一个度量标准来衡量在当前权向量 $\boldsymbol{w}$ 下学习模型对于训练样例的训练误差。设样本训练集为 $D = \{(\boldsymbol{x}_1, y_1), (\boldsymbol{x}_2, y_2), \cdots, (\boldsymbol{x}_n, y_n)\}$，其中 $y_i \in \mathbb{R}$ 是标签值。对于样本向量 $\boldsymbol{x}_i = (x_{i1}, x_{i2}, \cdots, x_{im})^{\mathrm{T}}$，一个常见的度量标准为平方误差准则：

$$E(\boldsymbol{w}) = \frac{1}{2} \sum_{i=1}^{n} (y_i - \hat{y}_i)^2 \tag{7.8}$$

其中

$$\hat{y}_i = \boldsymbol{w}^{\mathrm{T}} \boldsymbol{x}_i + b_i = \sum_{j=1}^{m} w_j \cdot x_{ij} + b_i$$

是线性单元对于训练样本 $\boldsymbol{x}_i$ 的实际输出。

$E(\boldsymbol{w})$ 是目标输出 y_i 和实际输出 $\hat{y}_i$ 之差的平方在训练样本所有特征上求和的 1/2 倍。观察式 (7.8)，因为 $\boldsymbol{x}_i$ 是定值，目标输出 y_i 也为定值（训练样本的类别信息是已知的），而 $\hat{y}_i$ 只依赖于权向量 $\boldsymbol{w}$，故可将误差 E 写成权向量 $\boldsymbol{w}$ 的函数。误差 $E(\boldsymbol{w})$ 在几何上是一个超曲面，简称误差曲面。

为了确定一个使 E 最小化的权向量，从任意的初始权向量 $\boldsymbol{w}^0$ 开始，然后以很小的步长反复修改这个权向量，每一步的修改都能够使误差 E 减小，继续这个过程直到找到全局的最小值点 $\boldsymbol{w}^*$。

怎样才能计算出沿误差曲面最快的下降方向呢？在高等数学中学习过梯度的概念，而梯度是方向导数最大的方向，因此可通过计算 E 相对于向量 $\boldsymbol{w}$ 的每个分量的偏导数来得到方向导数最大的方向 —— 梯度，记作 $\nabla E(\boldsymbol{w})$：

$$\nabla E(\boldsymbol{w}) = \left(\frac{\partial E}{\partial w_1}, \frac{\partial E}{\partial w_2}, \cdots, \frac{\partial E}{\partial w_m} \right)^{\mathrm{T}} \tag{7.9}$$

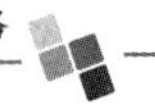

需要注意的是，梯度 $\nabla E(\boldsymbol{w})$ 本身是一个表示方向导数最大方向的向量，因此它对应于 E 最快的上升方向，而要寻找的沿误差曲面最快的下降方向自然就是负梯度 $-\nabla E(\boldsymbol{w})$。沿着负梯度方向搜索寻优的迭代算法称为梯度下降法，其迭代更新法则为：

$$\boldsymbol{w} \leftarrow \boldsymbol{w} + \Delta\boldsymbol{w} \tag{7.10}$$

其中

$$\Delta\boldsymbol{w} = -\eta\nabla E(\boldsymbol{w}) \tag{7.11}$$

这里，η 是一个称为学习率的正的常数，它决定了梯度下降搜索中的步长；$\boldsymbol{w}$ 代表解空间中的当前搜索点，$\Delta\boldsymbol{w}$ 代表向当前最快下降方向的一小段位移，$\boldsymbol{w} \leftarrow \boldsymbol{w} + \Delta\boldsymbol{w}$ 则表示在搜索空间中从当前点沿最快下降方向移动一小段距离并更新当前位置至此移动位置。

法则 (7.10) 也可以写成它的分量形式：

$$w_j \leftarrow w_j + \Delta w_j,\ j = 1, 2, \cdots, m \tag{7.12}$$

其中

$$\Delta w_j = -\eta\frac{\partial E}{\partial w_j},\ j = 1, 2, \cdots, m \tag{7.13}$$

显然，下降最快的方向可以按照比例 $\partial E/\partial w_j$ 改变 $\boldsymbol{w}$ 中的每一个 w_j 来实现。剩下的问题就是如何计算偏导数 $\partial E/\partial w_j$。事实上，

$$\begin{aligned}\frac{\partial E}{\partial w_j} &= \frac{\partial}{\partial w_j}\left(\frac{1}{2}\sum_{i=1}^{n}(y_i - \hat{y}_i)^2\right) = \frac{1}{2}\sum_{i=1}^{n}\frac{\partial}{\partial w_j}(y_i - \hat{y}_i)^2 \\ &= \frac{1}{2}\sum_{i=1}^{n}2(y_i - \hat{y}_i)\frac{\partial}{\partial w_j}(y_i - \hat{y}_i) \\ &= \sum_{i=1}^{n}(y_i - \hat{y}_i)\frac{\partial}{\partial w_j}(y_i - (\boldsymbol{w}^{\mathrm{T}}\boldsymbol{x}_i + b_i)) \\ &= \sum_{i=1}^{n}(y_i - \hat{y}_i)(-x_{ij})\end{aligned} \tag{7.14}$$

其中，x_{ij} 表示训练样本向量 $\boldsymbol{x}_i$ 的第 j 个分量。

至此，我们得到了一个能够用线性单元的输入 x_{ij}、输出 $\hat{y}_i$ 以及训练样本的目标值 y_i 表示的 $\partial E/\partial w_j$，代入式 (7.11)，得到梯度下降的权值更新法则：

$$\Delta w_j = \eta\sum_{i=1}^{n}(y_i - \hat{y}_i)x_{ij},\ j = 1, 2, \cdots, m \tag{7.15}$$

综上所述，训练线性单元的梯度下降算法如下：

（1）随机选取一个初始权向量。

（2）计算所有训练样本经过线性单元的输出，然后根据式 (7.15) 计算每个权值的 Δw_j。

（3）通过式 (7.12) 来更新每个权值，然后重复这个过程。

该算法的伪代码描述如算法 7.1 所示。

算法 7.1 训练集 D 中每一个训练样本均以序偶 $(\boldsymbol{x}, y)$ 的形式给出，其中 $\boldsymbol{x}$ 是样本特征向量，是系统的输入，y 是目标输出值，通常是类标签的某种编码，η 是学习率。

将每个网络权值 w_j 初始化为某个小的随机值。

遇到终止条件之前，重复以下操作：

　　初始化每个 Δw_j 为 0；

　　对于训练集合 D 中的每个 $(\boldsymbol{x}, y)$：

　　　　把样本特征向量 $\boldsymbol{x}$ 作为线性单元的输入，计算输出 $\hat{y}$；

　　　　对于线性单元的每个权值 w_j，做 $\Delta w_j \leftarrow \Delta w_j + \eta(y - \hat{y})x_j$；

　　　　对于线性单元的每个权值 w_j，做 $w_j \leftarrow w_j + \Delta w_j$。

由于二次误差曲面仅包含一个全局最小值，算法 7.1 最终会收敛到具有最小误差的权向量，但必须使用一个足够小的学习率 η。如果 η 太大，梯度下降搜索就有越过误差曲面最小值而不是停留在那一点的危险。一种好的改进策略是随着梯度下降步数的增加而逐渐减小 η 的值。

计算实践表明，应用上述梯度下降法存在以下两个问题：

（1）收敛过程可能非常缓慢（需要上千次的迭代）。

（2）若误差曲面上存在多个局部极小值，算法不保证能够找到全局最小值（与初始向量有关）。

为缓解这些问题，人们提出了随机梯度下降法，又称为增量梯度下降法。

标准梯度下降法在对训练集 D 中的所有样本的平方误差求和后计算权值更新，式 (7.15) 中对所有 D 中样本求和说明了这一点；而随机梯度下降法根据每个单独样本的误差增量计算权值更新，得到近似的梯度下降搜索。修改后的训练法则与式 (7.15) 相似，只是在迭代计算每个训练样本时根据下面的公式来更新权值：

$$\Delta w_j = \eta(y_i - \hat{y}_i)x_{ij} \tag{7.16}$$

随机梯度下降法的伪代码描述如算法 7.2 所示。

算法 7.2 训练集 D 中每一个训练样本均以序偶 $(\boldsymbol{x}, y)$ 的形式给出，其中 $\boldsymbol{x}$ 是样本特征向量，是系统的输入，y 是类标签值，η 是学习率。

将每个网络权值 w_j 初始化为某个小的随机值。

遇到终止条件之前，重复以下操作：

　　对于训练集合 D 中的每个 $(\boldsymbol{x}, y)$：

　　　　把样本特征向量 $\boldsymbol{x}$ 作为线性单元的输入，计算输出 $\hat{y}$；

　　　　对于线性单元的每个权值 w_j，做 $w_j \leftarrow w_j + \eta(y - \hat{y})x_j$。

随机梯度下降法可以被看作是为每个单独的训练样本 $\boldsymbol{x}_i$ 定义不同的误差函数 $E_i(\boldsymbol{w})$：

$$E_i(\boldsymbol{w}) = \frac{1}{2}(y_i - \hat{y}_i)^2 \tag{7.17}$$

在每次迭代中按照关于 $E_i(\boldsymbol{w})$ 的梯度来改变权值。在迭代完一轮所有训练样本时，这些权值更新的序列给出了对原来误差函数 $E(\boldsymbol{w})$ 的标准梯度下降的一个合理近似。只要 η 足够小，随机梯度下降法就可以以任意程度接近标准梯度下降法。

注 7.1　标准梯度下降法在权值更新前对所有样本汇总误差，而随机梯度下降法的权值是通过考查每个训练样本来更新的，如果 $E(\boldsymbol{w})$ 存在多个局部极小值，随机梯度下降法有时可避免陷入这些局部极小值，因为它使用 $E_i(\boldsymbol{w})$ 而不是 $E(\boldsymbol{w})$ 来引导搜索。

7.1.3　多层前馈神经网络

需注意的是，感知器只有输出层神经元进行激活函数处理，即只拥有一层功能神经元，其学习能力非常有限。用于分类任务时，神经网络一般有多层，第一层是输入层，对应着输入向量，神经元的个数等于特征向量的维数。输入层不对数据进行任何处理，只是将输入数据送入下一层进行计算。中间层称为隐含层（也称为隐层），可能有多个隐层。最后是输出层，神经元的数量是要分类的类别数，输出层的输出结果用来做分类预测。

下面看一下单隐层神经网络的例子，如图 7.4 所示。这个神经网络有三层，第一层为输入层，对应的输入向量为 $\boldsymbol{x}=(x_1,x_2,x_3)^{\mathrm{T}}\in\mathbb{R}^3$，有三个神经元，它们不对数据做任何处理，直接原样送入下一层。第二层（中间层）为隐层，有四个神经元，接收的输入数据为向量 $\boldsymbol{x}$，输出值为向量 $\boldsymbol{y}$。第三层为输出层，接收的输入数据为向量 $\boldsymbol{y}=(y_1,y_2,y_3,y_4)^{\mathrm{T}}$，输出向量为 $\boldsymbol{z}=(z_1,z_2)^{\mathrm{T}}$。每层神经元与下层神经元全互连，神经元之间不存在同层连接，也不存在跨层连接。这样的神经网络结构通常称为“多层前馈神经网络”。第一层到第二层的权重矩阵为 $\boldsymbol{W}^{(1)}$，第二层到第三层的权重矩阵为 $\boldsymbol{W}^{(2)}$。权重矩阵的每一行为一个权重向量，是上一层所有神经元到本层某一个神经元的连接权重，这里的上标表示层数。写出来是如下形式：

$$\boldsymbol{W}^{(1)}=\begin{pmatrix} w_{11}^{(1)} & w_{12}^{(1)} & w_{13}^{(1)} \\ w_{21}^{(1)} & w_{22}^{(1)} & w_{23}^{(1)} \\ w_{31}^{(1)} & w_{32}^{(1)} & w_{33}^{(1)} \\ w_{41}^{(1)} & w_{42}^{(1)} & w_{43}^{(1)} \end{pmatrix},\quad \boldsymbol{W}^{(2)}=\begin{pmatrix} w_{11}^{(2)} & w_{12}^{(2)} & w_{13}^{(2)} & w_{14}^{(2)} \\ w_{21}^{(2)} & w_{22}^{(2)} & w_{23}^{(2)} & w_{24}^{(2)} \end{pmatrix} \tag{7.18}$$

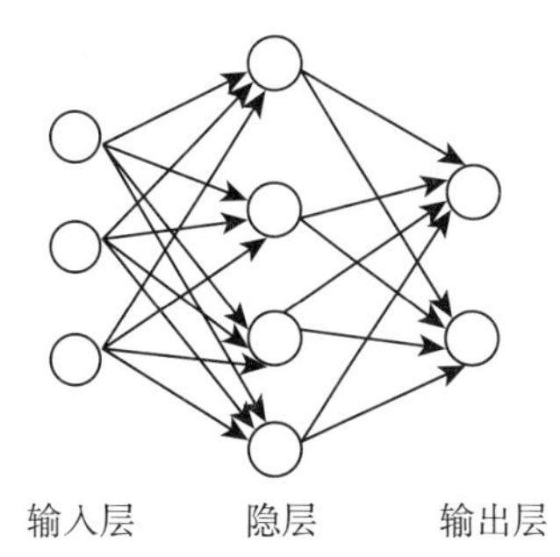

图 7.4　单隐层神经网络结构示意图

记 $\boldsymbol{w}_i^{(k)}$ 为矩阵 $\boldsymbol{W}^{(k)}\,(k=1,2)$ 的第 i 行，假设激活函数选用 Sigmoid 函数，则第二层神经元的输出值为：

$$y_1 = \frac{1}{1+\mathrm{e}^{-(\boldsymbol{w}_1^{(1)}\boldsymbol{x}+b_1^{(1)})}} = \frac{1}{1+\mathrm{e}^{-(w_{11}^{(1)}x_1+w_{12}^{(1)}x_2+w_{13}^{(1)}x_3+b_1^{(1)})}}$$

$$y_2 = \frac{1}{1+\mathrm{e}^{-(\boldsymbol{w}_2^{(1)}\boldsymbol{x}+b_2^{(1)})}} = \frac{1}{1+\mathrm{e}^{-(w_{21}^{(1)}x_1+w_{22}^{(1)}x_2+w_{23}^{(1)}x_3+b_2^{(1)})}}$$

$$y_3 = \frac{1}{1+\mathrm{e}^{-(\boldsymbol{w}_3^{(1)}\boldsymbol{x}+b_3^{(1)})}} = \frac{1}{1+\mathrm{e}^{-(w_{31}^{(1)}x_1+w_{32}^{(1)}x_2+w_{33}^{(1)}x_3+b_3^{(1)})}}$$

$$y_4 = \frac{1}{1+\mathrm{e}^{-(\boldsymbol{w}_4^{(1)}\boldsymbol{x}+b_4^{(1)})}} = \frac{1}{1+\mathrm{e}^{-(w_{41}^{(1)}x_1+w_{42}^{(1)}x_2+w_{43}^{(1)}x_3+b_4^{(1)})}}$$

第三层神经元的输出值为：

$$z_1 = \frac{1}{1+\mathrm{e}^{-(\boldsymbol{w}_1^{(2)}\boldsymbol{y}+b_1^{(2)})}} = \frac{1}{1+\mathrm{e}^{-(w_{11}^{(2)}y_1+w_{12}^{(2)}y_2+w_{13}^{(2)}y_3+w_{14}^{(2)}y_4+b_1^{(2)})}}$$

$$z_2 = \frac{1}{1+\mathrm{e}^{-(\boldsymbol{w}_2^{(2)}\boldsymbol{y}+b_2^{(2)})}} = \frac{1}{1+\mathrm{e}^{-(w_{21}^{(2)}y_1+w_{22}^{(2)}y_2+w_{23}^{(2)}y_3+w_{24}^{(2)}y_4+b_2^{(2)})}}$$

如果将 y_i 代入上式中，则输出向量 $\boldsymbol{z}$ 就可以表示为输入向量 $\boldsymbol{x}$ 的函数，因此神经网络本质上就是一个复合函数。

神经网络通过非线性激活函数实现非线性映射的功能，通过调整权重和位移形成不同的映射函数，这些权重和位移将通过“训练”而得到，这些内容将在“误差逆传播算法”一节中详细论述。

图 7.4 所示的神经网络通常称为单隐层神经网络，即只有一个隐层的神经网络。一般来说，只要包含了隐层，就可称为多层网络。神经网络的学习过程，就是根据训练数据来调整神经元之间的“连接权”以及每个功能神经元的阈值；换言之，神经网络“学”到的东西，蕴含在连接权与阈值中。

下面把单隐层神经网络推广到更一般的情形。假设神经网络的输入是 m 维向量 $\boldsymbol{x}$，输出是 n 维向量 $\boldsymbol{y}$，它实现了向量值映射：

$$\mathbb{R}^m \mapsto \mathbb{R}^n$$

将这个映射记为：

$$\boldsymbol{y} = \varphi(\boldsymbol{x})$$

用于分类任务时，将输出向量 $\boldsymbol{y}$ 的最大分量对应的下标作为分类的结果；用于回归任务时，直接将输出向量 $\boldsymbol{y}$ 作为回归结果。

假设输入向量为 $\boldsymbol{x}^{(0)}$，则神经网络第 i 层的输出变换写成矩阵-向量形式为：

$$\begin{cases} \boldsymbol{u}^{(i)} = \boldsymbol{W}^{(i)}\boldsymbol{x}^{(i-1)} + \boldsymbol{b}^{(i)} \\ \boldsymbol{x}^{(i)} = f(\boldsymbol{u}^{(i)}),\ i = 1, 2, \cdots \end{cases} \tag{7.19}$$

其中，f 是激活函数，一般是非线性的，分别作用于输入向量的每一个分量，产生向量值输出；$\boldsymbol{x}^{(i-1)}$ 是前一层（第 $i-1$ 层）的输出向量，也是本层接收的输入向量；$\boldsymbol{W}^{(i)}$ 是前

一层神经元与本层神经元的连接权重矩阵，是一个 $\ell_i \times \ell_{i-1}$ 阶的矩阵，其中 ℓ_i, ℓ_{i-1} 分别是本层和前一层的神经元个数; $\boldsymbol{b}^{(i)}$ 是本层的位移，是一个 ℓ_i 维的列向量。

在计算神经网络输出值的时候，从输入层开始，对于每一层都用式 (7.19) 中的两个公式进行计算，最后得到神经网络的输出，这一过程称为前向传播。一般来说，前向传播过程有两种：推理预测时的前向传播和训练时的前向传播。

可将图 7.4 所示的单隐层神经网络实现的映射写成完整的形式：

$$\boldsymbol{z} = f_2(\boldsymbol{W}^{(2)} f_1(\boldsymbol{W}^{(1)}\boldsymbol{x} + \boldsymbol{b}^{(1)}) + \boldsymbol{b}^{(2)}) \tag{7.20}$$

其中，$f_i\,(i = 1, 2)$ 是前一层到本层的激活函数，可以相同，也可以不同。从式 (7.19) 可以看出，这个神经网络是一个二重复合函数，若令

$$\boldsymbol{y} = f_1(\boldsymbol{W}^{(1)}\boldsymbol{x} + \boldsymbol{b}^{(1)})$$

则式 (7.19) 可写成：

$$\begin{cases} \boldsymbol{y} = f_1(\boldsymbol{W}^{(1)}\boldsymbol{x} + \boldsymbol{b}^{(1)}) \\ \boldsymbol{z} = f_2(\boldsymbol{W}^{(2)}\boldsymbol{y} + \boldsymbol{b}^{(2)}) \end{cases} \tag{7.21}$$

下面给出前向传播算法的实现步骤。假设前馈神经网络共有 N_t 层，第一层为输入层，输入向量为 $\boldsymbol{x}$，第 i 层的权重矩阵为 $\boldsymbol{W}^{(i)}$，位移为 $\boldsymbol{b}^{(i)}$，则有如下算法。

算法 7.3 （前向传播算法）

置 $\boldsymbol{x}^{(1)} := \boldsymbol{x}$;
for $i = 2 : N_t$
  计算 $\boldsymbol{u}^{(i)} = \boldsymbol{W}^{(i)}\boldsymbol{x}^{(i-1)} + \boldsymbol{b}^{(i)}$;
  计算 $\boldsymbol{x}^{(i)} = f_i(\boldsymbol{u}^{(i)})$;
end for
输出 $\boldsymbol{x}^{(N_t)}$ 作为神经网络的预测值。

7.2 误差逆传播算法

本节介绍神经网络的学习算法，即如何通过训练确定权重和位移参数。误差逆传播（error Back Propagation, 简称 BP）算法是迄今最成功的神经网络学习算法。为简单起见，首先以 7.1 节介绍的单隐层神经网络（也称三层神经网络）为例，介绍 BP 算法的原理和详细推导流程，然后将它推广到更一般的情形，得到通用的 BP 算法。

7.2.1 一个单隐层神经网络实例

图 7.4 所示的单隐层神经网络有三层：输入层、隐层和输出层。假设训练样本集有 n 个样例 $(\boldsymbol{x}_i, \boldsymbol{z}_i)$，现在要确定该网络的映射函数：

$$\boldsymbol{z} = \varphi(\boldsymbol{x})$$

学习的目标是网络的预测输出尽可能地接近样本标签值，即需要在训练集上极小化损失函数（预测误差）。选择均方误差作为损失函数，即优化的目标为：

$$\min L(\boldsymbol{W}^{(i)}, \boldsymbol{b}^{(i)}) = \frac{1}{2n}\sum_{i=1}^{n}\|\varphi(\boldsymbol{x}_i) - \boldsymbol{z}_i\|^2$$

其中，$\varphi(\boldsymbol{x}_i)$ 和 $\boldsymbol{z}_i$ 都是向量，目标函数中的自变量是各层的权重矩阵 $\boldsymbol{W}^{(i)}$ 和位移向量 $\boldsymbol{b}^{(i)}$。一般情况下无法保证目标函数是关于 $\boldsymbol{W}^{(i)}$ 和 $\boldsymbol{b}^{(i)}$ 的凸函数，有陷入局部极小的风险，故不宜采用取极值的必要条件（即令梯度为零）来确定 $\boldsymbol{W}^{(i)}$ 和 $\boldsymbol{b}^{(i)}$。一个可行的方法是使用梯度下降法（或其他优化算法）来迭代极小化目标函数 $L(\boldsymbol{W}^{(i)}, \boldsymbol{b}^{(i)})$。那么，关键的问题是如何计算损失函数对所有权重矩阵和位移向量的梯度值。为简单起见，先只考虑单个样本的损失函数：

$$L(\boldsymbol{W}, \boldsymbol{b}) = \frac{1}{2}\|\varphi(\boldsymbol{x}) - \boldsymbol{z}\|^2$$

后面如果不特别说明，都使用这种单个样本的损失函数。因为一旦求得了对单个样本损失函数的梯度值，对这些梯度值求算术平均值就得到了整个目标函数的梯度值。

对于式 (7.20) 中的 $\boldsymbol{W}^{(i)}, \boldsymbol{b}^{(i)}\ (i=1,2)$，由于 $\boldsymbol{W}^{(1)}, \boldsymbol{b}^{(1)}$ 是复合函数的内层变量，复合函数的求导先考虑外层变量 $\boldsymbol{W}^{(2)}, \boldsymbol{b}^{(2)}$。式 (7.18) 中的权重矩阵 $\boldsymbol{W}^{(2)}$ 是一个 2×4 的矩阵，其第 1、2 行分别为 $\boldsymbol{w}_1^{(2)}, \boldsymbol{w}_2^{(2)}$；$\boldsymbol{b}^{(2)}$ 为二维向量，其两个分量分别为 $b_1^{(2)}, b_2^{(2)}$。网络的输入向量为 $\boldsymbol{x}$，第一层映射之后的输出向量（同时也是第二层的输入向量）为 $\boldsymbol{y}$。有了这些预备说明之后，有：

$$\frac{\partial L}{\partial w_{ij}^{(2)}} = \frac{1}{2}\frac{\partial}{\partial w_{ij}^{(2)}}\left(\left[f(\boldsymbol{w}_1^{(2)}\boldsymbol{y} + b_1^{(2)}) - z_1\right]^2 + \left[f(\boldsymbol{w}_2^{(2)}\boldsymbol{y} + b_2^{(2)}) - z_2\right]^2\right) \tag{7.22}$$

如果 $i=1$，即对权重矩阵 $\boldsymbol{W}^{(2)}$ 第 1 行的元素求偏导数，那么式 (7.22) 分子中的第二项对 w_{1j} 来说是常数，因此有：

$$\begin{aligned}\frac{\partial L}{\partial w_{1j}^{(2)}} &= \frac{1}{2}\times 2\times\left(f(\boldsymbol{w}_1^{(2)}\boldsymbol{y} + b_1^{(2)}) - z_1\right)\times f'(\boldsymbol{w}_1^{(2)}\boldsymbol{y} + b_1^{(2)})\frac{\partial}{\partial w_{1j}^{(2)}}\left(\boldsymbol{w}_1^{(2)}\boldsymbol{y} + b_1^{(2)}\right)\\ &= \left(f(\boldsymbol{w}_1^{(2)}\boldsymbol{y} + b_1^{(2)}) - z_1\right)f'(\boldsymbol{w}_1^{(2)}\boldsymbol{y} + b_1^{(2)})\frac{\partial}{\partial w_{1j}^{(2)}}\left(\sum_{k=1}^{4} w_{1k}y_k + b_1^{(2)}\right)\\ &= y_j\left(f(\boldsymbol{w}_1^{(2)}\boldsymbol{y} + b_1^{(2)}) - z_1\right)f'(\boldsymbol{w}_1^{(2)}\boldsymbol{y} + b_1^{(2)})\end{aligned}$$

同理，对于 $i=2$，即对矩阵 $\boldsymbol{W}^{(2)}$ 第二行的元素求偏导数，类似地，有：

$$\frac{\partial L}{\partial w_{2j}^{(2)}} = y_j\left(f(\boldsymbol{w}_2^{(2)}\boldsymbol{y} + b_2^{(2)}) - z_2\right)f'(\boldsymbol{w}_2^{(2)}\boldsymbol{y} + b_2^{(2)})$$

上面两式可以统一写成：

$$\frac{\partial L}{\partial w_{ij}^{(2)}} = y_j\left(f(\boldsymbol{w}_i^{(2)}\boldsymbol{y} + b_i^{(2)}) - z_i\right)f'(\boldsymbol{w}_i^{(2)}\boldsymbol{y} + b_i^{(2)}),\ i=1,2;\ j=1,2,3,4 \tag{7.23}$$

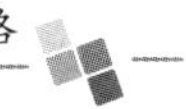

上式写成矩阵形式为：

$$\nabla_{\mathbf{W}^{(2)}} L = \left[\left(f(\boldsymbol{W}^{(2)}\boldsymbol{y} + \boldsymbol{b}^{(2)}) - \boldsymbol{z} \right) \circ f'(\boldsymbol{W}^{(2)}\boldsymbol{y} + \boldsymbol{b}^{(2)}) \right] \boldsymbol{y}^{\mathrm{T}} \tag{7.24}$$

其中，$\circ$ 表示向量的阿达玛积，即两个同型向量的对应分量的乘积作为结果向量的相应分量。这里，$f(\boldsymbol{W}^{(2)}\boldsymbol{y}+\boldsymbol{b}^{(2)})-\boldsymbol{z}$ 是一个二维列向量，$f'(\boldsymbol{W}^{(2)}\boldsymbol{y}+\boldsymbol{b}^{(2)})$ 也是一个二维列向量，它们的阿达玛积还是一个二维列向量，然后与四维行向量 $\boldsymbol{y}^{\mathrm{T}}$ 做普通矩阵乘法，得到 2×4 的矩阵 $\nabla_{\mathbf{W}^{(2)}} L$，恰好与矩阵 $\boldsymbol{W}^{(2)}$ 同型。

在式 (7.24) 中，损失函数对权重矩阵 $\boldsymbol{W}^{(2)}$ 的偏导数由三部分组成：网络输出与真实标签的误差 $f(\boldsymbol{W}^{(2)}\boldsymbol{y}+\boldsymbol{b}^{(2)})-\boldsymbol{z}$、激活函数的导数（梯度）$f'(\boldsymbol{W}^{(2)}\boldsymbol{y}+\boldsymbol{b}^{(2)})$ 和本层的输入值 $\boldsymbol{y}$，这三者都可以在前向传播时得到，因此可以高效地计算出来。对所有训练样本的偏导数求算术平均值即可得到总的偏导数。

我们注意到，损失函数对位移 $b_i^{(2)}\ (i=1,2)$ 的偏导数为：

$$\frac{\partial L}{\partial b_i^{(2)}} = \frac{1}{2}\frac{\partial}{\partial b_i^{(2)}}\left(\left[f(\boldsymbol{w}_1^{(2)}\boldsymbol{y} + b_1^{(2)}) - z_1 \right]^2 + \left[f(\boldsymbol{w}_2^{(2)}\boldsymbol{y} + b_2^{(2)}) - z_2 \right]^2 \right)$$

对于 $i=1$，上式右边分子的第二项关于 $b_1^{(2)}$ 为常数，于是有：

$$\begin{aligned}
\frac{\partial L}{\partial b_1^{(2)}} &= \frac{1}{2}\frac{\partial}{\partial b_1^{(2)}}\left(\left[f(\boldsymbol{w}_1^{(2)}\boldsymbol{y} + b_1^{(2)}) - z_1 \right]^2 + \left[f(\boldsymbol{w}_2^{(2)}\boldsymbol{y} + b_2^{(2)}) - z_2 \right]^2 \right) \\
&= \left(f(\boldsymbol{w}_1^{(2)}\boldsymbol{y} + b_1^{(2)}) - z_1 \right) \times f'(\boldsymbol{w}_1^{(2)}\boldsymbol{y} + b_1^{(2)}) \times \frac{\partial}{\partial b_1^{(2)}}\left(\boldsymbol{w}_1^{(2)}\boldsymbol{y} + b_1^{(2)} \right) \\
&= \left(f(\boldsymbol{w}_1^{(2)}\boldsymbol{y} + b_1^{(2)}) - z_1 \right) f'(\boldsymbol{w}_1^{(2)}\boldsymbol{y} + b_1^{(2)})
\end{aligned}$$

类似地，有：

$$\frac{\partial L}{\partial b_2^{(2)}} = \left(f(\boldsymbol{w}_2^{(2)}\boldsymbol{y} + b_2^{(2)}) - z_2 \right) f'(\boldsymbol{w}_2^{(2)}\boldsymbol{y} + b_2^{(2)})$$

上面两个偏导数可以统一写成：

$$\frac{\partial L}{\partial b_i^{(2)}} = \left(f(\boldsymbol{w}_i^{(2)}\boldsymbol{y} + b_i^{(2)}) - z_i \right) f'(\boldsymbol{w}_i^{(2)}\boldsymbol{y} + b_i^{(2)}),\ i = 1, 2$$

上式可以用阿达玛积写成向量形式：

$$\nabla_{\boldsymbol{b}^{(2)}} L = \left(f(\boldsymbol{W}^{(2)}\boldsymbol{y} + \boldsymbol{b}^{(2)}) - \boldsymbol{z} \right) \circ f'(\boldsymbol{W}^{(2)}\boldsymbol{y} + \boldsymbol{b}^{(2)}) \tag{7.25}$$

由式 (7.25) 不难发现，与损失函数对权重矩阵 $\boldsymbol{W}^{(2)}$ 的偏导数 $\nabla_{\boldsymbol{W}^{(2)}} L$ 相比，损失函数对位移 $\boldsymbol{b}^{(2)}$ 的偏导数 $\nabla_{\boldsymbol{b}^{(2)}} L$ 恰好少了一个因子 $\boldsymbol{y}^{\mathrm{T}}$。

下面我们来计算损失函数对 $\boldsymbol{W}^{(1)}$ 和 $\boldsymbol{b}^{(1)}$ 的偏导数，它们隐藏在中间变量

$$\boldsymbol{y} = f(\boldsymbol{W}^{(1)}\boldsymbol{x} + \boldsymbol{b}^{(1)})$$

$$= (f(\boldsymbol{w}_1^{(1)}\boldsymbol{x} + b_1^{(1)}), f(\boldsymbol{w}_2^{(1)}\boldsymbol{x} + b_2^{(1)}), f(\boldsymbol{w}_3^{(1)}\boldsymbol{x} + b_3^{(1)}), f(\boldsymbol{w}_4^{(1)}\boldsymbol{x} + b_4^{(1)}))^{\mathrm{T}}$$

里面，属于复合函数的内层。我们注意到，$\boldsymbol{W}^{(1)}$ 是 4×3 矩阵，它的 4 个行向量为 $\boldsymbol{w}_1^{(1)}, \boldsymbol{w}_2^{(1)}, \boldsymbol{w}_3^{(1)}, \boldsymbol{w}_4^{(1)}$，位移向量 $\boldsymbol{b}^{(1)}$ 的 4 个分量为 $b_1^{(1)}, b_2^{(1)}, b_3^{(1)}, b_4^{(1)}$。那么，有：

$$\frac{\partial L}{\partial w_{ij}^{(1)}} = \frac{1}{2}\frac{\partial}{\partial w_{ij}^{(1)}}\left(\left[f(\boldsymbol{w}_1^{(2)}\boldsymbol{y} + b_1^{(2)}) - z_1\right]^2 + \left[f(\boldsymbol{w}_2^{(2)}\boldsymbol{y} + b_2^{(2)}) - z_2\right]^2\right)$$

记

$$\boldsymbol{u}^{(2)} = \boldsymbol{W}^{(2)}\boldsymbol{y} + \boldsymbol{b}^{(2)}$$

即

$$u_1^{(2)} = \boldsymbol{w}_1^{(2)}\boldsymbol{y} + b_1^{(2)}, \qquad u_2^{(2)} = \boldsymbol{w}_2^{(2)}\boldsymbol{y} + b_2^{(2)}$$

则由链式法则，有：

$$\frac{\partial L}{\partial w_{ij}^{(1)}} = (f(u_1^{(2)}) - z_1)f'(u_1^{(2)})\frac{\partial(\boldsymbol{w}_1^{(2)}\boldsymbol{y})}{\partial w_{ij}^{(1)}} + (f(u_2^{(2)}) - z_2)f'(u_2^{(2)})\frac{\partial(\boldsymbol{w}_2^{(2)}\boldsymbol{y})}{\partial w_{ij}^{(1)}} \tag{7.26}$$

我们注意到

$$\frac{\partial(\boldsymbol{w}_1^{(2)}\boldsymbol{y})}{\partial w_{ij}^{(1)}} = \boldsymbol{w}_1^{(2)}\frac{\partial \boldsymbol{y}}{\partial w_{ij}^{(1)}}, \qquad \frac{\partial(\boldsymbol{w}_2^{(2)}\boldsymbol{y})}{\partial w_{ij}^{(1)}} = \boldsymbol{w}_2^{(2)}\frac{\partial \boldsymbol{y}}{\partial w_{ij}^{(1)}}$$

这里，$\dfrac{\partial \boldsymbol{y}}{\partial w_{ij}^{(1)}}$ 是一个四维列向量，表示向量 $\boldsymbol{y}$ 的每个分量对 $w_{ij}^{(1)}$ 求偏导数。不难求得：

$$\frac{\partial \boldsymbol{y}}{\partial w_{1j}^{(1)}} = \begin{pmatrix} f'(\boldsymbol{w}_1^{(1)}\boldsymbol{x} + b_1^{(1)})x_j \\ 0 \\ 0 \\ 0 \end{pmatrix}, \qquad \frac{\partial \boldsymbol{y}}{\partial w_{2j}^{(1)}} = \begin{pmatrix} 0 \\ f'(\boldsymbol{w}_2^{(1)}\boldsymbol{x} + b_2^{(1)})x_j \\ 0 \\ 0 \end{pmatrix}$$

$$\frac{\partial \boldsymbol{y}}{\partial w_{3j}^{(1)}} = \begin{pmatrix} 0 \\ 0 \\ f'(\boldsymbol{w}_3^{(1)}\boldsymbol{x} + b_3^{(1)})x_j \\ 0 \end{pmatrix}, \qquad \frac{\partial \boldsymbol{y}}{\partial w_{4j}^{(1)}} = \begin{pmatrix} 0 \\ 0 \\ 0 \\ f'(\boldsymbol{w}_4^{(1)}\boldsymbol{x} + b_4^{(1)})x_j \end{pmatrix}$$

由此容易得到：

$$\frac{\partial(\boldsymbol{w}_1^{(2)}\boldsymbol{y})}{\partial w_{ij}^{(1)}} = w_{1i}^{(2)}f'(\boldsymbol{w}_i^{(1)}\boldsymbol{x} + b_i^{(1)})x_j, \qquad \frac{\partial(\boldsymbol{w}_2^{(2)}\boldsymbol{y})}{\partial w_{ij}^{(1)}} = w_{2i}^{(2)}f'(\boldsymbol{w}_i^{(1)}\boldsymbol{x} + b_i^{(1)})x_j$$

若令

$$\boldsymbol{u}^{(1)} = \boldsymbol{W}^{(1)}\boldsymbol{x} + \boldsymbol{b}^{(1)}$$

则上式可简写为：

$$\frac{\partial(\boldsymbol{w}_1^{(2)}\boldsymbol{y})}{\partial w_{ij}^{(1)}} = w_{1i}^{(2)} f'(u_i^{(1)}) x_j, \qquad \frac{\partial(\boldsymbol{w}_2^{(2)}\boldsymbol{y})}{\partial w_{ij}^{(1)}} = w_{2i}^{(2)} f'(u_i^{(1)}) x_j$$

将其代入式 (7.26)，得：

$$\begin{aligned}\frac{\partial L}{\partial w_{ij}^{(1)}} &= \left[(f(u_1^{(2)}) - z_1) f'(u_1^{(2)}) w_{1i}^{(2)} + (f(u_2^{(2)}) - z_2) f'(u_2^{(2)}) w_{2i}^{(2)}\right] f'(u_i^{(1)}) x_j \\ &= (w_{1i}^{(2)}, w_{2i}^{(2)})[(f(\boldsymbol{u}^{(2)}) - \boldsymbol{z}) \circ f'(\boldsymbol{u}^{(2)}) \circ f'(\boldsymbol{u}^{(1)})] x_j \end{aligned} \tag{7.27}$$

这里，$(w_{1i}^{(2)}, w_{2i}^{(2)})$ 是二维行向量，$[(f(\boldsymbol{u}^{(2)})-\boldsymbol{z})\circ f'(\boldsymbol{u}^{(2)})\circ f'(\boldsymbol{u}^{(1)})]$ 是二维列向量。式 (7.27) 写成矩阵形式为：

$$\nabla_{\boldsymbol{W}^{(1)}} L = \left(\boldsymbol{W}^{(2)}\right)^{\mathrm{T}} [(f(\boldsymbol{u}^{(2)}) - \boldsymbol{z}) \circ f'(\boldsymbol{u}^{(2)}) \circ f'(\boldsymbol{u}^{(1)})] \boldsymbol{x}^{\mathrm{T}} \tag{7.28}$$

同理，有：

$$\nabla_{\boldsymbol{b}^{(1)}} L = \left(\boldsymbol{W}^{(2)}\right)^{\mathrm{T}} [(f(\boldsymbol{u}^{(2)}) - \boldsymbol{z}) \circ f'(\boldsymbol{u}^{(2)}) \circ f'(\boldsymbol{u}^{(1)})]$$

到这里，我们已经求出了这个单隐层神经网络对所有参数的偏导数，对于使用梯度下降法来训练网络参数来说，已是水到渠成的事情。接下来，只需将这种求偏导数的方法推广到更一般的情形。此外，从上面的推导结果可以发现一个规律：输出层的权重矩阵和位移向量的偏导数计算公式中共用了一个向量因子 $(f(\boldsymbol{u}^{(2)}) - \boldsymbol{z}) \circ f'(\boldsymbol{u}^{(2)})$。对于隐层，也有类似的结果。

7.2.2　通用的误差逆传播算法

现在来考虑一般情形下的误差逆传播算法。假设所考虑的神经网络具有 n 个训练样本 $(\boldsymbol{x}_i, \boldsymbol{y}_i)$，$\boldsymbol{x}_i$ 为输入向量，$\boldsymbol{y}_i$ 为标签向量。学习的目标是极小化神经网络的预测值与真实标签值之间的均方误差，即：

$$\min L(\boldsymbol{W}) = \frac{1}{2n}\sum_{i=1}^{n} \|\varphi(\boldsymbol{x}_i) - \boldsymbol{y}_i\|^2 \tag{7.29}$$

这里，$\boldsymbol{W}$ 是神经网络所有参数的集合，包括各层的权重和偏置参数。上述极小化问题是一个无约束优化问题，可以用梯度下降法或牛顿法求解。

式 (7.29) 定义在整个训练样本集上，梯度下降法的每一迭代步都利用了所有的训练样本，这种情形称为“批量梯度下降法”。如果样本容量 n 很大，每次迭代使用所有样本进行计算就显得成本太高。为此，当 n 很大时，可考虑采用单个样本梯度下降法。将式 (7.29) 的损失函数写成单个样本均方误差的算术平均，即：

$$\min L(\boldsymbol{W}) = \frac{1}{n}\sum_{i=1}^{n} \left(\frac{1}{2}\|\varphi(\boldsymbol{x}_i) - \boldsymbol{y}_i\|^2\right) := \frac{1}{n}\sum_{i=1}^{n} L_i$$

其中

$$L_i := L(\boldsymbol{W}, \boldsymbol{x}_i, \boldsymbol{y}_i) = \frac{1}{2}\|\varphi(\boldsymbol{x}_i) - \boldsymbol{y}_i\|^2 \tag{7.30}$$

为单个样本 $(\boldsymbol{x}_i, \boldsymbol{y}_i)$ 的损失函数。如果采用单个样本进行迭代，梯度下降法的第 $k+1$ 次迭代的参数更新公式为：

$$\boldsymbol{W}_{k+1} = \boldsymbol{W}_k - \eta \nabla_{\boldsymbol{W}} L_i(\boldsymbol{W}_k)$$

这里，参数 η 是学习速率，为了保证算法收敛，一般情况下需选取较小的 η（$0 < \eta << 1$）。

值得一提的是，如果要用所有的样本进行迭代，只需计算单个样本损失函数的梯度，然后取它们的算术平均值即可。

此外，迭代法的初始值选取也是一个不容忽视的问题。在使用梯度下降法求解极小化问题时，一般取初始参数为随机数，例如用高斯分布 $N(0, \sigma^2)$ 产生这些随机数，其中 σ^2 为高斯分布的方差，是一个很小的正数。

现在还剩下一个关键的问题有待解决：对于多层神经网络问题，每一层都有权重矩阵和偏置向量，且每一层的输出将作为下一层的输入，故式 (7.29) 的目标函数一般是关于这些参数的多层复合函数。因此，如果直接计算目标函数对所有这些参数的偏导数，势必十分复杂，通常需要使用复合函数的求导法则进行递推计算。

设有如下的线性映射：

$$\boldsymbol{y} = \boldsymbol{W}\boldsymbol{x}$$

其中，$\boldsymbol{x}$ 是 m 维列向量（即每个样本有 m 个特征），$\boldsymbol{W}$ 是 $n \times m$ 矩阵，$\boldsymbol{y}$ 是 n 维列向量。在进行推导之前，先来看看下面几种类型的复合函数如何求偏导数。

情形 1。假设有函数 $f(\boldsymbol{y})$，其中 $\boldsymbol{y} = \boldsymbol{W}\boldsymbol{x}$。如果将 $\boldsymbol{x}$ 看作常数，则 $\boldsymbol{y}$ 是 $\boldsymbol{W}$ 的函数。我们来介绍如何根据梯度向量 $\nabla_{\boldsymbol{y}} f$ 来计算梯度矩阵 $\nabla_{\boldsymbol{W}} f$。

事实上，由于 w_{ij} 只与 y_i 有关，而与其他的 $y_k\,(k \neq i)$ 无关，故由链式法则，可得：

$$\begin{aligned}\frac{\partial f}{\partial w_{ij}} &= \sum_{k=1}^{n} \frac{\partial f}{\partial y_k}\frac{\partial y_k}{\partial w_{ij}} = \sum_{k=1}^{n} \frac{\partial f}{\partial y_k}\frac{\partial}{\partial w_{ij}}\Big(\sum_{l=1}^{m} w_{kl}x_l\Big) \\ &= \frac{\partial f}{\partial y_i}\frac{\partial}{\partial w_{ij}}\Big(\sum_{l=1}^{m} w_{il}x_l\Big) = \frac{\partial f}{\partial y_i}x_j\end{aligned}$$

于是，有：

$$\begin{pmatrix} \dfrac{\partial f}{\partial w_{11}} & \cdots & \dfrac{\partial f}{\partial w_{1m}} \\ \vdots & \ddots & \vdots \\ \dfrac{\partial f}{\partial w_{n1}} & \cdots & \dfrac{\partial f}{\partial w_{nm}} \end{pmatrix} = \begin{pmatrix} \dfrac{\partial f}{\partial y_1}x_1 & \cdots & \dfrac{\partial f}{\partial y_1}x_m \\ \vdots & \ddots & \vdots \\ \dfrac{\partial f}{\partial y_n}x_1 & \cdots & \dfrac{\partial f}{\partial y_n}x_m \end{pmatrix} = \begin{pmatrix} \dfrac{\partial f}{\partial y_1} \\ \vdots \\ \dfrac{\partial f}{\partial y_n} \end{pmatrix}(x_1, \cdots, x_m)$$

上式写成矩阵形式，即：

$$\nabla_{\boldsymbol{W}} f = (\nabla_{\boldsymbol{y}} f)\,\boldsymbol{x}^{\mathrm{T}} \tag{7.31}$$

情形 2。在函数 $f(\boldsymbol{y})$ 中，$\boldsymbol{y}=\boldsymbol{W}\boldsymbol{x}$，如果将 $\boldsymbol{W}$ 看作常数，那么 $\boldsymbol{y}$ 是 $\boldsymbol{x}$ 的函数。同样可以利用梯度 $\nabla_{\boldsymbol{y}}f$ 来计算梯度 $\nabla_{\boldsymbol{x}}f$。事实上，由于任意的 x_i 与所有的 y_j 都有关系，故由链式法则，有：

$$\begin{aligned}\frac{\partial f}{\partial x_i}&=\sum_{j=1}^{n}\frac{\partial f}{\partial y_j}\frac{\partial y_j}{\partial x_i}=\sum_{j=1}^{n}\frac{\partial f}{\partial y_j}\frac{\partial}{\partial x_i}\Big(\sum_{j=1}^{m}w_{jk}x_k\Big)\\&=\sum_{j=1}^{n}\frac{\partial f}{\partial y_j}w_{ji}=\big(w_{1i},w_{2i},\cdots,w_{ni}\big)\,\nabla_{\boldsymbol{y}}f\end{aligned}$$

上式写成矩阵形式，即：

$$\nabla_{\boldsymbol{x}}f=\boldsymbol{W}^{\mathrm{T}}\,\nabla_{\boldsymbol{y}}f \tag{7.32}$$

这是一个很有趣的结果，即在计算函数映射 $f(\boldsymbol{y})$ 时，用矩阵 $\boldsymbol{W}$ 乘以向量 $\boldsymbol{x}$ 得到向量 $\boldsymbol{y}$；而在计算梯度时，用矩阵 $\boldsymbol{W}$ 的转置乘以关于 $\boldsymbol{y}$ 的梯度 $\nabla_{\boldsymbol{y}}f$ 得到关于 $\boldsymbol{x}$ 的梯度 $\nabla_{\boldsymbol{x}}f$。

情形 3。如果有向量值映射：

$$\boldsymbol{y}=g(\boldsymbol{x})$$

写成分量形式，即：

$$y_i=g(x_i),\ i=1,2,\cdots,m$$

这里，y_i 只是相应的 x_i 的一元函数，而与其他所有的 $x_j\,(j\neq i)$ 无关，且每个分量函数采用了相同的映射关系 g。此时，对于函数 $f(\boldsymbol{y})$，也可以利用梯度 $\nabla_{\boldsymbol{y}}f$ 来计算梯度 $\nabla_{\boldsymbol{x}}f$。事实上，由于每个 y_i 均只与 x_i 有关，故有：

$$\frac{\partial f}{\partial x_i}=\frac{\partial f}{\partial y_i}\frac{\partial y_i}{\partial x_i}$$

上式写成矩阵形式，即：

$$\nabla_{\boldsymbol{x}}f=\nabla_{\boldsymbol{y}}f\circ g'(\boldsymbol{x}) \tag{7.33}$$

其中，$g'(\boldsymbol{x})=(g'(x_1),g'(x_2),\cdots,g'(x_m))^{\mathrm{T}}$，$\circ$ 为向量的阿达玛积，即两个向量的对应分量相乘。

情形 4。 考虑更复杂的情况。假设有函数 $f(\boldsymbol{y})$，其中

$$\boldsymbol{y}=g(\boldsymbol{u}),\quad \boldsymbol{u}=\boldsymbol{W}\boldsymbol{x}$$

这里，g 是向量对应元素一对一的映射，即：

$$y_i=g(u_i)$$

在这种情形下，如何利用梯度 $\nabla_{\boldsymbol{y}}f$ 来计算梯度 $\nabla_{\boldsymbol{x}}f$ 呢？在这里，函数有两层复合，即首先由 $\boldsymbol{x}$ 到 $\boldsymbol{u}$，再由 $\boldsymbol{u}$ 到 $\boldsymbol{y}$。那么，只需综合情形 2 和情形 3 的结论即得：

$$\nabla_{\boldsymbol{x}}f=\boldsymbol{W}^{\mathrm{T}}\nabla_{\boldsymbol{u}}f=\boldsymbol{W}^{\mathrm{T}}(\nabla_{\boldsymbol{y}}f\circ g'(\boldsymbol{u})) \tag{7.34}$$

情形 5。设有映射 $\boldsymbol{y}=g(\boldsymbol{x})$，其中 $\boldsymbol{x}\in\mathbb{R}^m$，$\boldsymbol{y}\in\mathbb{R}^n$，即：

$$y_i=g_i(x_1,x_2,\cdots,x_m),\ i=1,2,\cdots,n$$

这里的映射方式与情形 3 不同，对于向量 $\boldsymbol{y}$ 的每个分量 y_i，对应的分量映射 g_i 是不同的，而且 y_i 与向量 $\boldsymbol{x}$ 的每个分量 x_j 都有关，故由链式法则，有：

$$\frac{\partial f}{\partial x_j}=\sum_{i=1}^{n}\frac{\partial f}{\partial y_i}\frac{\partial y_i}{\partial x_j}=\left(\frac{\partial y_1}{\partial x_j},\frac{\partial y_2}{\partial x_j},\cdots,\frac{\partial y_n}{\partial x_j}\right)\begin{pmatrix}\dfrac{\partial f}{\partial y_1}\\\dfrac{\partial f}{\partial y_2}\\\vdots\\\dfrac{\partial f}{\partial y_n}\end{pmatrix}$$

于是，对于所有元素，有：

$$\begin{pmatrix}\dfrac{\partial f}{\partial x_1}\\\dfrac{\partial f}{\partial x_2}\\\vdots\\\dfrac{\partial f}{\partial x_m}\end{pmatrix}=\begin{pmatrix}\dfrac{\partial y_1}{\partial x_1}&\dfrac{\partial y_2}{\partial x_1}&\cdots&\dfrac{\partial y_n}{\partial x_1}\\\dfrac{\partial y_1}{\partial x_2}&\dfrac{\partial y_2}{\partial x_2}&\cdots&\dfrac{\partial y_n}{\partial x_2}\\\vdots&\vdots&\ddots&\vdots\\\dfrac{\partial y_1}{\partial x_m}&\dfrac{\partial y_2}{\partial x_m}&\cdots&\dfrac{\partial y_n}{\partial x_m}\end{pmatrix}\begin{pmatrix}\dfrac{\partial f}{\partial y_1}\\\dfrac{\partial f}{\partial y_2}\\\vdots\\\dfrac{\partial f}{\partial y_n}\end{pmatrix}$$

上式写成矩阵形式，即：

$$\nabla_{\boldsymbol{x}}f=\boldsymbol{y}'(\boldsymbol{x})^{\mathrm{T}}\nabla_{\boldsymbol{y}}f \tag{7.35}$$

其中，$\boldsymbol{y}'(\boldsymbol{x})$ 为向量值映射 $\boldsymbol{y}=g(\boldsymbol{x})$ 的雅可比矩阵。前面介绍的情形 1 到情形 4 中的函数都是这个映射的特例。

至此，我们详细推导了上面 5 种情形复合函数的求梯度方法，因为它们在机器学习中具有普遍性。在各种类型的神经网络中，无论是前馈型网络，还是深度学习中的卷积神经网络以及循环神经网络，其映射函数都是这样的形式。

有了上面的准备工作和结论，就可以方便地推导出多层神经网络的求导公式。假设所学习的神经网络共有 N_t 层，其中第 k 层有 ℓ_k 个神经元。第 k 层从第 $k-1$ 层接收的输入向量为 $\boldsymbol{x}^{(k-1)}$，本层的权重矩阵为 $\boldsymbol{W}^{(k)}$，位移为向量 $\boldsymbol{b}^{(k)}$，输出向量为 $\boldsymbol{x}^{(k)}$。该层的输出可以写成如下形式：

$$\begin{cases}\boldsymbol{u}^{(k)}=\boldsymbol{W}^{(k)}\boldsymbol{x}^{(k-1)}+\boldsymbol{b}^{(k)}\\\boldsymbol{x}^{(k)}=f(\boldsymbol{u}^{(k)})\end{cases}$$

其中，$\boldsymbol{W}^{(k)}$ 是 $\ell_k\times\ell_{k-1}$ 阶矩阵，$\boldsymbol{u}^{(k)}$ 和 $\boldsymbol{b}^{(k)}$ 都是 ℓ_k 维向量。由定义，$\boldsymbol{W}^{(k)}$ 和 $\boldsymbol{b}^{(k)}$ 是损失函数的自变量，$\boldsymbol{u}^{(k)}$ 和 $\boldsymbol{x}^{(k)}$ 可以看作它们的函数。根据前面的结论，损失函数 $L(\boldsymbol{W}^{(k)},\boldsymbol{b}^{(k)})$

对权重矩阵的梯度为：

$$\nabla_{\boldsymbol{W}^{(k)}} L = (\nabla_{\boldsymbol{u}^{(k)}} L)(\boldsymbol{x}^{(k-1)})^{\mathrm{T}} \tag{7.36}$$

而损失函数对偏置向量的梯度为：

$$\nabla_{\boldsymbol{b}^{(k)}} L = \nabla_{\boldsymbol{u}^{(k)}} L \tag{7.37}$$

现在的问题归结为如何计算梯度 $\nabla_{\boldsymbol{u}^{(k)}} L$。这需要分两种情形，即第 k 层是输出层还是隐层，分别讨论如下。

（1）如果第 k 层是输出层，则根据前一小节的推导结论，类似地，有：

$$\begin{aligned}\frac{\partial L}{\partial u_i^{(k)}} &= \frac{\partial}{\partial u_i^{(k)}}\left(\frac{1}{2}\sum_{j=1}^{n}(f(u_j^{(k)}) - y_j)^2\right) \\ &= (f(u_i^{(k)}) - y_i)f'(u_i^{(k)}) = (x_i^{(k)} - y_i)f'(u_i^{(k)})\end{aligned}$$

写成向量形式，这个梯度为：

$$\nabla_{\boldsymbol{u}^{(k)}} L = (\boldsymbol{x}^{(k)} - \boldsymbol{y}) \circ f'(\boldsymbol{u}^{(k)}) \tag{7.38}$$

由此可得，输出层权重矩阵的梯度为：

$$\nabla_{\boldsymbol{W}^{(k)}} L = [(\boldsymbol{x}^{(k)} - \boldsymbol{y}) \circ f'(\boldsymbol{u}^{(k)})](\boldsymbol{x}^{(k-1)})^{\mathrm{T}}$$

输出层偏置向量的梯度为：

$$\nabla_{\boldsymbol{b}^{(k)}} L = (\boldsymbol{x}^{(k)} - \boldsymbol{y}) \circ f'(\boldsymbol{u}^{(k)})$$

（2）如果第 k 层是隐层，则有：

$$\boldsymbol{u}^{(k+1)} = \boldsymbol{W}^{(k+1)}\boldsymbol{x}^{(k)} + \boldsymbol{b}^{(k+1)} = \boldsymbol{W}^{(k+1)} f(\boldsymbol{u}^{(k)}) + \boldsymbol{b}^{(k+1)}$$

假设梯度 $\nabla_{\boldsymbol{u}^{(k+1)}} L$ 已经求出，根据前面情形 3 和情形 2 的推导式 (7.33) 和式 (7.32) 的结论，有：

$$\nabla_{\boldsymbol{u}^{(k)}} L = (\nabla_{\boldsymbol{x}^{(k)}} L) \circ f'(\boldsymbol{u}^{(k)}) = \left[(\boldsymbol{W}^{(k+1)})^{\mathrm{T}} \nabla_{\boldsymbol{u}^{(k+1)}} L\right] \circ f'(\boldsymbol{u}^{(k)}) \tag{7.39}$$

注意，式 (7.39) 是一个递推公式，即通过 $\nabla_{\boldsymbol{u}^{(k+1)}} L$ 来计算 $\nabla_{\boldsymbol{u}^{(k)}} L$，递推的终点是输出层，而输出层的梯度之前已经算出。有了 $\nabla_{\boldsymbol{u}^{(k)}} L$ 之后，就可以容易地得到 $\nabla_{\boldsymbol{W}^{(k)}} L$ 和 $\nabla_{\boldsymbol{b}^{(k)}} L$。于是，可以计算出任意层权重矩阵和偏置向量的梯度表达式。

基于上述推导，定义

$$\boldsymbol{z}^{(k)} = \nabla_{\boldsymbol{u}^{(k)}} L = \begin{cases} (\boldsymbol{x}^{(k)} - \boldsymbol{y}) \circ f'(\boldsymbol{u}^{(k)}), & k = N_t \\ \left[\left(\boldsymbol{W}^{(k+1)}\right)^{\mathrm{T}} \boldsymbol{z}^{(k+1)}\right] \circ f'(\boldsymbol{u}^{(k)}), & k \neq N_t \end{cases} \tag{7.40}$$

其中，向量 $\boldsymbol{z}^{(k)}$ 的维数与本层的神经元个数相同，我们将其称之为第 k 层的误差项。我们指出，式 (7.40) 定义的误差项是一种递推关系，即 $\boldsymbol{z}^{(k)}$ 依赖于 $\boldsymbol{z}^{(k+1)}$，直至输出层 $\boldsymbol{z}^{(N_t)}$，于是归结为 $k=N_t$ 的情形，即 $(f(\boldsymbol{u}^{(N_t)})-\boldsymbol{y})\circ f'(\boldsymbol{u}^{(N_t)})$。

根据式 (7.40)、式 (7.36) 和式 (7.37) 即可方便地计算出各层权重矩阵和偏置向量的梯度。首先计算输出层的误差项 $\boldsymbol{z}^{(N_t)}$，根据它得到输出层权重矩阵和偏置向量的梯度，这是起点；再根据式 (7.40) 的递推公式，逐层向前，利用后一层的误差项 $\boldsymbol{z}^{(k+1)}$ $(k<N_t)$ 计算出本层的误差项 $\boldsymbol{z}^{(k)}$，从而得到本层权重矩阵和偏置向量的梯度 $\nabla_{\boldsymbol{W}^{(k)}}L$ 和 $\nabla_{\boldsymbol{b}^{(k)}}L$。

综上所述，单个样本的误差逆传播算法的流程如下。

算法 7.4 (单个样本的 BP 算法)

（1）初始化。一般采用服从某种分布的随机数来初始化权重矩阵和偏置向量。

（2）前向传播。利用当前的权重和偏置值，调用算法 7.3，计算每一层对输入样本的输出值。

（3）误差逆传播。对输出层（第 N_t 层）的每一个神经元计算其误差：

$$\boldsymbol{z}^{(N_t)}=(\boldsymbol{x}^{(N_t)}-\boldsymbol{y})\circ f'(\boldsymbol{u}^{(N_t)})$$

（4）对 $k=N_t-1,N_t-2,\cdots,2$，计算第 k 层每个神经元的误差：

$$\boldsymbol{z}^{(k)}=\left[(\boldsymbol{W}^{(k+1)})^{\mathrm{T}}\boldsymbol{z}^{(k+1)}\right]\circ f'(\boldsymbol{u}^{(k)})$$

（5）计算损失函数对权重矩阵和偏置向量的梯度：

$$\nabla_{\boldsymbol{W}^{(k)}}L=\boldsymbol{z}^{(k)}(\boldsymbol{x}^{(k-1)})^{\mathrm{T}},\quad \nabla_{\boldsymbol{b}^{(k)}}L=\boldsymbol{z}^{(k)}$$

（6）用梯度下降法更新权重和位移：

$$\begin{cases}\boldsymbol{W}^{(k+1)}=\boldsymbol{W}^{(k)}-\eta\nabla_{\boldsymbol{W}^{(k)}}L\\ \boldsymbol{b}^{(k+1)}=\boldsymbol{b}^{(k)}-\eta\nabla_{\boldsymbol{b}^{(k)}}L\end{cases}\tag{7.41}$$

（7）若满足某种误差准则，则终止算法；否则转入第（2）步，进行下一轮迭代。

注 7.2 在实现算法 7.4 的第（2）步（前向传播）时，需要存储每一层的输入向量 $\boldsymbol{x}^{(k-1)}$ 和本层的激活函数导数值 $f'(\boldsymbol{u}^{(k)})$。若取激活函数为 Sigmoid 函数：

$$f(u)=\frac{1}{1+\mathrm{e}^{-u}}$$

则由于 $f'(u)=f(u)(1-f(u))$，可得：

$$f'(\boldsymbol{u}^{(k)})=f(\boldsymbol{u}^{(k)})\circ(\boldsymbol{e}-f(\boldsymbol{u}^{(k)}))=\boldsymbol{x}^{(k)}\circ(\boldsymbol{e}-\boldsymbol{x}^{(k)})$$

其中，$\boldsymbol{e}=(1,1,\cdots,1)^{\mathrm{T}}$，$\circ$ 为向量的阿达玛积。

需要指出的是，BP 算法通常有两个版本：全样本梯度 BP 算法和单样本梯度 BP 算法。全样本梯度 BP 算法在每次迭代时对所有样本计算损失函数总误差，然后再用梯度下

降法更新参数（权重矩阵和偏置向量）的值。而单样本梯度 BP 算法每次对一个样本进行前向传播，计算对该样本的误差，然后更新参数值。这种模式可以天然地支持“增量学习”或“在线学习”，即动态地加入新的训练样本进行学习。

算法 7.4 是单样本梯度 BP 算法。如果需要得到全样本梯度 BP 算法，只需这样操作：因为在多样本的情况下，输出层的误差项是所有样本误差的算术平均值，故在误差逆传播计算梯度时，在每一层对每个样本都计算对权重矩阵和偏置向量的梯度值，然后计算它们的算术平均值。

此外，还可以采用一种介于单样本梯度 BP 算法和全样本梯度 BP 算法之间的策略，即每次迭代时选择一部分样本计算梯度，深度学习中的卷积神经网络就采用这种策略。

当然，除了使用梯度下降法这种一阶优化技术求解之外，还可以采用其他的优化算法，如牛顿法、拟牛顿法等。一般来说，神经网络的损失函数通常不是凸函数，因此很难保证算法收敛到目标函数的全局极小点，尤其是当网络的层数很多时会带来一系列的数值困难。

7.3 BP 神经网络的 MATLAB 实现

高版本的 MATLAB 集成了深度学习工具箱（Deep Learning Toolbox），它是原来的神经网络工具箱（Neural Network Toolbox）的升级版，封装了实现各类人工神经网络的函数供用户使用。下面仅介绍工具箱中与 BP 神经网络有关的几个常用函数的使用方法。

（1）**newff** 创建一个 BP 网络，其调用方式为：

```
net=newff(P,T,S);
```

P: $R\times Q_1$ 矩阵，表示创建的神经网络中，输入层有 R 个神经元，每个神经元有 Q_1 个特征。

T: $\mathrm{SN}\times Q_2$ 矩阵，表示创建的网络有 SN 个输出层结点，每个输出层结点有 Q_2 个特征。

S: $N-1$ 个隐层的数目（$S(i)$ 到 $S(N-1)$），默认为空矩阵 [ ]。输出层的单元数目 SN 取决于 T。返回 N 层的前馈 BP 神经网络。

（2）**feedforwardnet** 创建一个 BP 网络，其调用方式为：

```
net=feedforwardnet(hiddenSizes,trainFcn);
```

feedforwardnet 是新版神经网络工具箱中替代 newff 的函数。hiddenSizes 为隐层的神经元结点个数，如果有多个隐层，则 hiddenSizes 是一个行向量，默认值为 10。trainFcn 为训练函数，默认值为 ‘trainlm’。

（3）**configure** 配置网络，其一般调用方式为：

```
net=configure(net,P,T);
```

该函数的作用是设置网络输入、输出大小和范围，设置输入预处理、输出后处理和权重初始化，以匹配输入和目标数据的过程。其中，net 为 feedforwardnet 函数设置的网络，P 为输入数据，T 为目标数据。

（4）**train** 训练网络，其一般调用方式为：

```
[net,tr]=train(net,P,T,xi,ai,EW);
```

该函数的主要作用是训练所需要的神经网络模型。其中，net 为 configure 函数配置的初始网络；xi 为初始输入延迟条件，默认为 0；ai 为初始层延迟条件，默认为 0；EW 表示权重偏差；返回参数 net 表示训练好的网络，tr 表示训练过程的记录值。

下面看两个用神经网络工具箱中的函数对数据进行回归和分类的实例。先看一个神经网络回归的例子。

例 7.1 使用的训练样本是 MATLAB 自带的数据集 simplefit_dataset。该数据集中的变量是一个 1×94 的行向量，变量名为 simplefitInputs，是神经网络的输入数据。变量 simplefitTargets 是同维数的行向量，是网络的期望输出。利用上述函数，编制程序如下（Ann_Reg.m 文件）：

```
clear all,clc;
rng(2) %产生随机数的种子
load simplefit_dataset.mat;%载入数据集
P=simplefitInputs;%网络输入
T=simplefitTargets;%期望输出
ff=feedforwardnet(10);
%建立一个BP网络,包含一个10个结点的隐层
ff.trainParam.epochs=100;%迭代次数
ff=train(ff,P,T);%训练网络
Y=sim(ff,P);%仿真
k=1:2:size(P,2);
plot(P(k),T(k),'bo');%绘图
hold on;
plot(P(k),Y(k),'xr-');
legend('原始数据','回归结果')
perf=perform(ff,Y,T) %显示误差
```

其运行结果如图 7.5 和图 7.6 所示。图 7.5 绘制了两组数据，分别为原始数据值和 BP 前向网络预测值。图 7.6 则显示了本次训练模型的相关参数，如网络结构、算法实现过程中的一些方法及模型计算过程中的输出参数。

另外，在命令窗口显示神经网络训练的误差为：

```
perf =
   8.1727e-06
```

以下是一个神经网络用于分类的例子。

例 7.2 利用神经网络工具箱中的函数对 MATLAB 自带的鸢尾属植物数据集 fisheriris 进行分类，它是一类多重变量分析的数据集。该数据集包含 150 个数据，分为 3 类，每类 50 个数据，每个数据包含 4 个特征。可通过花萼长度、花萼宽度、花瓣长度、花瓣宽度 4 个特征预测鸢尾花卉属于 setosa（山鸢尾）、versicolor（杂色鸢尾）、virginica（弗吉尼亚鸢尾）中的哪一类。

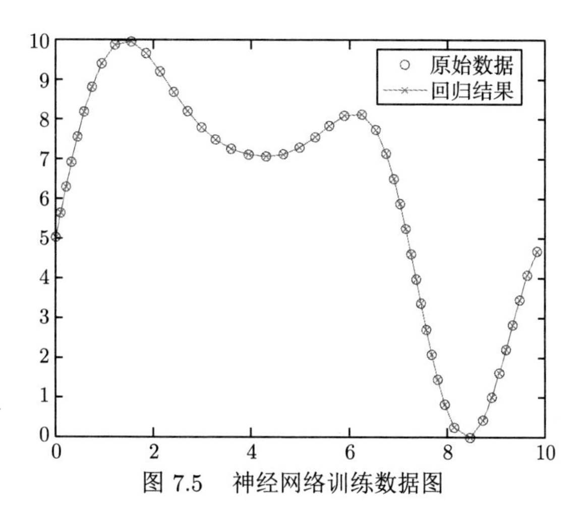

图 7.5　神经网络训练数据图

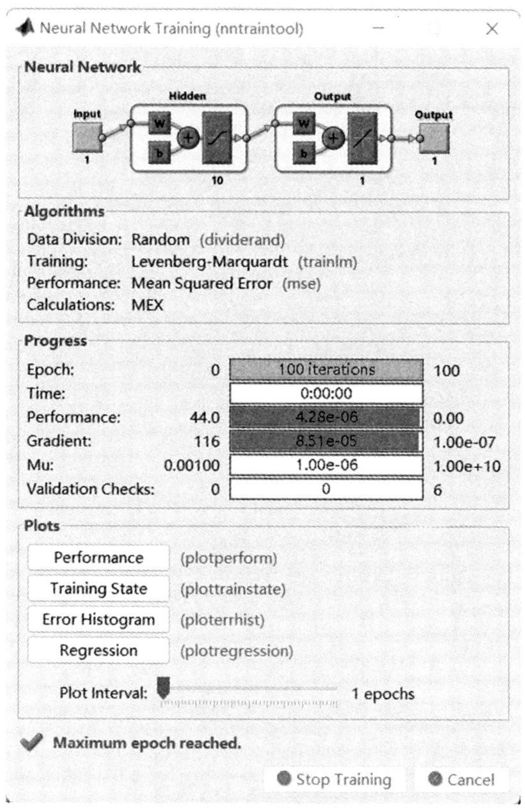

图 7.6　训练参数图

编制 MATLAB 程序如下（Ann_Iris.m 文件）：

```
%鸢尾属植物数据集神经网络分类
%训练集合
clc;clear all;
rng(2) %产生随机数的种子
load fisheriris; %载入数据集
```

```
data=meas;%样本数据集
y=zeros(150,1);%将类标签转化为数字
y(strcmp(species,'setosa'))=1;
y(strcmp(species,'versicolor'))=2;
y(strcmp(species,'virginica'))=3;
[train1,test1]=crossvalind('holdout',y);
%利用交叉验证随机分割数据集
X_train=data(train1,:);y_train=y(train1);
X_train=X_train';%训练样本
y_train=y_train';%训练标签
[X_train,PS]=mapminmax(X_train);%归一化处理
%神经网络
net=feedforwardnet(4);
%创建一个两层前馈神经网络,该网络有一个隐层，有4个神经元
net=configure(net,X_train,y_train);%配置内存
%对网络进行训练
net.trainParam.epochs=100;%执行步长为100
net=train(net,X_train,y_train);%训练
%显示相关参数
X1=net(X_train); %训练成果展示
disp('网络训练后的第一层权值为:')
w1=net.iw{1}
disp('网络训练后的第一层阈值:')
b1=net.b{1}
disp('网络训练后的第二层权值为:')
w2=net.Lw{2}
disp('网络训练后的第二层阈值:')
b2=net.b{2}
%测试集合
X_test=data(test1,:);y_test=y(test1);
X_test= X_test';%测试矩阵
y_test=y_test';%目标矩阵
an=y_test;%测试集标签
X2=mapminmax('apply',X_test,PS);%''同一归一化''
g=net(X2);%测试结果输出
err=(1-sum(sqrt((an-g).^2)./an)/length(an))*100;
%计算匹配度
fprintf('匹配度为:%f\n',err);
```

在命令窗口运行上述程序，得到有关分类的结果：

```
网络训练后的第一层权值为:
w1 =
   -1.7159    -0.8085    -0.6763     0.7210
   -0.2581     0.6204    -2.5704    -4.1949
```

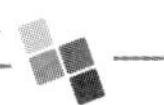

```
   -0.6346    -0.1696    -0.5578    -0.5412
    0.6786    -0.0730     1.2501     1.9990
```

网络训练后的第一层阈值:

```
b1 =
   -0.0070
    2.1244
   -0.2438
    1.5224
```

网络训练后的第二层权值为:

```
w2 =
   -0.2139    -0.8646     1.2514     1.0830
```

网络训练后的第二层阈值:

```
b2 =
    0.0266
```

匹配度为: 96.945562

第 8 章 线性判别分析

线性判别分析（Linear Discriminant Analysis，LDA）是一种经典的线性学习方法，它是一种子空间投影技术，用于处理分类问题，让投影后的数据具有更好的区分度。这一方法最早由 Fisher 于 1936 年提出，因此也被称为“Fisher 判别分析”。

8.1 线性判别分析的基本原理

LDA 的基本思想是通过线性投影将样本投影到低维空间中，使得同一类样本的投影点尽可能接近、不同类样本的投影点尽可能远离；在对新样本进行分类时，将其投影到同样的低维空间中，再根据投影点在低维空间中的位置来确定新样本的类别。具体的做法是寻找一个向低维空间的投影矩阵 $\boldsymbol{W}$，使样本数据的特征向量 $\boldsymbol{x}$ 经过投影之后得到新向量：

$$\boldsymbol{z} = \boldsymbol{W}^{\mathrm{T}}\boldsymbol{x}$$

图 8.1 给出了 LDA 的一个二维示意图。

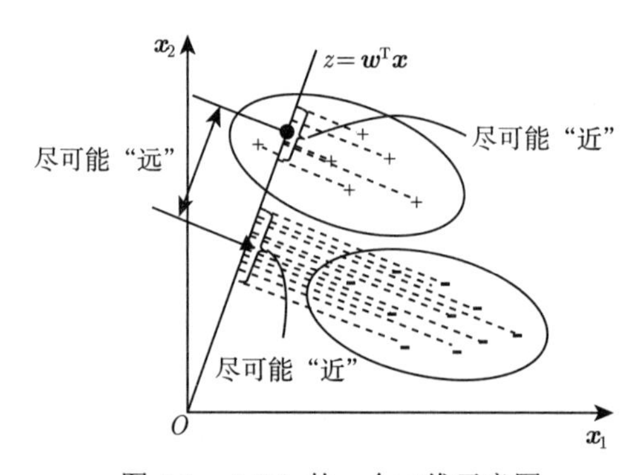

图 8.1 LDA 的一个二维示意图

图 8.1 中的特征向量是二维的，向低维（一维）空间即直线投影，投影后的这些点位于直线上。通过向这条直线投影，两类样本被有效地分开了。由于是向直线投影，因此相当于用一个向量 $\boldsymbol{w}$ 与特征向量 $\boldsymbol{x}$ 做内积而得到一个标量：

$$z = \boldsymbol{w}^{\mathrm{T}}\boldsymbol{x}$$

由上述分析可知，LDA 的关键问题是如何确定最佳的投影矩阵 $\boldsymbol{W}$。先考虑一维投影的情形，此时需要确定的是投影向量 $\boldsymbol{w}$。给定样本数据集：

$$D = \{(\boldsymbol{x}_1, y_1), (\boldsymbol{x}_2, y_2), \cdots, (\boldsymbol{x}_n, y_n)\}$$

假设这 n 个样本的特征向量 $\boldsymbol{x}_i \in \mathbb{R}^m$ 分属两个不同的类别，即 $y_i \in \{0,1\}$。属于第 i $(i=0,1)$ 类的样本集为 D_i $(D_0 \cup D_1 = D)$，有 n_i 个样本 $(n_0+n_1=n)$。令 $\boldsymbol{\mu}_i$ 表示第 i 类样本的均值向量：

$$\boldsymbol{\mu}_i = \frac{1}{n_i}\sum_{\boldsymbol{x}\in D_i}\boldsymbol{x},\ i=0,1$$

定义“类间散布矩阵”为：

$$\boldsymbol{S}_b = (\boldsymbol{\mu}_0-\boldsymbol{\mu}_1)(\boldsymbol{\mu}_0-\boldsymbol{\mu}_1)^{\mathrm{T}} \tag{8.1}$$

令 $\boldsymbol{\Sigma}_i$ 表示第 i 类样本的协方差矩阵：

$$\boldsymbol{\Sigma}_i = \sum_{\boldsymbol{x}\in D_i}(\boldsymbol{x}-\boldsymbol{\mu}_i)(\boldsymbol{x}-\boldsymbol{\mu}_i)^{\mathrm{T}},\ i=0,1$$

定义“类内散布矩阵”为：

$$\boldsymbol{S}_{\boldsymbol{w}} = \boldsymbol{\Sigma}_0+\boldsymbol{\Sigma}_1 \tag{8.2}$$

若将数据投影到直线 $\boldsymbol{w}$ 上，则两类样本投影后的均值分别为 $\boldsymbol{w}^{\mathrm{T}}\boldsymbol{\mu}_0$ 和 $\boldsymbol{w}^{\mathrm{T}}\boldsymbol{\mu}_1$，即：

$$\widetilde{\boldsymbol{\mu}}_i = \frac{1}{n_i}\sum_{\boldsymbol{x}\in D_i}\boldsymbol{w}^{\mathrm{T}}\boldsymbol{x} = \boldsymbol{w}^{\mathrm{T}}\boldsymbol{\mu}_i,\ i=0,1$$

若将所有样本点都投影到直线上，则两类样本的协方差分别为 $\boldsymbol{w}^{\mathrm{T}}\boldsymbol{\Sigma}_0\boldsymbol{w}$ 和 $\boldsymbol{w}^{\mathrm{T}}\boldsymbol{\Sigma}_1\boldsymbol{w}$，即：

$$\begin{aligned}
\widetilde{\boldsymbol{\Sigma}}_i &= \sum_{\boldsymbol{x}\in D_i}(\boldsymbol{w}^{\mathrm{T}}\boldsymbol{x}-\widetilde{\boldsymbol{\mu}}_i)(\boldsymbol{w}^{\mathrm{T}}\boldsymbol{x}-\widetilde{\boldsymbol{\mu}}_i)^{\mathrm{T}} \\
&= \sum_{\boldsymbol{x}\in D_i}[\boldsymbol{w}^{\mathrm{T}}(\boldsymbol{x}-\boldsymbol{\mu}_i)][\boldsymbol{w}^{\mathrm{T}}(\boldsymbol{x}-\boldsymbol{\mu}_i)]^{\mathrm{T}} \\
&= \boldsymbol{w}^{\mathrm{T}}\Big(\sum_{\boldsymbol{x}\in D_i}(\boldsymbol{x}-\boldsymbol{\mu}_i)(\boldsymbol{x}-\boldsymbol{\mu}_i)^{\mathrm{T}}\Big)\boldsymbol{w} \\
&= \boldsymbol{w}^{\mathrm{T}}\boldsymbol{\Sigma}_i\boldsymbol{w},\ i=0,1
\end{aligned}$$

由于直线是一维空间，因此 $\boldsymbol{w}^{\mathrm{T}}\boldsymbol{\mu}_0$、$\boldsymbol{w}^{\mathrm{T}}\boldsymbol{\mu}_1$、$\boldsymbol{w}^{\mathrm{T}}\boldsymbol{\Sigma}_0\boldsymbol{w}$ 和 $\boldsymbol{w}^{\mathrm{T}}\boldsymbol{\Sigma}_1\boldsymbol{w}$ 均为实数。

欲使同类样例的投影点尽可能接近，可以让同类样例投影点的协方差尽可能小，即 $\boldsymbol{w}^{\mathrm{T}}\boldsymbol{\Sigma}_0\boldsymbol{w}+\boldsymbol{w}^{\mathrm{T}}\boldsymbol{\Sigma}_1\boldsymbol{w}$ 尽可能小；而欲使异类样例的投影点尽可能远离，可以让类中心之间的距离尽可能大，即 $|\boldsymbol{w}^{\mathrm{T}}\boldsymbol{\mu}_0-\boldsymbol{w}^{\mathrm{T}}\boldsymbol{\mu}_1|^2$ 尽可能大。同时考虑二者，则可得到欲最大化的目标：

$$\boldsymbol{J} = \frac{|\boldsymbol{w}^{\mathrm{T}}\boldsymbol{\mu}_0-\boldsymbol{w}^{\mathrm{T}}\boldsymbol{\mu}_1|^2}{\boldsymbol{w}^{\mathrm{T}}\boldsymbol{\Sigma}_0\boldsymbol{w}+\boldsymbol{w}^{\mathrm{T}}\boldsymbol{\Sigma}_1\boldsymbol{w}} = \frac{\boldsymbol{w}^{\mathrm{T}}(\boldsymbol{\mu}_0-\boldsymbol{\mu}_1)(\boldsymbol{\mu}_0-\boldsymbol{\mu}_1)^{\mathrm{T}}\boldsymbol{w}}{\boldsymbol{w}^{\mathrm{T}}(\boldsymbol{\Sigma}_0+\boldsymbol{\Sigma}_1)\boldsymbol{w}} = \frac{\boldsymbol{w}^{\mathrm{T}}\boldsymbol{S}_b\boldsymbol{w}}{\boldsymbol{w}^{\mathrm{T}}\boldsymbol{S}_{\boldsymbol{w}}\boldsymbol{w}}$$

即需要求解下面的极大化问题：

$$\max_{\boldsymbol{w}} \boldsymbol{J} = \frac{\boldsymbol{w}^{\mathrm{T}}\boldsymbol{S}_b\boldsymbol{w}}{\boldsymbol{w}^{\mathrm{T}}\boldsymbol{S}_{\boldsymbol{w}}\boldsymbol{w}} \tag{8.3}$$

这就是一维情形的 LDA 欲极大化的目标，即极大化矩阵 $\boldsymbol{S}_b$ 与 $\boldsymbol{S}_{\boldsymbol{w}}$ 的“广义瑞利商”。

下面来考虑问题 (8.3) 的求解。注意到问题 (8.3) 的分子和分母都是关于 $\boldsymbol{w}$ 的二次项，因此问题 (8.3) 的解与 $\boldsymbol{w}$ 的长度无关（若 $\boldsymbol{w}$ 是一个解，则对于任意常数 α，$\alpha\boldsymbol{w}$ 也是问题 (8.3) 的解），只与其方向有关。不失一般性，令 $\boldsymbol{w}^{\mathrm{T}}\boldsymbol{S}_{\boldsymbol{w}}\boldsymbol{w}=1$，则问题 (8.3) 等价于：

$$\begin{aligned}\min_{\boldsymbol{w}} \quad & -\boldsymbol{w}^{\mathrm{T}}\boldsymbol{S}_b\boldsymbol{w} \\ \text{s.t.} \quad & \boldsymbol{w}^{\mathrm{T}}\boldsymbol{S}_{\boldsymbol{w}}\boldsymbol{w}=1\end{aligned} \tag{8.4}$$

由拉格朗日乘子法，上式等价于无约束极小化问题：

$$\min_{\boldsymbol{w}} L(\boldsymbol{w},\lambda)=-\boldsymbol{w}^{\mathrm{T}}\boldsymbol{S}_b\boldsymbol{w}+\lambda(\boldsymbol{w}^{\mathrm{T}}\boldsymbol{S}_{\boldsymbol{w}}\boldsymbol{w}-1)$$

其中，λ 是拉格朗日乘子。令 $L(\boldsymbol{w},\lambda)$ 关于 $\boldsymbol{w}$ 的梯度等于零，得：

$$\nabla_{\boldsymbol{w}}L(\boldsymbol{w},\lambda)=-2\boldsymbol{S}_b\boldsymbol{w}+2\lambda\boldsymbol{S}_{\boldsymbol{w}}\boldsymbol{w}=\boldsymbol{0}$$

即：

$$\boldsymbol{S}_b\boldsymbol{w}=\lambda\boldsymbol{S}_{\boldsymbol{w}}\boldsymbol{w} \tag{8.5}$$

注意到

$$\boldsymbol{S}_b\boldsymbol{w}=(\boldsymbol{\mu}_0-\boldsymbol{\mu}_1)(\boldsymbol{\mu}_0-\boldsymbol{\mu}_1)^{\mathrm{T}}\boldsymbol{w}=[(\boldsymbol{\mu}_0-\boldsymbol{\mu}_1)^{\mathrm{T}}\boldsymbol{w}](\boldsymbol{\mu}_0-\boldsymbol{\mu}_1)$$

即 $\boldsymbol{S}_b\boldsymbol{w}$ 的方向恒为 $\boldsymbol{\mu}_0-\boldsymbol{\mu}_1$，不妨令

$$\boldsymbol{S}_b\boldsymbol{w}=\lambda(\boldsymbol{\mu}_0-\boldsymbol{\mu}_1) \tag{8.6}$$

代入式 (8.5) 即得：

$$\boldsymbol{w}=\boldsymbol{S}_{\boldsymbol{w}}^{-1}(\boldsymbol{\mu}_0-\boldsymbol{\mu}_1) \tag{8.7}$$

考虑到数值解的稳定性，在实践中通常对 $\boldsymbol{S}_{\boldsymbol{w}}$ 进行奇异值分解，即 $\boldsymbol{S}_{\boldsymbol{w}}=\boldsymbol{U}\boldsymbol{\Sigma}\boldsymbol{V}^{\mathrm{T}}$，这里 $\boldsymbol{\Sigma}$ 是一个实对角矩阵，其对角线上的元素是 $\boldsymbol{S}_{\boldsymbol{w}}$ 的奇异值，然后再由 $\boldsymbol{S}_{\boldsymbol{w}}^{-1}=\boldsymbol{V}\boldsymbol{\Sigma}^{-1}\boldsymbol{U}^{\mathrm{T}}$ 得到 $\boldsymbol{S}_{\boldsymbol{w}}^{-1}$。

下面考虑将 LDA 推广到多分类且向非一维的低维空间投影的情形。假定存在 ℓ 个类，且第 i 类样本数为 n_i。对于 ℓ 类分类问题，需要把特征向量投影到 $\ell-1$ 维的空间中去。此时，类内散布矩阵定义为各个类别的散布矩阵之和，即：

$$\boldsymbol{S}_{\boldsymbol{w}}=\sum_{i=1}^{\ell}\boldsymbol{S}_i \tag{8.8}$$

其中

$$\boldsymbol{S}_i=\sum_{\boldsymbol{x}\in D_i}(\boldsymbol{x}-\boldsymbol{\mu}_i)(\boldsymbol{x}-\boldsymbol{\mu}_i)^{\mathrm{T}} \tag{8.9}$$

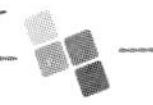

这里的 $\boldsymbol{\mu}_i$ 是第 i 类样本的均值向量。进一步，定义总体均值向量为：

$$\boldsymbol{\mu} = \frac{1}{n}\sum_{i=1}^{n}\boldsymbol{x}_i = \frac{1}{n}\sum_{i=1}^{\ell} n_i\boldsymbol{\mu}_i$$

定义总体散布矩阵为：

$$\boldsymbol{S}_T = \sum_{i=1}^{n}(\boldsymbol{x}_i - \boldsymbol{\mu})(\boldsymbol{x}_i - \boldsymbol{\mu})^{\mathrm{T}} \tag{8.10}$$

则有：

$$\begin{aligned}
\boldsymbol{S}_T &= \sum_{i=1}^{\ell}\sum_{\boldsymbol{x}\in D_i}(\boldsymbol{x} - \boldsymbol{\mu}_i + \boldsymbol{\mu}_i - \boldsymbol{\mu})(\boldsymbol{x} - \boldsymbol{\mu}_i + \boldsymbol{\mu}_i - \boldsymbol{\mu})^{\mathrm{T}} \\
&= \sum_{i=1}^{\ell}\sum_{\boldsymbol{x}\in D_i}(\boldsymbol{x} - \boldsymbol{\mu}_i)(\boldsymbol{x} - \boldsymbol{\mu}_i)^{\mathrm{T}} + \sum_{i=1}^{\ell}\sum_{\boldsymbol{x}\in D_i}(\boldsymbol{\mu}_i - \boldsymbol{\mu})(\boldsymbol{\mu}_i - \boldsymbol{\mu})^{\mathrm{T}} \\
&= \boldsymbol{S_w} + \sum_{i=1}^{\ell} n_i(\boldsymbol{\mu}_i - \boldsymbol{\mu})(\boldsymbol{\mu}_i - \boldsymbol{\mu})^{\mathrm{T}}
\end{aligned}$$

若定义类间散布矩阵为：

$$\boldsymbol{S}_b = \sum_{i=1}^{\ell} n_i(\boldsymbol{\mu}_i - \boldsymbol{\mu})(\boldsymbol{\mu}_i - \boldsymbol{\mu})^{\mathrm{T}} \tag{8.11}$$

则总体散布矩阵可以表示为类内散布矩阵与类间散布矩阵之和：

$$\boldsymbol{S}_T = \boldsymbol{S_w} + \boldsymbol{S_b}$$

相应地，从 m 维空间向 $\ell - 1$ 维空间投影变为矩阵与向量的乘积：

$$\boldsymbol{z} = \boldsymbol{W}^{\mathrm{T}}\boldsymbol{x}$$

其中，$\boldsymbol{W} \in \mathbb{R}^{m\times(\ell-1)}$ 是投影矩阵。显然，多分类 LDA 可以有多种实现方法：使用 $\boldsymbol{S}_b, \boldsymbol{S}_{\boldsymbol{w}}, \boldsymbol{S}_T$ 三者中的任何两个即可。

与前面一维情形的二分类 LDA 模型的推导类似（即投影后的类间距离尽可能大而类内距离尽可能小），可以得到最后的目标为求解下面的极大化问题：

$$\max_{\boldsymbol{W}} \frac{\operatorname{tr}(\boldsymbol{W}^{\mathrm{T}}\boldsymbol{S}_b\boldsymbol{W})}{\operatorname{tr}(\boldsymbol{W}^{\mathrm{T}}\boldsymbol{S_w}\boldsymbol{W})}$$

其中，$\operatorname{tr}(\cdot)$ 表示矩阵的迹。同样，将上述极大化问题转化为下面的约束优化问题：

$$\begin{aligned}
\min_{\boldsymbol{W}} &\quad -\operatorname{tr}(\boldsymbol{W}^{\mathrm{T}}\boldsymbol{S}_b\boldsymbol{W}) \\
\text{s.t.} &\quad \operatorname{tr}(\boldsymbol{W}^{\mathrm{T}}\boldsymbol{S_w}\boldsymbol{W}) = 1
\end{aligned} \tag{8.12}$$

利用拉格朗日乘子法，问题 (8.12) 可通过如下广义特征值问题求解：

$$\boldsymbol{S}_b\boldsymbol{W} = \lambda\boldsymbol{S}_w\boldsymbol{W} \tag{8.13}$$

即 $\boldsymbol{W}$ 的闭式解为 $\boldsymbol{S}_w^{-1}\boldsymbol{S}_b$ 的 $\ell-1$ 个最大广义特征值所对应的特征向量组成的矩阵。

不难发现，多分类 LDA 将样本数据投影到 $\ell-1$ 维空间，$\ell-1$ 通常远小于数据样本特征向量的维数 m。于是，可通过这种投影技术来减小样本点的维数，且投影过程中使用了类别信息，因此 LDA 也常被看作一种经典的监督降维技术。

值得说明的是，上面的做法只是完成了将样本向量投影到低维空间，并没有说明在这个空间中怎么分类。一种方案是：对于每个测试样本向量 $\boldsymbol{x}_{\text{test}}$，比较它与每个类的均值之差的（投影）距离，取最小距离的那个类作为分类的结果：

$$\arg\min_i \|\boldsymbol{W}^{\mathrm{T}}(\boldsymbol{x}_{\text{test}} - \boldsymbol{\mu}_i)\|$$

8.2 线性判别分析的 MATLAB 实现

本节考虑 LDA 的 MATLAB 实现。由于 MATLAB 内部没有封装 LDA 的函数，因此需要自己编制代码实现 LDA。首先考虑一维投影的 LDA，编制 MATLAB 函数程序如下（FisherLDA.m 文件）：

```
function [w]=FisherLDA(x1,x2)
%输入:x1为第1类样本,x2为第2类样本
%输出:w是最大特征值对应的特征向量
%第1步:计算样本均值向量
mu1=mean(x1);%第1类样本均值
mu2=mean(x2);%第2类样本均值
mu=mean([x1;x2]);%总样本均值
%第2步:计算类内散布矩阵Sw
n1=size(x1,1);%第1类样本数
n2=size(x2,1);%第2类样本数
%求第1类样本的散布矩阵S1
S1=0;
for i=1:n1
     S1=S1+(x1(i,:)-mu1)'*(x1(i,:)-mu1);
end
%求第2类样本的散列矩阵S2
S2=0;
for i=1:n2
    S2=S2+(x2(i,:)-mu2)'*(x2(i,:)-mu2);
end
Sw=S1+S2;
%第3步:计算类间散布矩阵Sb
Sb=(n1*(mu-mu1)'*(mu-mu1)+n2*(mu-mu2)'*(mu-mu2))/(n1+n2);
%第4步:求最大特征值和特征向量
```

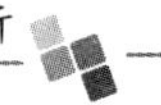

```
%[V,D]=eig(inv(Sw)*Sb);
[V,D]=eig(inv(Sw )*Sb);%特征向量V,特征值D
[~,b]=max(max(D));
w=V(:,b);%最大特征值对应的特征向量
```

例 8.1　用两类样本数据测试上述一维 LDA 程序，这两类数据为：

$$\boldsymbol{x}_1 = \begin{pmatrix} 2.532 & 6.798 \\ 2.952 & 6.531 \\ 3.268 & 5.471 \\ 3.572 & 5.658 \end{pmatrix}, \quad \boldsymbol{x}_2 = \begin{pmatrix} 2.121 & 4.232 \\ 2.265 & 6.227 \\ 2.583 & 3.468 \\ 3.078 & 3.522 \end{pmatrix}$$

程序如下（FisherLDA_Cls.m 文件）：

```
%LDA分类主程序
clear all; close all;
x1=[2.532 6.798; 2.952 6.531;3.268 5.471; 3.572 5.658];
x2=[2.121 4.232; 2.265 6.227; 2.583 3.468;3.078 3.522];
%样本投影前的散点图
plot(x1(:,1),x1(:,2),'*r');
hold on;
plot(x2(:,1),x2(:,2),'ob');
w=FisherLDA(x1,x2);
%样本投影后
new1=x1*w;%第1类的一维投影
new2=x2*w;%第2类的一维投影
k=w(2)/w(1); %投影直线的斜率
plot([-6,6],[-6*k,6*k],'-k');%画出投影直线
axis([-6 5 -4 8]);%坐标范围
%画出样本投影到子空间点
for i=1:4
    newx=new1(i);
    newy=k*newx;
    plot(newx,newy,'*r');
end
for i=1:4
    newx=new2(i);
    newy=k*newx;
    plot(newx,newy,'ob');
end
hold off;
legend('第1类','第2类','Location','NW')
```

运行上述程序，结果如图 8.2 所示。

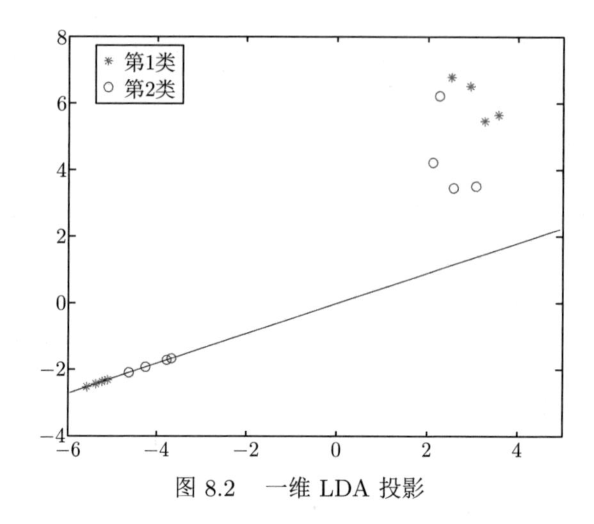

图 8.2　一维 LDA 投影

例 8.2　再来看一个 LDA 向二维空间投影的实例。采用 MATLAB 自带的鸢尾属植物数据集（Iris Data Set）。这个数据集中包括 3 类不同的鸢尾属植物：setosa，versicolor，virginica。每类收集了 50 个样本，因此这个数据集一共包含了 150 个样本。该数据集测量了所有 150 个样本的 4 个特征，分别是：花萼长度、花萼宽度、花瓣长度、花瓣宽度。这 4 个特征的单位都是厘米（cm）。该数据集在 MATLAB 中的名称为 fisheriris，其中的变量 meas 是一个 150×4 的矩阵，每一行是一个样本，每一列是样本的一个特征；变量 species 是一个 150 维的向量，存储了 150 个样本的标签（即 setosa、versicolor、virginica 3 个类别）。

使用 LDA 方法将 3 类样本从四维特征空间投影到二维平面，程序代码如下（LDA.m 文件）：

```
%向二维空间投影的LDA程序
function [W,centers]=LDA(X,y)
%X:n*m 矩阵,每一行是一个样本
%y:n维向量,每个分量是一个类标签
%W:m*(l-1)矩阵,将样本投影到(l-1)维空间
%centers:l*(l-1)矩阵,投影后的均值矩阵
[n, m]=size(X);%初始化
ClassL=unique(y);
l=length(ClassL);%类别数
nGroup=zeros(l,1);%类别数
GroupMean=zeros(l,m);%每一类样本的均值
W=zeros(l-1,m);%投影矩阵
centers=zeros(l,l-1);%投影后每一类的中心
Sb=zeros(m,m);%类间散布矩阵
Sw=zeros(m,m);%类内散布矩阵
%计算类内散布矩阵和类间散布矩阵
for i=1:l
    group=(y==ClassL(i));
```

```
        nGroup(i)=sum(double(group));
        GroupMean(i,:)=mean(X(group,:));
        tmp=zeros(m,m);
        for j=1:n
            if group(j)==i
                t=X(j,:)-GroupMean(i,:);
                tmp=tmp+t'*t;
            end
        end
        Sw=Sw+tmp;
    end
    mu=mean(GroupMean);
    for i=1:l
        tmp=GroupMean(i,:)-mu;
        Sb=Sb+nGroup(i)*tmp'*tmp;
    end
    %W变换矩阵由V的最大的l-1个特征值所对应的特征向量构成
    [P,S,Q]=svd(Sw,0);
    rSw=Q*inv(S)*P';
    V=rSw*Sb;[V,D]=eig(V);
    [V,D]=cdf2rdf(V,D);%将复对角特征矩阵转换成实的块对角矩阵
    W=V(:,1:l-1);
    % 计算投影后的中心值
    for i=1:l
        group=(y==ClassL(i));
        centers(i,:)=mean(X(group,:)*W);
    end
```

编制主程序如下（LDA_iris.m 文件）：

```
load fisheriris;%载入鸢尾属植物数据集
X=meas;
y=zeros(150,1);%将类标签转化为数字
y(strcmp(species,'setosa'))=1;
y(strcmp(species,'versicolor'))=2;
y(strcmp(species,'virginica'))=3;
[W,centers]=LDA(X,y)
Z=X*W;%计算投影
plot(Z(1:50,1),Z(1:50,2),'r*'); hold on;
plot(Z(51:100,1),Z(51:100,2),'bo');
plot(Z(101:150,1),Z(101:150,2),'mp');
hold off;
legend('setosa','versicolor','virginica','NE');
```

运行程序，得到如图 8.3 所示的可视化结果。

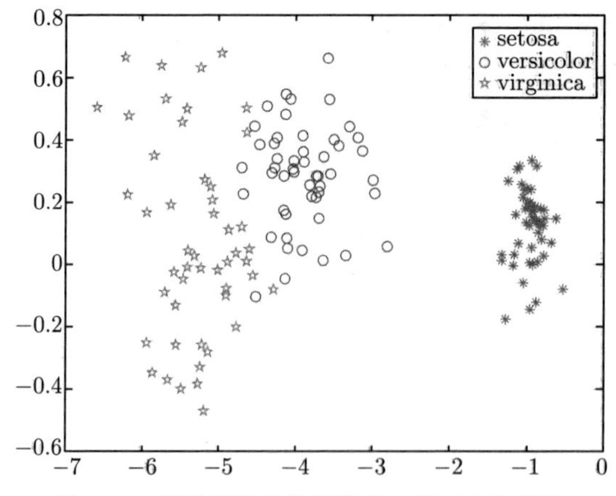

图 8.3　鸢尾属植物数据集的二维 LDA 投影

第 9 章 主成分分析法

在很多实际应用问题中，样本特征向量的维数往往很高。处理高维数据不仅会给算法的设计和运行带来挑战，而且不便于可视化处理分类结果。例如，对于一幅 96像素 $\times$ 96 像素的灰度图像，如果将其灰度矩阵按列拉直成一个向量，这个向量的维数将是 9216！直接将这个 9216 维的向量送入机器学习算法中处理，可能效率会很低，而且也影响算法的精度。然而，这个 9216 维的向量的各分量之间可能存在相关性和冗余性，有必要利用某种手段降低向量的维数并去除各分量之间的相关性和冗余性。主成分分析法（Principal Component Analysis，PCA）就是达到这种目的的方法之一。

9.1 主成分分析法的基本原理

主成分分析法是一种数据降维和去除相关性、冗余性的经典方法，它通过线性映射将高维特征向量投影到低维空间。设样本特征向量为 $\boldsymbol{x}=(x_1,x_2,\cdots,x_m)^{\mathrm{T}}$，投影矩阵为 $\boldsymbol{W}=[\boldsymbol{w}_1,\boldsymbol{w}_2,\cdots,\boldsymbol{w}_\ell]^{\mathrm{T}}$，其中 $\boldsymbol{w}_i=(w_{i1},w_{i2},\cdots,w_{im})^{\mathrm{T}}$，$i=1,2,\cdots,\ell$，则主成分分析法的线性变换为：

$$\boldsymbol{y}=\boldsymbol{W}\boldsymbol{x} \tag{9.1}$$

这里，$\boldsymbol{y}=(y_1,y_2,\cdots,y_\ell)^{\mathrm{T}}$ 是投影后的低维向量，通常 $\ell<<m$，也就是结果向量 $\boldsymbol{y}$ 的维数 ℓ 要远小于原始向量 $\boldsymbol{x}$ 的维数 m。另外，数据降维不是随意把维数降低，而是需要确保重构误差最小化，即在低维空间中的投影能很好地近似表达原始向量。

主成分分析法的核心问题是如何确定投影矩阵 $\boldsymbol{W}$。与其他机器学习算法一样，它是通过优化目标函数而得到的。我们从最简单的情况开始，即先考虑将向量投影到 0 维空间（即一个点）和 1 维空间（即一条直线），然后推广到一般情况。

对于 m 维空间中的 n 个样本特征向量 $\boldsymbol{x}_1,\boldsymbol{x}_2,\cdots,\boldsymbol{x}_n$，考虑如何能在低维空间中最好地代表它们。

（1）首先考虑 0 维空间时的情况，即考虑在 0 维空间（一个点）中，如何以一个 m 维向量 $\bar{\boldsymbol{x}}$（m 维空间中的一个点）来表示这 n 个样本，使得 $\bar{\boldsymbol{x}}$ 到这 n 个样本的距离平方和 $E_0(\bar{\boldsymbol{x}})$ 最小，即：

$$\min_{\bar{\boldsymbol{x}}} E_0(\bar{\boldsymbol{x}})=\frac{1}{2}\sum_{i=1}^{n}\|\bar{\boldsymbol{x}}-\boldsymbol{x}_i\|^2$$

令 $\nabla_{\bar{\boldsymbol{x}}}E_0(\bar{\boldsymbol{x}})=\mathbf{0}$，得：

$$\nabla_{\bar{\boldsymbol{x}}}E_0(\bar{\boldsymbol{x}})=\sum_{i=1}^{n}(\bar{\boldsymbol{x}}-\boldsymbol{x}_i)=\mathbf{0} \implies \bar{\boldsymbol{x}}=\frac{1}{n}\sum_{i=1}^{n}\boldsymbol{x}_i$$

即 $E_0(\bar{\boldsymbol{x}})$ 在样本 $\boldsymbol{x}_i\,(i=1,2,\cdots,n)$ 的均值处取得最小值。这一结论表明能够在最小均方意义下最好地代表原来 n 个样本的 m 维向量就是这 n 个样本的均值。换言之，如果只允许以 m 维空间中的一个点作为 m 维空间中原始 n 个样本点的代表，那么这个点就是这 n 个样本点的均值。

（2）其次考虑向 1 维空间投影。为使样本具有可分区性，进一步考虑 1 维（m 维空间中的一条直线）的情况，通过将全部样本向经过样本均值 $\boldsymbol{\mu}$ 的一条直线做垂直投影，能够得到全部样本的 1 维表达。令 $\boldsymbol{w}$ 表示这条经过均值的直线的单位方向向量，则样本 $\boldsymbol{x}_i$ 可表示为：

$$\boldsymbol{x}_i=\boldsymbol{\mu}+\alpha_i\boldsymbol{w}$$

其中，α_i 为一个实数的标量，表示点 $\boldsymbol{x}_i$ 离开均值 $\boldsymbol{\mu}$ 的距离。上面这种表示相当于将向量 $\boldsymbol{x}_i$ 投影到 1 维空间，坐标就是 α_i。于是问题转化为如何确定 $\boldsymbol{w}$ 和 α_i，使得这种近似表达的误差最小。这相当于求解如下极小化问题：

$$\min_{\boldsymbol{w},\alpha_i} E_1(\boldsymbol{w},\alpha_i)=\frac{1}{2}\sum_{i=1}^{n}\|(\boldsymbol{\mu}+\alpha_i\boldsymbol{w})-\boldsymbol{x}_i\|^2 \tag{9.2}$$

先确定 α_i 的取值。令

$$\frac{\partial E_1}{\partial \alpha_i}=\boldsymbol{w}^{\mathrm{T}}(\boldsymbol{\mu}+\alpha_i\boldsymbol{w}-\boldsymbol{x}_i)=0$$

由于 $\boldsymbol{w}^{\mathrm{T}}\boldsymbol{w}=1$，由上式可得：

$$\alpha_i=\boldsymbol{w}^{\mathrm{T}}(\boldsymbol{x}_i-\boldsymbol{\mu}),\ i=1,2,\cdots,n \tag{9.3}$$

式 (9.3) 表明，坐标 α_i 就是样本 $\boldsymbol{x}_i$ 与均值 $\boldsymbol{\mu}$ 的差在单位方向向量 $\boldsymbol{w}$ 上的投影。现在的问题就是如何确定单位方向向量 $\boldsymbol{w}$ 的值。

下面我们来推导确定 $\boldsymbol{w}$ 的过程。定义训练样本集的散布矩阵如下：

$$\boldsymbol{S}=\sum_{i=1}^{n}(\boldsymbol{x}_i-\boldsymbol{\mu})(\boldsymbol{x}_i-\boldsymbol{\mu})^{\mathrm{T}} \tag{9.4}$$

它是样本协方差矩阵 $\boldsymbol{\Sigma}$ 的 $n-1$ 倍，样本协方差矩阵的计算公式为：

$$\boldsymbol{\Sigma}=\frac{1}{n-1}\sum_{i=1}^{n}(\boldsymbol{x}_i-\boldsymbol{\mu})(\boldsymbol{x}_i-\boldsymbol{\mu})^{\mathrm{T}}$$

将式 (9.3) 代入问题 (9.2) 消去 α_i 得：

$$\begin{aligned}E_1(\boldsymbol{w},\alpha_i)&=\frac{1}{2}\sum_{i=1}^{n}\|\alpha_i\boldsymbol{w}-(\boldsymbol{x}_i-\boldsymbol{\mu})\|^2\\&=\frac{1}{2}\Big(\sum_{i=1}^{n}\alpha_i^2\|\boldsymbol{w}\|^2-2\sum_{i=1}^{n}\alpha_i\boldsymbol{w}^{\mathrm{T}}(\boldsymbol{x}_i-\boldsymbol{\mu})+\sum_{i=1}^{n}\|\boldsymbol{x}_i-\boldsymbol{\mu}\|^2\Big)\end{aligned}$$

$$
\begin{aligned}
&= -\frac{1}{2}\sum_{i=1}^{n}\alpha_i^2 + \frac{1}{2}\sum_{i=1}^{n}\|\boldsymbol{x}_i - \boldsymbol{\mu}\|^2 \\
&= -\frac{1}{2}\sum_{i=1}^{n}\left[\boldsymbol{w}^{\mathrm{T}}(\boldsymbol{x}_i - \boldsymbol{\mu})\right]^2 + \frac{1}{2}\sum_{i=1}^{n}\|\boldsymbol{x}_i - \boldsymbol{\mu}\|^2 \\
&= -\frac{1}{2}\sum_{i=1}^{n}\boldsymbol{w}^{\mathrm{T}}(\boldsymbol{x}_i - \boldsymbol{\mu})(\boldsymbol{x}_i - \boldsymbol{\mu})^{\mathrm{T}}\boldsymbol{w} + \frac{1}{2}\sum_{i=1}^{n}\|\boldsymbol{x}_i - \boldsymbol{\mu}\|^2 \\
&= -\frac{1}{2}\boldsymbol{w}^{\mathrm{T}}\Big(\sum_{i=1}^{n}(\boldsymbol{x}_i - \boldsymbol{\mu})(\boldsymbol{x}_i - \boldsymbol{\mu})^{\mathrm{T}}\Big)\boldsymbol{w} + \frac{1}{2}\sum_{i=1}^{n}\|\boldsymbol{x}_i - \boldsymbol{\mu}\|^2 \\
&= -\frac{1}{2}\boldsymbol{w}^{\mathrm{T}}\boldsymbol{S}\boldsymbol{w} + \frac{1}{2}\sum_{i=1}^{n}\|\boldsymbol{x}_i - \boldsymbol{\mu}\|^2
\end{aligned} \tag{9.5}
$$

在式 (9.5) 中，第二项与 $\boldsymbol{w}$ 无关，显然，要想让 $E_1(\boldsymbol{w})$ 极小，只要使第一项极小即可。注意到 $\boldsymbol{w}$ 为单位向量，因此有约束条件 $\|\boldsymbol{w}\| = 1$，这个约束条件等价于 $\boldsymbol{w}^{\mathrm{T}}\boldsymbol{w} = 1$，因此问题 (9.2) 等价于：

$$
\begin{aligned}
&\min\ -\frac{1}{2}\boldsymbol{w}^{\mathrm{T}}\boldsymbol{S}\boldsymbol{w}, \\
&\text{s.t. } \boldsymbol{w}^{\mathrm{T}}\boldsymbol{w} = 1
\end{aligned} \tag{9.6}
$$

上述优化问题可采用拉格朗日乘子法求解，构造拉格朗日函数：

$$
L(\boldsymbol{w}, \lambda) = -\frac{1}{2}\boldsymbol{w}^{\mathrm{T}}\boldsymbol{S}\boldsymbol{w} + \frac{\lambda}{2}(\boldsymbol{w}^{\mathrm{T}}\boldsymbol{w} - 1)
$$

令

$$
\frac{\partial L(\boldsymbol{w}, \lambda)}{\partial \boldsymbol{w}} = -\boldsymbol{S}\boldsymbol{w} + \lambda\boldsymbol{w} = \boldsymbol{0}
$$

得到：

$$
\boldsymbol{S}\boldsymbol{w} = \lambda\boldsymbol{w} \tag{9.7}
$$

式 (9.7) 中的 $\boldsymbol{S}$ 为一个 m 阶方阵，$\boldsymbol{w}$ 是一个 m 维向量，λ 为一个实数。显然，这是线性代数中特征方程的典型形式，λ 是特征值，而 $\boldsymbol{w}$ 是散布矩阵 $\boldsymbol{S}$ 的特征向量。对式 (9.7) 稍加变形，两边同时左乘 $\boldsymbol{w}^{\mathrm{T}}$，得：

$$
\boldsymbol{w}^{\mathrm{T}}\boldsymbol{S}\boldsymbol{w} = \lambda\boldsymbol{w}^{\mathrm{T}}\boldsymbol{w} = \lambda \tag{9.8}
$$

至此，可以很自然地得出结论：为了最大化 $\boldsymbol{w}^{\mathrm{T}}\boldsymbol{S}\boldsymbol{w}$，应当选取散布矩阵 $\boldsymbol{S}$ 的最大特征值所对应的特征向量作为投影直线 $\boldsymbol{w}$ 的方向。也就是说，通过将全部 n 个样本 $\boldsymbol{x}_1, \boldsymbol{x}_2, \cdots, \boldsymbol{x}_n$ 投影至以散布矩阵最大特征值对应的特征向量为方向的直线，可以得到最小平方误差意义下这 n 个样本的 1 维表示 $\alpha_1, \alpha_2, \cdots, \alpha_n$。投影至直线 $\boldsymbol{w}$ 之后，在新的 1 维空间（一条直线）中，单位向量 $\boldsymbol{w}$ 成为唯一的 1 个基，那么在这个 1 维空间中的某个样本 $\boldsymbol{x}_i'$ 就可以由这个基向量 $\boldsymbol{w}$ 表示为：

$$\boldsymbol{x}_i' = \boldsymbol{\mu} + \alpha_i \boldsymbol{w} \tag{9.9}$$

此时，$\boldsymbol{x}_i'$ 就是原始样本 $\boldsymbol{x}_i$ 经过投影变换降维后的 1 维描述。注意到，在 1 维空间中以基 $\boldsymbol{w}$ 的系数将它表示为 1 维向量 $\boldsymbol{x}_i^{(1)} = (\alpha_i)$。

下面我们将 1 维投影推广至 ℓ 维空间的投影，这里 $\ell << m$。将式 (9.9) 重写为：

$$\boldsymbol{x}_i = \boldsymbol{\mu} + \sum_{k=1}^{\ell} \alpha_{ik} \boldsymbol{w}_k \tag{9.10}$$

这里，$\boldsymbol{w}_k$ 是单位向量并且相互正交。记 $\boldsymbol{W} = (\boldsymbol{w}_1, \boldsymbol{w}_2, \cdots, \boldsymbol{w}_\ell)^{\mathrm{T}} \in \mathbb{R}^{\ell \times m}$，则新的均方误差准则函数为：

$$\min_{\boldsymbol{W}, \alpha_{ik}} E_\ell(\boldsymbol{W}, \alpha_{ik}) = \sum_{i=1}^{n} \left\| \left(\boldsymbol{\mu} + \sum_{k=1}^{\ell} \alpha_{ik} \boldsymbol{w}_k \right) - \boldsymbol{x}_i \right\|^2$$

与 1 维情形的推导类似，上式等价于求解下面的优化问题：

$$\begin{aligned} &\min_{\boldsymbol{W}} \ -\mathrm{tr}(\boldsymbol{W}^{\mathrm{T}} \boldsymbol{S} \boldsymbol{W}), \\ &\text{s.t.} \ \ \boldsymbol{W}^{\mathrm{T}} \boldsymbol{W} = \boldsymbol{I} \end{aligned} \tag{9.11}$$

其中，tr 表示矩阵的迹，$\boldsymbol{I}$ 为单位矩阵，该等式约束保证投影基向量为标准正交基，矩阵 $\boldsymbol{W}$ 的行向量 $\boldsymbol{w}_i (i = 1, 2, \cdots, \ell)$ 是要求解的基向量。

引入问题 (9.11) 的拉格朗日函数：

$$L(\boldsymbol{W}, \lambda) = -\mathrm{tr}(\boldsymbol{W}^{\mathrm{T}} \boldsymbol{S} \boldsymbol{W}) + \lambda(\boldsymbol{W}^{\mathrm{T}} \boldsymbol{W} - \boldsymbol{I})$$

令

$$\frac{\partial L(\boldsymbol{W}, \lambda)}{\partial \boldsymbol{W}} = -2\boldsymbol{S}\boldsymbol{W} + 2\lambda \boldsymbol{W} = \boldsymbol{0}$$

得到：

$$\boldsymbol{S}\boldsymbol{W} = \lambda \boldsymbol{W} \tag{9.12}$$

这里，散布矩阵 $\boldsymbol{S}$ 定义如式 (9.4) 所示，即使得误差函数 E_ℓ 取极小值的向量 $\boldsymbol{w}_1, \boldsymbol{w}_2, \cdots, \boldsymbol{w}_\ell$ 分别为散布矩阵 $\boldsymbol{S}$ 的前 ℓ 个（从大到小）特征值所对应的特征向量。

因为散布矩阵 $\boldsymbol{S}$ 为实对称矩阵，因此这些特征向量都是彼此正交的。特征向量 $\boldsymbol{w}_1$, $\boldsymbol{w}_2, \cdots, \boldsymbol{w}_\ell$ 就构成了在低维空间（ℓ 维）中的一组基向量，任何一个属于此 ℓ 维空间的向量 $\boldsymbol{x}_i'$ 均可由这组基向量表示：

$$\boldsymbol{x}_i' = \boldsymbol{\mu} + \sum_{k=1}^{\ell} \alpha_{ik} \boldsymbol{w}_k \tag{9.13}$$

其中

$$\alpha_{ik} = \boldsymbol{w}_k^{\mathrm{T}}(\boldsymbol{x}_i - \boldsymbol{\mu}),\ k = 1, 2, \cdots, \ell \tag{9.14}$$

式 (9.13) 中对应于基向量 $\boldsymbol{w}_1, \boldsymbol{w}_2, \cdots, \boldsymbol{w}_\ell$ 的系数 $\alpha_{i1}, \alpha_{i2}, \cdots, \alpha_{i\ell}$ 被称作主成分（Principal Component），ℓ 维向量 $\boldsymbol{x}_i^{(\ell)} = (\alpha_{i1}, \alpha_{i2}, \cdots, \alpha_{i\ell})$ 即为原样本 $\boldsymbol{x}_i$ 在由基向量 $\boldsymbol{w}_1, \boldsymbol{w}_2, \cdots, \boldsymbol{w}_\ell$ 所张成的 ℓ 维空间中的低维表示，而 $\boldsymbol{x}_i'$ 实际上是对原样本 $\boldsymbol{x}_i$ 的一种近似，且近似的程度随着 ℓ 的增大而增加，这一过程可以看作是对原样本 $\boldsymbol{x}_i$ 的重构。在这个意义上，常将式 (9.14) 通过投影计算系数 α_{ik} 的过程称为分解，而将式 (9.13) 在变换空间中计算 $\boldsymbol{x}_i'$ 的过程称为重构。

从式 (9.12) 可知，只需对散布矩阵 $\boldsymbol{S}$ 进行特征值分解，将求得的特征值排序：$\lambda_1 \geqslant \lambda_2 \geqslant \cdots \geqslant \lambda_m$，再取前 ℓ 个特征值对应的特征向量构成 $\boldsymbol{W} = [\boldsymbol{w}_1, \boldsymbol{w}_2, \cdots, \boldsymbol{w}_\ell]^{\mathrm{T}}$，就是主成分分析法（PCA）的解。PCA 算法的流程如下。

算法 9.1 (PCA 算法)

输入：样本集 $D = \{\boldsymbol{x}_1, \boldsymbol{x}_2, \cdots, \boldsymbol{x}_n\}$，低维空间的维数为 ℓ。

输出：投影矩阵 $\boldsymbol{W} = [\boldsymbol{w}_1, \boldsymbol{w}_2, \cdots, \boldsymbol{w}_\ell]^{\mathrm{T}}$。

（1）计算训练样本 $\boldsymbol{x}_i$ 的均值向量 $\boldsymbol{\mu} = \dfrac{1}{n}\sum\limits_{i=1}^{n} \boldsymbol{x}_i$。

（2）对所有样本进行中心化：$\boldsymbol{x}_i := \boldsymbol{x}_i - \boldsymbol{\mu}(i = 1, 2, \cdots, n)$，并置 $\boldsymbol{X} = (\boldsymbol{x}_1, \boldsymbol{x}_2, \cdots, \boldsymbol{x}_n)$。

（3）计算样本的协方差矩阵 $\boldsymbol{S} = \dfrac{1}{n-1}\boldsymbol{X}\boldsymbol{X}^{\mathrm{T}}$。

（4）对矩阵 $\boldsymbol{S}$ 进行特征分解，得到所有的特征值与特征向量。

（5）取最大的 ℓ 个特征值所对应的特征向量 $\boldsymbol{w}_1, \boldsymbol{w}_2, \cdots, \boldsymbol{w}_\ell$。

PCA 算法仅需保留 $\boldsymbol{W}$ 与样本的均值向量即可通过简单的向量减法和矩阵–向量乘法将新样本投影至低维空间中。显然，低维空间与原始高维空间必有不同，因为对应于最小的 $m - \ell$ 个特征值的特征向量被舍弃了，这是降维导致的结果。但舍弃这部分信息往往是必要的：一方面，舍弃这部分信息之后能使样本的采样密度增大，这正是降维的重要动机；另一方面，当数据受到噪声影响时，最小的特征值所对应的特征向量往往与噪声有关，将它们舍弃能在一定程度上起到去噪的作用。

通过算法 9.1 得到投影矩阵 $\boldsymbol{W}$ 后，就可以对原始样本特征向量进行降维，将其投影到低维空间了。投影的操作流程是：

（1）将每个样本向量 $\boldsymbol{x}_i$ $(i = 1, 2, \cdots, n)$ 减去所有样本的均值向量 $\boldsymbol{\mu}$（即中心化）。

（2）投影矩阵 $\boldsymbol{W}$ 乘以中心化后的向量，得到降维后的低维向量 $\boldsymbol{z}_i$，即 $\boldsymbol{z}_i = \boldsymbol{W}(\boldsymbol{x}_i - \boldsymbol{\mu})$ $(i = 1, 2, \cdots, n)$。

接下来就是向量重构的问题。向量重构是指根据投影后的低维向量来恢复原始向量，它与向量投影的过程刚好相反。其操作流程为：

（1）投影矩阵的转置乘以降维后的低维向量 $\boldsymbol{z}_i$ $(i = 1, 2, \cdots, n)$。

（2）加上均值向量 $\boldsymbol{\mu}$，得到原始向量的重构，即 $\hat{\boldsymbol{x}}_i = \boldsymbol{W}^{\mathrm{T}}\boldsymbol{z}_i + \boldsymbol{\mu}$ $(i = 1, 2, \cdots, n)$。

为了巩固 PCA 算法的理论并掌握其计算的要点，我们来看一个 PCA 计算的实例。

例 9.1 利用 PCA 算法计算下面二维数据集合的主要成分分量，并将数据投影至一维和二维。然后，尝试利用 1 个和 2 个主成分实现对第 1 个样本的重构。

$$X=\{(6,5)^{\mathrm{T}},(3,2)^{\mathrm{T}},(5,4)^{\mathrm{T}},(5,6)^{\mathrm{T}},(1,3)^{\mathrm{T}}\}$$

计算步骤如下：

（1）计算协方差矩阵 $\boldsymbol{S}$ 的特征向量。容易计算样本均值向量为 $\boldsymbol{\mu}=(4,4)^{\mathrm{T}}$，故协方差矩阵 $\boldsymbol{S}$ 为：

$$\boldsymbol{S}=\frac{1}{4}\sum_{i=1}^{5}(\boldsymbol{x}_i-\boldsymbol{\mu})(\boldsymbol{x}_i-\boldsymbol{\mu})^{\mathrm{T}}=\frac{1}{4}\begin{pmatrix}16 & 9\\ 9 & 10\end{pmatrix}=\begin{pmatrix}4.00 & 2.25\\ 2.25 & 2.50\end{pmatrix}$$

接下来，解特征方程 $\boldsymbol{S}\boldsymbol{w}=\lambda\boldsymbol{w}$，即：

$$|\,\boldsymbol{S}-\lambda\boldsymbol{I}\,|=\begin{vmatrix}4.00-\lambda & 2.25\\ 2.25 & 2.50-\lambda\end{vmatrix}=0$$

得 $\lambda_1=5.6217,\lambda_2=0.8783$。再将 λ_1 和 λ_2 分别代入特征方程,解得 $\boldsymbol{w}_1=(0.8112,0.5847)^{\mathrm{T}}$，$\boldsymbol{w}_2=(-0.5847,0.8112)^{\mathrm{T}}$。我们注意到，$\boldsymbol{w}_1$ 和 $\boldsymbol{w}_2$ 是彼此正交的单位向量。

（2）投影至一维。通过将 5 个样本向其主轴 $\boldsymbol{w}_1$ 投影，可以得到这 5 个样本点的一维表示。根据 $\alpha_{i1}=\boldsymbol{w}_1^{\mathrm{T}}(\boldsymbol{x}_i-\boldsymbol{\mu})$，$i=1,2,\cdots,5$，可得：

$$\alpha_{11}=2.2072,\ \alpha_{21}=-1.9807,\ \alpha_{31}=0.8112,\ \alpha_{41}=1.9807,\ \alpha_{51}=-3.0184$$

从而一维表示为：

$$\boldsymbol{x}_1^{(1)}=2.2072,\ \boldsymbol{x}_2^{(1)}=-1.9807,\ \boldsymbol{x}_3^{(1)}=0.8112,\ \boldsymbol{x}_4^{(1)}=1.9807,\ \boldsymbol{x}_5^{(1)}=-3.0184$$

（3）投影至二维。类似地，再向主轴 $\boldsymbol{w}_2$ 投影，根据 $\alpha_{i2}=\boldsymbol{w}_2^{\mathrm{T}}(\boldsymbol{x}_i-\boldsymbol{\mu})$，$i=1,2,\cdots,8$，可得：

$$\alpha_{12}\ -0.3582,\ \alpha_{22}=-1.0378,\ \alpha_{32}=-0.5847,\ \alpha_{42}=1.0378,\ \alpha_{52}=0.9429$$

从而二维表示为：

$$\boldsymbol{x}_1^{(2)}=(2.2072,-0.3582)^{\mathrm{T}},\ \boldsymbol{x}_2^{(2)}=(-1.9807,-1.0378)^{\mathrm{T}},\ \boldsymbol{x}_3^{(2)}=(0.8112,-0.5847)^{\mathrm{T}},$$
$$\boldsymbol{x}_4^{(2)}=(1.9807,1.0378)^{\mathrm{T}},\ \boldsymbol{x}_5^{(2)}=(-3.0184,0.9429)^{\mathrm{T}}$$

（4）重构。如果仅利用第 1 个主成分分量实现对样本 $\boldsymbol{x}_1$ 的近似（重构），则

$$\boldsymbol{x}_1'=\boldsymbol{\mu}+\alpha_{11}\boldsymbol{w}_1=(5.7906,5.2906)^{\mathrm{T}}$$

近似程度可以用 $\boldsymbol{x}_1'$ 与原样本 $\boldsymbol{x}_1$ 的欧氏距离来衡量：

$$\mathrm{dist}^{(1)}=\|\boldsymbol{x}_1'-\boldsymbol{x}_1\|=\sqrt{(6-5.7906)^2+(5-5.2906)^2}=0.3582$$

利用 2 个主成分分量实现对样本 $\boldsymbol{x}_1$ 的近似（重构），得：

$$\boldsymbol{x}_1' = \boldsymbol{\mu} + \alpha_{11}\boldsymbol{w}_1 + \alpha_{12}\boldsymbol{w}_2 = (6.0000, 5.0000)^{\mathrm{T}}$$

而 $\mathrm{dist}^{(2)} = \|\boldsymbol{x}_1' - \boldsymbol{x}_1\| = 0.0000$。我们注意到，$\mathrm{dist}^{(2)} \leqslant \mathrm{dist}^{(1)}$，这与之前给出的近似程度随着主成分分量数目增大而增加的结论是一致的。

9.2　核主成分分析法

主成分分析法是一种线性降维方法，它假设从高维空间到低维空间的函数映射是线性的。然而，在现实的不少学习任务中，可能需要非线性映射才能找到恰当的低维嵌入。非线性降维的一种常用方法是基于核技巧对线性降维方法进行“核化”。下面我们来推导主成分分析法的核化过程，核化后的主成分分析法称为核主成分分析法，简记为 KPCA。

假定我们将在高维特征空间中把数据投影到由 $\boldsymbol{W} = [\boldsymbol{w}_1, \boldsymbol{w}_2, \cdots, \boldsymbol{w}_\ell]^{\mathrm{T}}$ 确定的超平面上，核化映射 ϕ 将原始数据 $\boldsymbol{x}_i$ 映射到高维特征空间，即：

$$\boldsymbol{z}_k = \phi(\boldsymbol{x}_k - \boldsymbol{\mu}),\ k = 1, 2, \cdots, n \tag{9.15}$$

则对于 $\boldsymbol{w}_i$，由式 (9.12) 有：

$$\left(\sum_{k=1}^{n} \boldsymbol{z}_k \boldsymbol{z}_k^{\mathrm{T}}\right)\boldsymbol{w}_i = \lambda_i \boldsymbol{w}_i \tag{9.16}$$

易知：

$$\boldsymbol{w}_i = \frac{1}{\lambda_i}\left(\sum_{k=1}^{n} \boldsymbol{z}_k \boldsymbol{z}_k^{\mathrm{T}}\right)\boldsymbol{w}_i = \sum_{k=1}^{n} \boldsymbol{z}_k \frac{\boldsymbol{z}_k^{\mathrm{T}}\boldsymbol{w}_i}{\lambda_i} = \sum_{k=1}^{n} \alpha_k^i \boldsymbol{z}_k \tag{9.17}$$

其中

$$\alpha_k^i = \frac{1}{\lambda_i}\boldsymbol{z}_k^{\mathrm{T}}\boldsymbol{w}_i$$

是向量 $\boldsymbol{\alpha}^i$ 的第 k 个分量。将式 (9.15) 代入式 (9.16) 可得：

$$\left(\sum_{k=1}^{n} \phi(\boldsymbol{x}_k - \boldsymbol{\mu})\phi(\boldsymbol{x}_k - \boldsymbol{\mu})^{\mathrm{T}}\right)\boldsymbol{w}_i = \lambda_i \boldsymbol{w}_i \tag{9.18}$$

于是，式 (9.17) 变换为：

$$\boldsymbol{w}_i = \sum_{k=1}^{n} \alpha_k^i \phi(\boldsymbol{x}_k - \boldsymbol{\mu}) \tag{9.19}$$

一般情形下，我们不清楚核映射 ϕ 的具体形式，于是引入核函数：

$$K(\boldsymbol{x}_i, \boldsymbol{x}_k) = \phi(\boldsymbol{x}_i - \boldsymbol{\mu})^{\mathrm{T}}\phi(\boldsymbol{x}_k - \boldsymbol{\mu}) \tag{9.20}$$

将式 (9.19) 和式 (9.20) 代入式 (9.18) 后化简可得：

$$\boldsymbol{K}\boldsymbol{\alpha}^i = \lambda_i \boldsymbol{\alpha}^i, \tag{9.21}$$

其中，$\boldsymbol{K}$ 为核函数 $K(\cdot,\cdot)$ 对应的核矩阵，$(\boldsymbol{K})_{ik} = K(\boldsymbol{x}_i, \boldsymbol{x}_k)$，$\boldsymbol{\alpha}^i = (\alpha_1^i, \alpha_2^i, \cdots, \alpha_n^i)^{\mathrm{T}}$。显然，式 (9.21) 是特征值问题，取 $\boldsymbol{K}$ 最大的 ℓ 个特征值对应的特征向量即可。

对新样本 $\boldsymbol{x}$，其投影后的第 $i\,(i = 1, 2, \cdots, \ell)$ 维坐标为：

$$\begin{aligned} z_i = \boldsymbol{w}_i^{\mathrm{T}} \phi(\boldsymbol{x} - \boldsymbol{\mu}) &= \sum_{k=1}^{n} \alpha_k^i \phi(\boldsymbol{x}_k - \boldsymbol{\mu})^{\mathrm{T}} \phi(\boldsymbol{x} - \boldsymbol{\mu}) \\ &= \sum_{k=1}^{n} \alpha_k^i K(\boldsymbol{x}_k, \boldsymbol{x}) \end{aligned} \tag{9.22}$$

其中，$\boldsymbol{\alpha}^i$ 已经过规范化，α_k^i 是 $\boldsymbol{\alpha}^i$ 的第 k 个分量。式 (9.22) 显示出，为获得投影后的坐标，KPCA 需对所有样本求和，因此它的计算开销较大。

9.3 PCA 算法的 MATLAB 实现

MATLAB 实现了对 PCA 算法的封装，提供了一个实现 PCA 功能的函数 pca(·)，其调用格式为：

```
coeff = pca(X);
coeff = pca(X,Name,Value);
[coeff, score, latent] = pca(_____);
[coeff, score, latent, tsquared] = pca(_____);
[coeff, score, latent, tsquared, explained,mu] = pca(_____);
```

输入参数说明:

（1）X 为数据集，假设有 n 个样本，每个样本 m 维，则 X 是一个 $n \times m$ 的矩阵，即每一行是一个样本，每一列是样本的一个特征。

（2）Name, Value 是成对出现的参数名称及其取值，通常有下列几种情形。

① 'Algorithm'（算法），该参数的取值有 3 种：（a）'svd'，奇异值分解，这是默认设置；（b）'eig'，特征分解；（c）'als'，交替最小二乘法。由于 PCA 涉及求散布矩阵的特征向量，在 MATLAB 中有 3 种算法，默认使用奇异值分解法，但当 $n \gg m$ 时，特征分解的速度要比奇异值分解快。交替最小二乘法是为了处理数据集 X 中有少许缺失数据的情况，但是当 X 为稀疏数据集（缺失数据过多）时不好用。

② 'Centered'（是否中心化），该参数有两种取值：（a）'on'（默认中心化），（b）'off'。该参数的作用是选择是否对数据进行中心化，即数据的特征是否进行零均值化（即按列减去均值，如果选择了 'on'，则可用 score*coeff' 恢复中心化后的 X；若选择了 'off'，则可用 score*coeff' 恢复原始的 X。

③'Economy'（经济模式），该参数有两种取值：（a）'on'（默认），（b）'off'。有时候输出的 coeff（$m \times m$ 矩阵）过大，而且是没有必要的（因为要降维），所以可以只输出 coeff

（以及 score, latent）的前 ℓ 列，ℓ 是低维空间的维数，这个参数值默认是 'on'。如果要看见完整的 PCA 结果，则可以设置为 'off'。

④'NumComponents'（指定的成分数），这个参数有两种取值：(a) number of variables（默认），(b) scalar integer。输出指定的成分数是更为灵活的 Economy，但是经过试验发现指定成分数仅在小于 ℓ 时有效，大于 ℓ 时无效。默认是 number of variables （即 m，特征个数）。

输出参数说明：

（1）coeff 为主成分系数，就是散布矩阵（协方差矩阵）的特征向量矩阵（也就是投影矩阵）。完整输出的情况下是一个 $m \times m$ 矩阵。每一列都是一个特征向量，按对应的特征值的大小从大到小进行排列。

（2） score 为 $n \times m$ 矩阵，满足 score = X * coeff。注意，如果使用 pca 时默认中心化（即不对 'Centered' 设置 'off'），拿 X*coeff 和 score 对比时，必须将 X 中心化后再乘以 coeff，然后再和 score 对比。同样，如果 pca 使用的是默认值，恢复的 X = score * coeff' （注意转置）是中心化后的数据。

（3）latent 为主成分方差，也就是各特征向量对应的特征值，从大到小进行排列。

（4）tsquared 为 t^2 统计量。

（5）explained 为每一个主成分所贡献的比例，可以更直观地选择所需要降维的维数。

（6）mu 为 X 按列的均值，仅当 'Centered' 置于 'on' （默认值）时才会返回此变量。

例 9.2　作为一个调用实例，利用 pca 函数来重新完成例 9.1。

相应代码如下（pca_mat.m 文件）：

```
%使用pca函数进行降维
X=[6,5;3,2;5,4;5,6;1,3];%样本矩阵,每行一个样本向量
[coeff,score,latent]=pca(X); %主成分分析
coeff %主成分分量(每列为一个变换空间中的基向量)
score %主成分,score(:,1)为X的1维表示,score为X在变换空间中的2维表示
latent %X样本协方差矩阵的特征值
```

运行程序 pca_mat.m 后得到的结果如下：

```
>> pca_mat
coeff =
    0.8112   -0.5847
    0.5847    0.8112
score =
    2.2072   -0.3582
   -1.9807   -1.0378
    0.8112   -0.5847
    1.9807    1.0378
   -3.0184    0.9429
latent =
    5.6217
    0.8783
```

可以发现，计算结果与例 9.1 一致。

例 9.3 再看一个 PCA 降维实例。选用 MATLAB 自带的数据集 hald。该数据集中有一个 13×4 矩阵 ingredients，其中有 13 个样本，每个样本的维数为 4。

编制 MATLAB 程序如下（pca2_mat.m 文件）：

```
clc;clear all;close all;
load hald; %载入数据集
X=ingredients;%将数据集中的13×4矩阵赋给X
[coeff,score]=pca(X,'Centered','off') %调用函数pca,不对数据中心化
```

运行程序 pca_mat.m 后得到的结果如下：

```
coeff =
    0.1279   -0.0428   -0.6459    0.7514
    0.8398   -0.5092   -0.0181   -0.1875
    0.1984    0.0721    0.7557    0.6199
    0.4889    0.8566   -0.1067   -0.1261
score =
   53.2530   38.2897   -6.8572   -3.4639
   52.8800   30.8153    4.6185   -1.9465
   59.8008  -11.2751   -4.2070    0.2019
   52.0052   24.5816   -6.6335    1.4838
   61.8884    1.9239   -4.4488   -4.9333
   60.1372   -8.9806   -3.6464    0.7571
   66.3164  -29.9133    8.9830   -1.2767
   52.0378   23.4492   10.7255    3.0271
   59.9322   -7.4374    8.9863   -0.2388
   55.6610   -2.2693  -14.1657    6.1671
   54.9058   10.3731   12.3846    3.2209
   64.4863  -23.1472   -2.7792   -0.0441
   65.8395  -24.1949   -2.9253   -1.7904
```

在 MATLAB 命令窗口输入：

```
>> X1=score*coeff'
```

得到回复结果：

```
X1 =
    7.0000   26.0000    6.0000   60.0000
    1.0000   29.0000   15.0000   52.0000
   11.0000   56.0000    8.0000   20.0000
   11.0000   31.0000    8.0000   47.0000
    7.0000   52.0000    6.0000   33.0000
   11.0000   55.0000    9.0000   22.0000
    3.0000   71.0000   17.0000    6.0000
    1.0000   31.0000   22.0000   44.0000
```

```
     2.0000    54.0000    18.0000    22.0000
    21.0000    47.0000     4.0000    26.0000
     1.0000    40.0000    23.0000    34.0000
    11.0000    66.0000     9.0000    12.0000
    10.0000    68.0000     8.0000    12.0000
```

再在 MATLAB 命令窗口输入：

```
>> norm(X-X1,'fro')
```

得到误差：

```
ans =
   1.0493e-13
```

9.4　快速 PCA 算法及其 MATLAB 实现

PCA 算法最主要的工作量是计算样本散布矩阵的特征值和特征向量。设样本矩阵 $\boldsymbol{X}$ 大小为 $n \times m$（即 n 个 m 维的样本特征向量），则样本散布矩阵 $\boldsymbol{S}$ 将是一个 $m \times m$ 的方阵，故当维数 m 较大时计算复杂度会非常高。例如，对于一幅 112像素 $\times$ 92 像素的灰度图像，将其灰度矩阵拉直成向量后，维数达到 $m = 10304$，$\boldsymbol{S}$ 将是一个 10304×10304 的矩阵，此时如果采用前面的 pca 函数计算主成分，MATLAB 通常会出现内存耗尽的错误，即使有足够大的内存，要得到 $\boldsymbol{S}$ 的全部特征值可能也要花费相当长的时间。

有一个 PCA 加速技巧可以用来计算矩阵 $\boldsymbol{S}$ 非零特征值所对应的特征向量。设 $\boldsymbol{Z}_{n\times m}$ 为样本矩阵 $\boldsymbol{X}$ 中的每个样本减去样本均值 $\boldsymbol{\mu}$ 后得到的矩阵，则散布矩阵 $\boldsymbol{S} = (\boldsymbol{Z}^{\mathrm{T}}\boldsymbol{Z})_{m\times m}$。现在考虑矩阵 $\boldsymbol{R} = (\boldsymbol{Z}\boldsymbol{Z}^{\mathrm{T}})_{n\times n}$，一般情况下由于样本数目 n 远远小于样本维数 m，例如有 5 幅 112像素 $\times$ 92 像素的人脸图像，其特征向量为 10304 维，此时 $n = 5$，$m = 10304$！因此，$\boldsymbol{R}$ 的尺寸也远远小于散布矩阵 $\boldsymbol{S}$，但它与 $\boldsymbol{S}$ 有着相同的非零特征值。

设 n 维列向量 $\boldsymbol{v}$ 是 $\boldsymbol{R}$ 的特征向量，则有：

$$(\boldsymbol{Z}\boldsymbol{Z}^{\mathrm{T}})\boldsymbol{v} = \lambda\boldsymbol{v} \tag{9.23}$$

式 (9.23) 两边同时左乘 $\boldsymbol{Z}^{\mathrm{T}}$，并应用矩阵乘法的结合律可得：

$$(\boldsymbol{Z}^{\mathrm{T}}\boldsymbol{Z})(\boldsymbol{Z}^{\mathrm{T}}\boldsymbol{v}) = \lambda(\boldsymbol{Z}^{\mathrm{T}}\boldsymbol{v}) \tag{9.24}$$

式 (9.24) 说明 $\boldsymbol{Z}^{\mathrm{T}}\boldsymbol{v}$ 为散布矩阵 $\boldsymbol{S} = (\boldsymbol{Z}^{\mathrm{T}}\boldsymbol{Z})_{m\times m}$ 的特征向量。这说明可以计算小矩阵 $\boldsymbol{R} = (\boldsymbol{Z}\boldsymbol{Z}^{\mathrm{T}})_{n\times n}$ 的特征向量 $\boldsymbol{v}$，而后通过左乘 $\boldsymbol{Z}^{\mathrm{T}}$ 得到散布矩阵 $\boldsymbol{S} = (\boldsymbol{Z}^{\mathrm{T}}\boldsymbol{Z})_{m\times m}$ 的特征向量 $\boldsymbol{Z}^{\mathrm{T}}\boldsymbol{v}$。

可以编写 fastPCA 函数来对样本矩阵 $\boldsymbol{X}$ 进行快速主成分分析和降维（降至 k 维），其实现代码如下（fastPCA.m 文件）：

```
%fastPCA函数
function [V,pcaX]=fastPCA(X,k)
```

```
%输入:X-样本矩阵,每行为一个样本
%输出:V-主成分分量,pcaX-降维后的k维样本特征向量组成
%的矩阵,列数k为降维后的样本特征列数
[n,m]=size(X);
meanV=mean(X);%样本均值向量
Z=(X-repmat(meanV,n,1));
CovM=Z*Z';%计算协方差矩阵的转置
[V,D]=eigs(CovM,k);%计算CovM的前k个特征值和特征向量
V=Z'*V; %得到协方差矩阵(CovM)'的特征向量
%特征向量归一化为单位特征向量
for i=1:k
    V(:,i)=V(:,i)/norm(V(:,i));
end
pcaX=Z*V;%线性变换(投影)降维至k维
```

上述 fastPCA 函数的输出 V 是主成分分量，是一个 $m\times k$ 矩阵，相当于 pca 函数中的输出 coeff，而输出 pcaX 为降维后的 k 维样本特征向量组成的 $n\times k$ 矩阵，每行一个样本，列数 k 为降维后的样本特征维数，相当于 pca 函数中的输出 score。

此外,fastPCA 函数的实现中调用了 MATLAB 库函数 eigs 来计算矩阵 $\boldsymbol{R}=(\boldsymbol{Z}\boldsymbol{Z}^{\mathrm{T}})_{n\times n}$ 的前 k 个特征向量，即对应于最大的 k 个特征值的特征向量，其调用形式如下：

```
[V,D]=eigs(R,k);
```

其中，R 为要计算的特征值和特征向量的矩阵，k 为要计算的特征向量数目。输出矩阵 V 为 $n\times k$ 矩阵，每列对应 1 个特征向量，k 个特征向量从左到右排列；对角矩阵 D 为 $k\times k$ 矩阵，对角线上的每个元素对应一个特征值。

在得到包含 $\boldsymbol{R}$ 的特征向量的矩阵 $\boldsymbol{V}$ 之后，为计算散布矩阵 $\boldsymbol{S}$ 的特征向量，只需计算 $(\boldsymbol{Z}^{\mathrm{T}}\boldsymbol{V})_{m\times k}$。此外，还应注意 PCA 中需要的是具有单位长度的特征向量，故最后要除以该向量的模，从而将正交特征向量归一化为单位正交特征向量。

例 9.4 有 5 幅 112像素 $\times$ 92 像素的人脸图像，用 fastPCA 函数将 10304 维的样本数据集降至 30 维，并重构降维后的人脸图像。

编写代码如下（pca_figure.m 文件）：

```
%人脸图像降维并重构
clear all;
X1=imread('1.jpg');X1=double(X1);
X2=imread('2.jpg');X2=double(X2);
X3=imread('3.jpg');X3=double(X3);
X4=imread('4.jpg');X4=double(X4);
X5=imread('5.jpg');X5=double(X5);
figure(1);
subplot(231),F1=imshow(X1,[ ]);xlabel('第1张人脸')
subplot(232),F2=imshow(X2,[ ]);xlabel('第2张人脸')
subplot(233),F3=imshow(X3,[ ]);xlabel('第3张人脸')
```

```
subplot(234),F4=imshow(X4,[ ]);xlabel('第4张人脸')
subplot(235),F5=imshow(X5,[ ]);xlabel('第5张人脸')
X=[X1(:),X2(:),X3(:),X4(:),X5(:)];%样本矩阵10304×5
[V,pcaX]=fastPCA(X,30);%快速PCA算法
Y1=reshape(pcaX(:,1),112,92);%第1主成分
Y2=reshape(pcaX(:,2),112,92);%第2主成分
Y3=reshape(pcaX(:,3),112,92);%第3主成分
Y4=reshape(pcaX(:,4),112,92);%第4主成分
Y5=reshape(pcaX(:,5),112,92);%第5主成分
figure(2);
subplot(231),G1=imshow(Y1,[ ]);xlabel('第1主成分脸')
subplot(232),G2=imshow(Y2,[ ]);xlabel('第2主成分脸')
subplot(233),G3=imshow(Y3,[ ]);xlabel('第3主成分脸')
subplot(234),G4=imshow(Y4,[ ]);xlabel('第4主成分脸')
subplot(235),G5=imshow(Y5,[ ]);xlabel('第5主成分脸')
Xc=pcaX*V';%重构人脸
Z1=reshape(Xc(:,1),112,92);%取第1列并重排成112×92矩阵
Z2=reshape(Xc(:,2),112,92);%取第1列并重排成112×92矩阵
Z3=reshape(Xc(:,3),112,92);%取第1列并重排成112×92矩阵
Z4=reshape(Xc(:,4),112,92);%取第1列并重排成112×92矩阵
Z5=reshape(Xc(:,5),112,92);%取第1列并重排成112×92矩阵
figure(3);
subplot(231),H1=imshow(Z1,[ ]);xlabel('重构第1张人脸')
subplot(232),H2=imshow(Z2,[ ]);xlabel('重构第2张人脸')
subplot(233),H3=imshow(Z3,[ ]);xlabel('重构第3张人脸')
subplot(234),H4=imshow(Z4,[ ]);xlabel('重构第4张人脸')
subplot(235),H5=imshow(Z5,[ ]);xlabel('重构第5张人脸')
```

运行上述程序，得到可视化结果如图 9.1~图 9.3 所示。

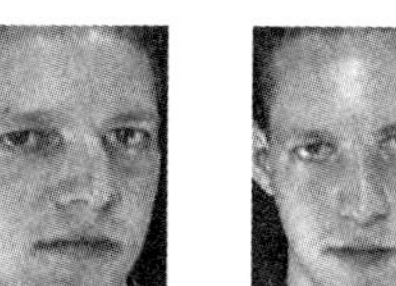

图 9.1　5 幅人脸图像

图 9.2　第 1 至第 5 主成分脸

重构第1张人脸 重构第2张人脸 重构第3张人脸 重构第4张人脸 重构第5张人脸

图 9.3　重构降维后的 5 幅人脸图像

此外，还可以找一个维数更高的数据集，分别利用 pca 和 fastPCA 进行 PCA 计算并比较它们的效率。

第 10 章 聚类

聚类属于无监督学习范畴，训练样本的标签信息是未知的，其目标是按照某种准则将这些无标签信息的样本划分成若干个“簇”（类）以揭示数据的内在性质及规律。聚类的原则是保证同簇的样本之间尽量相似，不同簇的样本之间尽量不同。不同于监督学习的分类，聚类没有训练过程，而是按照某一准则直接完成对样本集的划分。尽管聚类的研究进程缓慢，但在很多领域中得到了成功的应用。

10.1 聚类的基本原理

首先指出，聚类也是分类问题，它的目标也是确定每个样本所属的类别（簇）。与监督学习的分类不同的是，聚类的簇不是人工预定好的，而是由聚类算法按照某种准则确定的。

假设训练样本集 $D=\{\boldsymbol{x}_1,\boldsymbol{x}_2,\cdots,\boldsymbol{x}_n\}$ 包含 n 个无标签样本，每个样本 $\boldsymbol{x}_i=(x_{i1},x_{i2},\cdots,x_{im})$ 是一个 m 维特征向量。聚类将样本集 C 划分为 k 个不相交的簇 $\{C_1,C_2,\cdots,C_k\}$，满足

$$C=C_1\cup C_2\cup\cdots\cup C_k,\ \ C_i\cap C_j=\varnothing,\forall i\neq j$$

其中，k 的值可由人工设定，也可由算法确定。相应地, 用 $\lambda_i\in\{1,2,\cdots,k\}$ 表示样本 $\boldsymbol{x}_i$ 的“簇标签”，即 $\boldsymbol{x}_i\in C_{\lambda_i}$。于是，聚类的结果可用包含 k 个元素的簇标签向量 $\boldsymbol{\lambda}=(\lambda_1,\lambda_2,\cdots,\lambda_k)^{\mathrm{T}}$ 表示。

聚类既能作为一个单独过程，用于找寻数据的内在规律，也可作为其他学习任务（例如分类或回归）的前驱过程。例如，在购物网中需要对新用户的类型进行判别，但定义“用户类型”对商家来说并不容易，此时往往可先对用户数据进行聚类，根据聚类结果将每个簇定义为一个类，再赋予这个类一个合适的类名，最后基于这些类训练分类模型，用于判别新用户的类型。

由此可知, 聚类在本质上是对一个集合的划分问题。由于没有人工预定的类别标准, 因此要解决的核心问题是如何定义簇。常用的做法是根据样本点之间的距离远近或者样本点在数据空间中的密度大小等准则来确定簇。可以说，正是因为对簇的不同定义导致了不同的聚类算法。

在介绍聚类算法之前，先讨论聚类涉及的两个基本问题：距离函数定义和性能指标。

1. 距离函数定义

定义 10.1 若函数 $\mathrm{dist}(\cdot,\cdot)$ 满足下列三个条件：

（1）$\mathrm{dist}(\boldsymbol{x}_i,\boldsymbol{x}_j)\geqslant 0$, 且 $\mathrm{dist}(\boldsymbol{x}_i,\boldsymbol{x}_j)=0$ 当且仅当 $\boldsymbol{x}_i=\boldsymbol{x}_j$（正定性）

（2）$\mathrm{dist}(\boldsymbol{x}_i, \boldsymbol{x}_j) = \mathrm{dist}(\boldsymbol{x}_j, \boldsymbol{x}_i)$ （对称性）

（3）$\mathrm{dist}(\boldsymbol{x}_i, \boldsymbol{x}_j) \leqslant \mathrm{dist}(\boldsymbol{x}_i, \boldsymbol{x}_k) + \mathrm{dist}(\boldsymbol{x}_k, \boldsymbol{x}_j)$ （三角不等式）

则称它是一个距离函数或“距离度量”。

给定样本 $\boldsymbol{x}_i = (x_{i1}, x_{i2}, \cdots, x_{im})^{\mathrm{T}}$ 与 $\boldsymbol{x}_j = (x_{j1}, x_{j2}, \cdots, x_{jm})^{\mathrm{T}}$，最常用的是“闵可夫斯基距离”：

$$\mathrm{dist}_{\mathrm{mk}}(\boldsymbol{x}_i, \boldsymbol{x}_j) = \left(\sum_{r=1}^{m} |x_{ir} - x_{jr}|^p\right)^{\frac{1}{p}} \tag{10.1}$$

对于 $p \geqslant 1$, 式 (10.1) 显然满足定义 10.1 距离函数的三个条件。

$p = 2$ 时, 闵可夫斯基距离就是欧氏距离（Euclidean Distance）：

$$\mathrm{dist}_{\mathrm{ed}}(\boldsymbol{x}_i, \boldsymbol{x}_j) = \|\boldsymbol{x}_i - \boldsymbol{x}_j\|_2 = \left(\sum_{r=1}^{m} |x_{ir} - x_{jr}|^2\right)^{\frac{1}{2}} \tag{10.2}$$

$p = 1$ 时, 闵可夫斯基距离即曼氏距离（Manhattan Distance）：

$$\mathrm{dist}_{\mathrm{man}}(\boldsymbol{x}_i, \boldsymbol{x}_j) = \|\boldsymbol{x}_i - \boldsymbol{x}_j\|_1 = \sum_{r=1}^{m} |x_{ir} - x_{jr}| \tag{10.3}$$

在机器学习中，常将特征划分为“连续特征”和“离散特征”。连续特征是指在定义域上取值为实数的特征，而离散特征是指在定义域上只取有限个值的特征。对于离散特征，在讨论距离计算时，特征上是否定义了“序”关系更为重要。例如，定义域为 $\{1, 2, 3\}$ 的离散特征与连续特征的性质更接近一些，能直接在特征值上计算距离：“1”与“2”比较接近、与“3”比较远, 这样的特征称为“有序特征”；而定义域为 { 鞋子, 帽子, 袜子 } 这样的离散特征则不能直接在特征值上计算距离，这样的特征称为“无序特征”。显然，闵可夫斯基距离只适用于有序特征。

对无序特征可采用 VDM（Value Difference Metric）度量。令 $n_{u,a}$ 表示在特征 u 上取值为 a 的样本数，$n_{u,a,i}$ 表示第 i 个样本簇中在特征 u 上取值为 a 的样本数，k 为样本簇数，则特征 u 上两个离散值 a 与 b 之间的 VDM 距离为:

$$\mathrm{VDM}_p(a, b) = \sum_{i=1}^{k} \left|\frac{n_{u,a,i}}{n_{u,a}} - \frac{n_{u,b,i}}{n_{u,b}}\right|^p \tag{10.4}$$

于是，将闵可夫斯基距离和 VDM 结合即可处理混合特征。假定样本 $\boldsymbol{x}_i \in \mathbb{R}^m$ 有 m_c 个有序特征、$m - m_c$ 个无序特征，不失一般性, 令有序特征排列在无序特征之前，则有：

$$\mathrm{MinkoVDM}_p(\boldsymbol{x}_i, \boldsymbol{x}_j) = \left(\sum_{r=1}^{m_c} |x_{ir} - x_{jr}|^p + \sum_{r=m_c+1}^{m} \mathrm{VDM}_p(x_{ir}, x_{jr})\right)^{\frac{1}{p}} \tag{10.5}$$

当样本空间中不同特征的重要性不同时，可使用“加权距离”。以加权闵可夫斯基距离为例：

$$\mathrm{dist}_{\mathrm{wmk}}(\boldsymbol{x}_i, \boldsymbol{x}_j) = \left(\sum_{r=1}^{m} w_r |x_{ir} - x_{jr}|^p\right)^{\frac{1}{p}} \tag{10.6}$$

其中，权重 $w_r \geqslant 0\,(r=1,2,\cdots,m)$ 表征不同特征的重要性，通常 $\sum_{r=1}^{m} w_r = 1$。

2. 性能指标

聚类是将样本集划分为若干互不相交的子集（簇）。那么，什么样的聚类结果比较好呢？直观上看，我们希望“物以类聚”，即同一簇的样本尽可能彼此相似，不同簇的样本尽可能不同。

聚类的性能指标也叫作有效性指标。一方面，与有监督学习算法类似，对于聚类结果，也需通过某种性能指标来评估其好坏。另一方面，如果明确了最终将要使用的性能指标，则可直接将其作为聚类过程的最优化目标，以得到更好的符合要求的聚类结果。

聚类性能指标大致有两类：一类是将聚类结果与某个“参考模型”进行比较，称为“外部指标”；另一类是直接考查聚类结果而不利用任何参考模型，称为“内部指标”。

对样本数据集 $D=\{\boldsymbol{x}_1,\boldsymbol{x}_2,\cdots,\boldsymbol{x}_n\}$，假设通过聚类给出的簇划分为 $C=\{C_1,C_2,\cdots,C_k\}$，参考模型给出的簇划分为 $C^*=\{C_1^*,C_2^*,\cdots,C_k^*\}$。相应地，令 $\boldsymbol{\lambda}$ 与 $\boldsymbol{\lambda}^*$ 分别表示与 C 和 C^* 对应的簇标签向量。定义

$$
\begin{aligned}
a=|PP|,&\quad PP=\{(\boldsymbol{x}_i,\boldsymbol{x}_j)\,|\,\lambda_i=\lambda_j,\lambda_i^*=\lambda_j^*,i<j\}\\
b=|PN|,&\quad PN=\{(\boldsymbol{x}_i,\boldsymbol{x}_j)\,|\,\lambda_i=\lambda_j,\lambda_i^*\neq\lambda_j^*,i<j\}\\
c=|NP|,&\quad NP=\{(\boldsymbol{x}_i,\boldsymbol{x}_j)\,|\,\lambda_i\neq\lambda_j,\lambda_i^*=\lambda_j^*,i<j\}\\
d=|NN|,&\quad NN=\{(\boldsymbol{x}_i,\boldsymbol{x}_j)\,|\,\lambda_i\neq\lambda_j,\lambda_i^*\neq\lambda_j^*,i<j\}
\end{aligned}
\tag{10.7}
$$

其中，集合 PP 包含了在 C 中属于相同簇且在 C^* 中也属于相同簇的样本对，集合 PN 包含了在 C 中属于相同簇但在 C^* 中属于不同簇的样本对，集合 NP 包含了在 C 中属于不同簇但在 C^* 中属于相同簇的样本对，集合 NN 包含了在 C 中属于不同簇且在 C^* 中也属于不同簇的样本对。由于每个样本对 $(\boldsymbol{x}_i,\boldsymbol{x}_j)\,(i<j)$ 仅能出现在一个集合中，因此有 $a+b+c+d=n(n-1)/2$ 成立。

基于式 (10.7) 可导出下面这些常用的聚类性能度量外部指标。

（1）Jaccard 系数（Jaccard Coefficient, JC），定义为：

$$
\mathrm{JC}=\frac{a}{a+b+c}
\tag{10.8}
$$

（2）FM 指标（Fowlkes and Mallows Index, FMI），定义为：

$$
\mathrm{FMI}=\sqrt{\frac{a}{a+b}\cdot\frac{a}{a+c}}
\tag{10.9}
$$

（3）Rand 指数（Rand Index, RI），定义为：

$$
\mathrm{RI}=\frac{a+d}{a+b+c+d}
\tag{10.10}
$$

显然，上述性能指标的取值都在 $[0,1]$ 区间上，且取值越大，聚类的结果越好。

下面定义聚类性能度量内部指标。考虑聚类结果的簇划分 $C=\{C_1,C_2,\cdots,C_k\}$，先给出几个有关簇内或簇间距离的定义。

（1）簇内样本平均距离, 定义为:

$$\mathrm{avg}(C)=\frac{2}{|C|(|C|-1)}\sum_{1\leqslant i\leqslant j\leqslant |C|}\mathrm{dist}(\boldsymbol{x}_i,\boldsymbol{x}_j) \tag{10.11}$$

（2）簇内样本最大距离, 定义为:

$$\mathrm{diam}(C)=\max_{1\leqslant i\leqslant j\leqslant |C|}\mathrm{dist}(\boldsymbol{x}_i,\boldsymbol{x}_j) \tag{10.12}$$

（3）两簇样本之间的最小距离, 定义为:

$$d_{\min}(C_i,C_j)=\min_{\boldsymbol{x}_i\in C_i,\boldsymbol{x}_j\in C_j}\mathrm{dist}(\boldsymbol{x}_i,\boldsymbol{x}_j) \tag{10.13}$$

（4）两簇中心点之间的距离, 定义为:

$$d_{\mathrm{cen}}(C_i,C_j)=\mathrm{dist}(\boldsymbol{\mu}_i,\boldsymbol{\mu}_j) \tag{10.14}$$

其中，$\mathrm{dist}(\cdot,\cdot)$ 表示计算两个样本之间距离的函数，$\boldsymbol{\mu}_i$ 代表簇 C_i 的均值向量：

$$\boldsymbol{\mu}_i=\frac{1}{|C_i|}\sum_{\boldsymbol{x}\in C_i}\boldsymbol{x} \tag{10.15}$$

于是，可定义两个常用的聚类性能度量内部指标。

（1）DB 指标（Davies-Bouldin Index, DBI），定义为:

$$\mathrm{DBI}=\frac{1}{k}\sum_{i=1}^{k}\max_{j\neq i}\left(\frac{\mathrm{avg}(C_i)+\mathrm{avg}(C_j)}{d_{\mathrm{cen}}(C_i,C_j)}\right) \tag{10.16}$$

（2）Dunn 指标（Dunn Index, DI），定义为:

$$\mathrm{DI}=\min_{1\leqslant i\leqslant k}\left\{\min_{j\neq i}\left(\frac{d_{\min}(C_i,C_j)}{\max_{1\leqslant l\leqslant k}\mathrm{diam}(C_l)}\right)\right\} \tag{10.17}$$

不难发现，DBI 的值越小越好，而 DI 的值则越大越好。

10.2　*k*-均值算法

k-均值算法是基于质心的聚类算法，在进行聚类时计算每个样本点与每个簇的均值向量之间的距离，以此作为依据来确定每个样本点所属的簇。

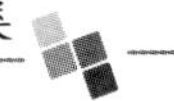

1. k-均值算法的基本原理

k-均值算法的基本思想是：首先，选择 k 个点作为质心，按照某种聚类准则，例如最小距离聚类准则，使样本点向各质心聚集，从而得到初始聚类。然后，判断初始聚类是否合理，若不合理，则修改聚类，如此反复修改聚类迭代，直到合理为止。

给定样本集 $D=\{\boldsymbol{x}_1,\boldsymbol{x}_2,\cdots,\boldsymbol{x}_n\}$，$k$-均值算法针对聚类所得簇划分 $C=\{C_1,C_2,\cdots,C_k\}$ 极小化均方误差：

$$E=\sum_{i=1}^{k}\sum_{\boldsymbol{x}\in C_i}\|\boldsymbol{x}-\boldsymbol{\mu}_i\|^2 \tag{10.18}$$

其中，$\boldsymbol{\mu_i}$ 如式 (10.15) 所定义，是簇 C_i 的均值向量。容易发现，式 (10.18) 在一定程度上刻画了簇内样本围绕簇均值向量的紧密程度，误差 E 的值越小，簇内样本相似度越高。

极小化式 (10.18) 并不容易，得到其极小解需考查样本集 C 所有可能的簇划分，是一个 NP 难问题。因此，为了降低复杂度，k-均值算法采用的是贪心策略，通过迭代优化来近似求解式 (10.18)。下面写出 k-均值算法的详细步骤。

算法 10.1 (k-均值算法)

输入：训练样本集 $D=\{\boldsymbol{x}_1,\boldsymbol{x}_2,\cdots,\boldsymbol{x}_n\}$，聚类的簇数 k。

输出：簇划分 $C=\{C_1,C_2,\cdots,C_k\}$。

（1）初始化。从 D 中随机选取 k 个样本作为初始均值向量 $\{\boldsymbol{\mu}_1,\boldsymbol{\mu}_2,\cdots,\boldsymbol{\mu}_k\}$。

（2）根据当前的质心确定每个样本所属的簇。对每个样本 $\boldsymbol{x}_i\,(i=1,2,\cdots,n)$，计算该样本与每个质心 $\boldsymbol{\mu}_j$ 的距离：

$$d_{ij}:=\mathrm{dist}(\boldsymbol{x}_i,\boldsymbol{\mu}_j)=\|\boldsymbol{x}_i-\boldsymbol{\mu}_j\|_2$$

将样本 $\boldsymbol{x}_i$ 分配到距离最近的那个簇。

（3）更新每个簇的质心。对每个簇 $C_i\,(i=1,2,\cdots,k)$，计算新的均值向量：

$$\boldsymbol{\mu}_j'=\frac{1}{|C_j|}\sum_{\boldsymbol{x}\in C_j}\boldsymbol{x}$$

（4）若 $\|\boldsymbol{\mu}_j'-\boldsymbol{\mu}_j\|_2\leqslant\varepsilon\,(i=1,2,\cdots,k)$，则终止迭代；否则，置 $\boldsymbol{\mu}_j:=\boldsymbol{\mu}_j'$，转步骤 (2)。

2. k-均值算法的 MATLAB 实现

在 MATLAB 中可直接调用函数 kmeans$(\cdot,\cdot)$ 来解决 k-均值算法的聚类问题，其调用格式为：

```
[idx] = kmeans(X, k);
[idx] = kmeans(X, k, Name, Value);
[idx, C, sumd, D] = kmeans(_____);
```

输入、输出参数的含义如下。

输入参数：X 是 $n\times m$ 的数据矩阵，每一行是一个样本，每一列是样本的一个特征值；k 表示将 X 划分为几个簇，为整数。

参数对 Name, Value 的取值有三种：

（1）Name='Distance', Value='sqEuclidean'（欧氏距离）| 'cityblock'（街区距离）等。

（2）Name='Start'，Value='sample'（从 X 中随机选取 k 个质心点）| 'uniform'（根据 X 的分布范围均匀地随机生成 k 个质心）| 'cluster'（初始聚类阶段随机选取 10% 的 X 的子样本）| 'Matrix'（提供一个 $k \times m$ 的矩阵作为初始质心位置集合）。

（3）Name='Replicates'，Value= 整数（聚类重复次数）。

输出参数：idx 是 $n \times 1$ 的向量，存储的是每个点的聚类标号；C 是 $k \times m$ 的矩阵；sumd 是 $1 \times k$ 的和向量，存储的是类间所有点与该类质心点距离之和；D 是 $n \times k$ 的矩阵，存储的是每个点与所有质心的距离。

更详细的参数含义及参数值，可在 MATLAB 命令窗口键入 help kmeans 查看帮助信息。

下面看两个用 k-均值算法对样本数据进行聚类的例子。

例 10.1 产生两组随机数据，用 MATLAB 自带的 kmeans 函数进行聚类。

编制 MATLAB 程序代码如下（Kmeans_Mat.m 文件）：

```
clc; clear all; close all;
%产生两组随机数据
X=[randn(150,2)+ones(150,2); randn(150,2)-ones(150,2)];
k=2;%聚为2类
[idx,C]=kmeans(X,k,'Distance','cityblock','Replicates',5);
%利用k-均值算法进行聚类
plot(X(idx==1,1),X(idx==1,2),'r*','MarkerSize',4);%绘制聚类后的第一组
  数据
hold on;
plot(X(idx==2,1),X(idx==2,2),'bp','MarkerSize',4);%绘制聚类后的第二组
  数据
plot(C(:,1),C(:,2),'ko','MarkerSize',8,'LineWidth',2);%绘制质心
legend('第一类','第二类','质心','Location','NW');
hold off;
```

运行上述程序，得到聚类结果如图 10.1 所示。

例 10.2 用 MATLAB 自带的 kmeans 函数对鸢尾属植物数据集进行聚类，取 $k=3$。

编制 MATLAB 程序代码如下（Kmeans_iris.m 文件）：

```
%用MATLAB自带的函数kmeans对鸢尾属植物数据集进行聚类
clc;clear all;close all;
load fisheriris %载入样本数据
X=meas(:,3:4); %为了可视化,选用数据集的后两个特征
k=3;%聚为3类
[idx,C]=kmeans(X,k,'Distance','cityblock');
%利用k-均值算法进行聚类
```

```
plot(X(idx==1,1), X(idx==1,2),'r*','MarkerSize',5);
%绘制聚类后的第一组数据
hold on;
plot(X(idx==2,1), X(idx==2,2),'bd','MarkerSize',5);
%绘制聚类后的第二组数据
plot(X(idx==3,1), X(idx==3,2),'gp','MarkerSize',5);
%绘制聚类后的第三组数据
plot(C(:,1),C(:,2),'ko','MarkerSize',8,'LineWidth',2)
legend('第一类','第二类','第三类','质心','Location','SE');
hold off;
```

运行上述程序，得到聚类结果如图 10.2 所示。

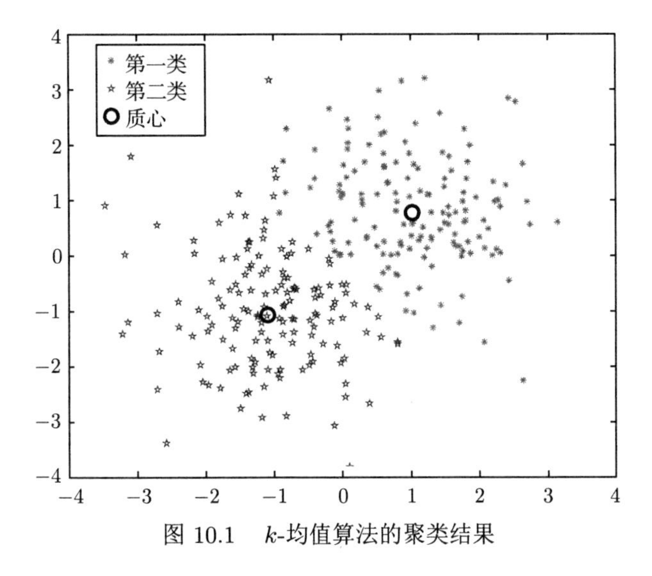

图 10.1 k-均值算法的聚类结果

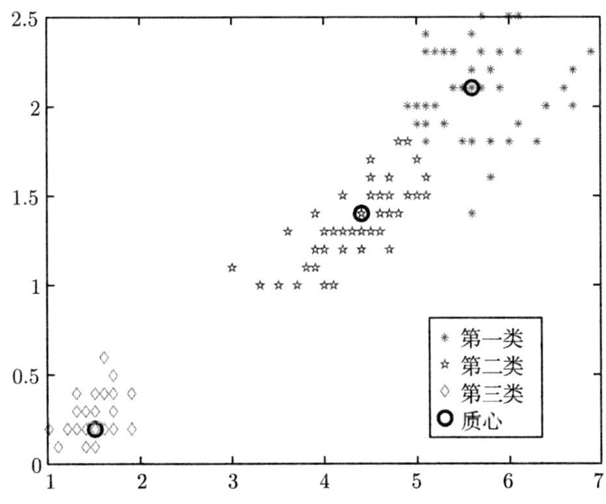

图 10.2 鸢尾属植物数据集的 k-均值聚类及质心

10.3　k-中心点算法

不难发现，k-均值算法对那些离群样本点非常敏感，因为当远离大多数数据的对象被分配到一个簇时，就可能严重地影响该簇的均值，平方误差函数的使用更是严重恶化了这一影响，最终很可能会影响其他对象到该簇的分配。

1. k-中心点算法的基本原理

为了降低 k-均值算法对离群点的敏感性，可以不采用簇中对象的均值作为参照点，而在每个簇中选出一个实际的对象来代表该簇，其余的每个对象聚类到与其最相似的代表性对象所在的簇中，然后反复迭代，直到每个代表对象都成为它所在的簇实际中心点或最靠近中心的对象为止。它的划分方法仍然遵循极小化所有对象与其对应的参照点之间的相异度之和的原则。

PAM（Partitioning Around Medoids，围绕中心点划分的算法）是最早提出的 k-中心点算法之一，该算法用数据点替换的方法获取最好的聚类中心，还可以克服 k-均值算法容易陷入局部最优的缺陷。

k-中心点算法的基本思想是：首先，为每个簇任意选择一个代表对象（即中心点），剩余的对象根据其与每个代表对象的距离（不一定是欧氏距离，也可能是曼哈顿距离）分配给最近的代表对象所代表的簇；然后，反复地用非中心点来替换中心点以提高聚类的质量。聚类质量用一个代价函数来评估，该函数度量一个非代表对象是否是当前代表对象的好的替代，如果是就进行替换，否则就不替换；最后，给出正确的划分。当一个中心点被某个非中心点替代时，除了未被替代的中心点，其余各点也被重新分配。

k-中心点算法的具体步骤如下。

算法 10.2（k-中心点算法）

输入：训练样本集 $D=\{\boldsymbol{x}_1,\boldsymbol{x}_2,\cdots,\boldsymbol{x}_n\}$，簇的数目 k。

输出：簇划分 $C=\{C_1,C_2,\cdots,C_k\}$，使得所有对象与其距离最近的中心点的相异度总和最小。

（1）初始化：随机挑选 n 个点中的 k 个点作为中心点。

（2）将其余的点根据距离划分至这 k 个类别中。

（3）当损失值减少时，对于每个中心点 M 非中心点 O：

①交换 M 和 O，重新计算损失（损失值的大小为所有点到中心点的距离和）；

②如果总的损失增加，则不进行替换。

容易看出，k-中心点算法的优点是：（1）对噪声点或孤立点不敏感，具有较强的数据稳健性；（2）聚类结果与非中心点数据选取为临时中心点的顺序无关；（3）聚类结果具有数据对象平移和正交变换的不变性。

k-中心点算法的最大缺点是时间复杂度高，对于大数据集，聚类过程缓慢，主要原因在于通过迭代来寻找最佳的聚类中心点集时，需要反复地在非中心点对象与中心点对象之间进行最近邻搜索，从而产生大量非必需的重复计算。

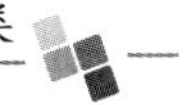

2. k-中心点算法的 MATLAB 实现

下面来考虑 k-中心点算法的 MATLAB 实现。在 MATLAB 中可直接调用函数 kmedoids 来解决 k-中心点聚类问题。函数 kmedoids 的常见调用格式如下：

```
[idx]=kmedoids(X,k);
[idx]=kmedoids(X,k,Name,Value);
[idx,C,sumd,D,midx]=kmedoids(______);
```

参数说明如下。

输入参数：X 是 $n \times m$ 的数据矩阵，每一行是一个样本数据，每一列是一个特征；k 是整数，表示将 X 划分为 k 个类；Name, Value 成对出现，表示相关参数名和参数值，其相应的参数名包括 Algorithm，OnlinePhase，Distance，Options，Replicates，NumSample，PercentNeighbors 和 Start。关于具体的参数含义及参数值，可在 MATLAB 命令窗口键入 help kmedoids 查看帮助信息。

输出参数：idx 是一个 $m \times 1$ 的向量，存储的是每个样本的聚类标号；C 是一个 $k \times p$ 的矩阵，存储的是 k 个中心点的位置；sumd 是一个 $1 \times k$ 的和向量，存储的是类间所有的样本与该类中心点距离之和；D 是一个 $m \times k$ 的矩阵，存储的是每个点与所有中心点的距离；midx 是一个 $1 \times k$ 的向量，表示中心点对应的 X 点的行数，满足 C=X（midx,:）。

下面看一个用 k-中心点算法对数据进行聚类的实例。

例 10.3 某数据集共 20 个样本，每个样本具有 2 个特征，其值如下：

x=[12, 20, 28, 18, 29, 33, 24, 45, 45, 52, 51, 52, 55, 53, 55, 61, 64, 69, 72, 75]'

y=[39, 36, 30, 52, 54, 46, 55, 59, 63, 70, 66, 63, 58, 23, 14, 8, 19, 7, 24,10]'

用 MATLAB 自带的 k-中心点算法函数 kmedoids 对数据进行聚类，取 $k = 3$。

程序代码如下（Kmedoids_exp.m 文件）：

```
%用k-中心点算法函数kmedoids对数据进行聚类
x=[12,20,28,18,29,33,24,45,45,52,51,52,55,53,55,61,64,69,72,75]';
y=[39,36,30,52,54,46,55,59,63,70,66,63,58,23,14,8,19,7,24,10]';
X=[x,y]; %样本矩阵
k=3;%聚为3类
[idx,C]=kmedoids(X,k);%利用k-中心点算法进行聚类
plot(X(idx==1,1),X(idx==1,2),'r*','MarkerSize',5);
%绘制聚类后的第一组数据
hold on;
plot(X(idx==2,1),X(idx==2,2),'bp','MarkerSize',5);
%绘制聚类后的第二组数据
plot(X(idx==3,1),X(idx==3,2),'md','MarkerSize',5);
%绘制聚类后的第三组数据
plot(C(:,1),C(:,2),'ko','MarkerSize',8,'LineWidth',2)
axis([0,80,0,80]);title('k-中心点聚类');
legend('第一类','第二类','第三类','中心','Location','SW');
hold off;
```

运行上述程序，结果如图 10.3 所示。

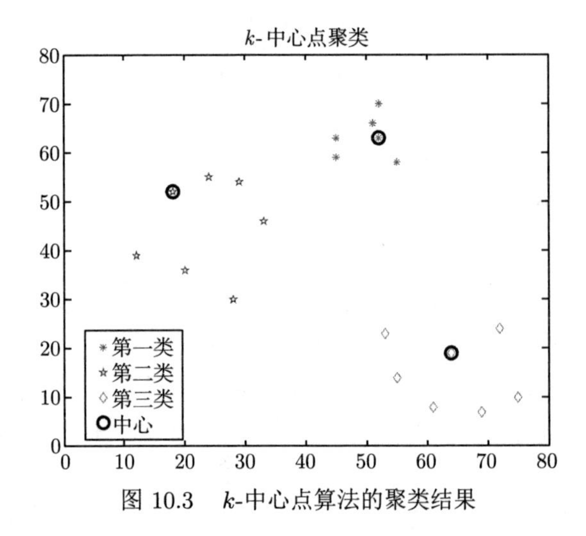

图 10.3　k-中心点算法的聚类结果

第 11 章 EM 算法与高斯混合聚类

本章介绍 EM 算法与高斯混合聚类。EM 算法即期望最大化算法（Expectation Maximization, EM），这一算法可以说是为求解高斯混合模型量身定做的。高斯混合模型（GMM）是指多个高斯分布模型的加权组合，是一种基于概率分布的生成式模型。实践证明，GMM 是一种强健的聚类算法。

11.1 高斯混合模型

先简单回顾一下多元高斯分布的定义。对样本空间中的随机向量 $\boldsymbol{x} \in \mathbb{R}^m$, 若 $\boldsymbol{x}$ 服从 m 维高斯分布，则其概率密度函数为：

$$p(\boldsymbol{x};\boldsymbol{\mu},\boldsymbol{\Sigma}) = \frac{1}{(2\pi)^{\frac{m}{2}}|\boldsymbol{\Sigma}|^{\frac{1}{2}}}\mathrm{e}^{-\frac{1}{2}(\boldsymbol{x}-\boldsymbol{\mu})^{\mathrm{T}}\boldsymbol{\Sigma}^{-1}(\boldsymbol{x}-\boldsymbol{\mu})} \tag{11.1}$$

其中，$\boldsymbol{\mu}$ 是 m 维均值向量, $\boldsymbol{\Sigma}$ 是 $m \times m$ 的协方差矩阵。由式 (11.1) 可看出，高斯分布完全由均值向量 $\boldsymbol{\mu}$ 和协方差矩阵 $\boldsymbol{\Sigma}$ 这两个参数确定。

当 $m = 1$ 时，式 (11.1) 退化为一维高斯分布。图 11.1 (a) 是一维标准高斯分布的概率密度函数曲线。在 MATLAB 中用函数 normpdf(·, ·, ·) 可计算一维高斯分布的概率密度函数的值，而用函数 mvnpdf(·, ·, ·) 可计算多维高斯分布的概率密度函数的值。图 11.1 (b) 是二维高斯分布的概率密度函数曲面，它是一个“钟形”的曲面，投影到 x, y 轴上的坐标表示二维变量的取值，而曲面上的点对应的 z 值表示两个变量的联合概率。

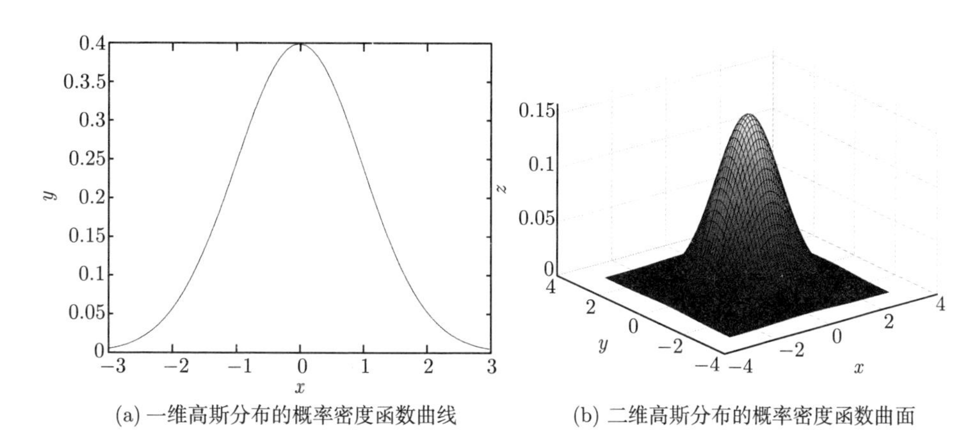

(a) 一维高斯分布的概率密度函数曲线　　(b) 二维高斯分布的概率密度函数曲面

图 11.1　一维高斯分布和二维高斯分布

下面来定义高斯混合模型（Gaussian Mixture Model, GMM）。GMM 通过多个高斯分布的加权和来描述一个随机向量的概率分布，概率密度函数定义为：

$$p_M(\boldsymbol{x}) = \sum_{j=1}^{k} w_j p(\boldsymbol{x}; \boldsymbol{\mu}_j, \boldsymbol{\Sigma}_j) \tag{11.2}$$

其中，$\boldsymbol{x}$ 为随机向量，k 为高斯分布的个数，$\boldsymbol{\mu}_j$ 与 $\boldsymbol{\Sigma}_j$ 分别是第 j 个高斯混合成分的均值向量和协方差矩阵，而 $w_j > 0$ 是第 j 个高斯成分的权重系数，也称为“混合系数”，并且满足

$$\sum_{j=1}^{k} w_j = 1$$

假设样本 $\boldsymbol{x}$ 的生成过程由高斯混合分布给出：先以 w_j 的概率从 k 个高斯分布中选择出一个高斯分布 $p(\boldsymbol{x}; \boldsymbol{\mu}_j, \boldsymbol{\Sigma}_j)$，再从这个高斯分布产生出样本数据 $\boldsymbol{x}$。已有理论证明，高斯混合模型可以任意逼近任何一个连续的概率分布，因此被称为连续型概率分布的“万能逼近器”。此外，由于概率密度函数必须满足在 $\mathbb{R}^m$ 上的重积分值为 1，所以必须要求权系数 w_j 之和为 1。

那么，如何确定式 (11.2) 中的参数 $\{(w_j, \boldsymbol{\mu}_j, \boldsymbol{\Sigma}_j); 1 \leqslant j \leqslant k\}$ 呢？一般可采用极大似然估计，即最大化对数似然函数：

$$\begin{aligned}\ell(D) &= \ln\left(\prod_{i=1}^{n} p_M(\boldsymbol{x}_i)\right) \\ &= \sum_{i=1}^{n} \ln\left(\sum_{j=1}^{k} w_j p(\boldsymbol{x}_i; \boldsymbol{\mu}_j, \boldsymbol{\Sigma}_j)\right)\end{aligned} \tag{11.3}$$

上述模型通常采用 EM 算法进行迭代优化求解。简要说明一下：由于上述模型的对数函数中有 k 个求和项以及 w_j 的存在，无法像单高斯分布那样求得公式解。采用梯度下降法或牛顿法进行迭代求解也不合适，因为这是一个具有等式约束的最优化问题。从另一个角度来看，由于每个样本属于哪个高斯分布是未知的，而计算高斯分布的均值和协方差时需要用到这个信息。反过来，某个样本属于哪个高斯分布又由高斯分布的均值和协方差所确定。因此，模型中存在循环依赖，解决的办法是打破这种循环依赖，从所有高斯成分的一个随机初始权重值开始，计算样本属于每个高斯分布的概率，再根据这个概率更新每个高斯分布的均值和协方差，而 EM 算法的求解正好采用了这种思路。

11.2 EM 算法的推导

EM 算法是一种迭代算法，它可以同时计算出每个样本所属的簇以及每个簇的概率分布参数。如果已知要聚类的数据服从它所属簇的概率分布，则可以通过计算每个簇的概率分布和每个样本所属的簇来完成聚类。由于计算每个簇概率分布的参数需要知道哪些样本属于这个簇，而确定每个样本属于哪个簇又需要知道每个簇的概率分布参数，因此 EM 算法在每次迭代时交替地执行 E 步和 M 步来解决这两类问题。

EM 算法是一种从“不完全数据”中求解模型参数的极大似然估计方法。“不完全数据”一般分为两种情况：一种是由于观测过程本身的限制或错误造成观测数据成为错漏的不完全数据；另一种是参数的似然函数直接优化十分困难，而引入额外的参数（隐含的或丢失的）后就比较容易优化，于是定义原始观测数据加上额外数据组成“完全数据”，原始观测数据自然就成为“不完全数据”。

EM 算法的目标是求解似然函数或后验概率的极值，而目标函数中具有无法观测的隐变量。例如，有一批样本分属于三个类，每个类都服从高斯分布，但均值和协方差这两个参数都是未知的，并且每个样本属于哪个类也是未知的，需要在这种情况下估计出每个高斯分布的均值和协方差。那么样本所属的类别就是隐变量，正是这种隐变量的存在导致了用极大似然估计法求解的困难。

假设有一个概率分布 $p(\boldsymbol{x};\boldsymbol{\theta})$，其中 $\boldsymbol{\theta}$ 是未知参数（向量或矩阵）。已知通过这个概率分布生成了 n 个样本，每个样本包含观测数据 $\boldsymbol{x}_i$ 和无法观测到的隐变量 $z_i\,(i=1,2,\cdots,n)$。现在需要根据这 n 个样本估计出未知参数 $\boldsymbol{\theta}$ 的值。使用极大似然估计法，可以构造出对数似然函数：

$$\ell(\boldsymbol{\theta})=\sum_{i=1}^{n}\ln p(\boldsymbol{x}_i;\boldsymbol{\theta})=\sum_{i=1}^{n}\ln\sum_{z_i}p(\boldsymbol{x}_i,z_i;\boldsymbol{\theta})$$

这里的 z_i 是一个无法观测到的隐变量，是离散型随机变量。上式中的 $p(\boldsymbol{x}_i;\boldsymbol{\theta})=\sum\limits_{z_i}p(\boldsymbol{x}_i,z_i;\boldsymbol{\theta})$ 表示对联合概率密度关于随机变量 z_i 求和得到 $\boldsymbol{x}_i$ 的边缘概率分布。因为隐变量的存在，无法直接通过极大似然估计法得到参数 $\boldsymbol{\theta}$ 的公式解。在这种情况下，EM 算法提供了一种有效的最大化似然函数估计的方法。它的思路是：既然直接极大化 $\ell(\boldsymbol{\theta})$ 比较困难，那就间接求极大值。EM 算法首先构造 $\ell(\boldsymbol{\theta})$ 的一个下界函数（E 步），然后极大化这个下界函数来提升 $\ell(\boldsymbol{\theta})$ 的值（M 步）。

EM 算法的理论推导需要用到 Jensen 不等式。

引理 11.1 (Jensen 不等式) 设 f 是一个凸函数，z 是一个随机变量，则有：

$$\mathbb{E}[f(z)]\geqslant f(\mathbb{E}[z])$$

如果 f 严格凸，那么当且仅当 z 是一个常数时 $\mathbb{E}[f(z)]=f(\mathbb{E}[z])$。相应地，如果 f 是凹函数，则得到相反的结论，即 $\mathbb{E}[f(z)]\leqslant f(\mathbb{E}[z])$，这里 $\mathbb{E}(\cdot)$ 表示随机变量的数学期望（均值）。

下面介绍 EM 算法的具体推导。对于每一个样本 $\boldsymbol{x}_i\,(i=1,2,\cdots,n)$，假设 Q_i 表示关于 z_i 的一个概率分布，满足

$$\sum_{z_i}Q_i(z_i)=1,\ Q_i(z_i)\geqslant 0$$

则

$$\ell(\boldsymbol{\theta})=\sum_{i=1}^{n}\ln p(\boldsymbol{x};\boldsymbol{\theta})=\sum_{i=1}^{n}\ln\sum_{z_i}p(\boldsymbol{x},z_i;\boldsymbol{\theta})$$

$$= \sum_i \ln \sum_{z_i} Q_i(z_i) \frac{p(\boldsymbol{x}_i, z_i; \boldsymbol{\theta})}{Q_i(z_i)} \tag{11.4}$$

$$\geqslant \sum_i \sum_{z_i} Q_i(z_i) \ln \frac{p(\boldsymbol{x}_i, z_i; \boldsymbol{\theta})}{Q_i(z_i)} \tag{11.5}$$

在这里，式 (11.4) 做了一个恒等变形，凑出了数学期望的计算公式；式 (11.5) 则使用了 Jensen 不等式。此时 $f(x) = \ln(x)$，是一个凹函数，$\sum\limits_{z_i} Q_i(z_i) \dfrac{p(\boldsymbol{x}_i, z_i; \boldsymbol{\theta})}{Q_i(z_i)}$ 表示函数 $\dfrac{p(\boldsymbol{x}_i, z_i; \boldsymbol{\theta})}{Q_i(z_i)}$ 关于变量 z_i 的数学期望，z_i 服从分布 $Q_i(z_i)$，则根据 Jensen 不等式有：

$$f\left(\mathbb{E}_{z_i \sim Q_i}\left[\frac{p(\boldsymbol{x}_i, z_i; \boldsymbol{\theta})}{Q_i(z_i)}\right]\right) \geqslant \mathbb{E}_{z_i \sim Q_i}\left[f\left(\frac{p(\boldsymbol{x}_i, z_i; \boldsymbol{\theta})}{Q_i(z_i)}\right)\right]$$

把上式中的期望和 f 替换为对应的表达式，就得到了式 (11.5) 的结果。式 (11.5) 说明对于任意的 Q_i，得到了原对数似然函数的一个下界。显然，这个下界函数比原对数似然函数更容易求极大值，因为对数函数里面已经没有了求和项。现在的问题是如何选择概率分布 Q_i。EM 算法的策略是找到原对数似然函数的一个紧下界，也就是说，在某个 $\boldsymbol{\theta}$ 处，$\mathbb{E}[f(z)] = f(\mathbb{E}[z])$。在 Jensen 不等式中，这个结果成立的条件是随机变量 z 是一个常数，即：

$$\frac{p(\boldsymbol{x}_i, z_i; \boldsymbol{\theta})}{Q_i(z_i)} = c$$

这意味着 $Q_i(z_i) = c^{-1} p(\boldsymbol{x}_i, z_i; \boldsymbol{\theta})$，又因为 $\sum\limits_{z_i} Q_i(z_i) = 1$，所以有：

$$Q_i(z_i) = \frac{p(\boldsymbol{x}_i, z_i; \boldsymbol{\theta})}{\sum\limits_{z_i} p(\boldsymbol{x}_i, z_i; \boldsymbol{\theta})} = \frac{p(\boldsymbol{x}_i, z_i; \boldsymbol{\theta})}{p(\boldsymbol{x}_i; \boldsymbol{\theta})} = p(z_i \mid \boldsymbol{x}_i; \boldsymbol{\theta}) \tag{11.6}$$

这说明 Q_i 其实对应着 z_i 的后验分布。上面的推导中分别使用了边缘分布和条件概率的概念。至此，通过选择 Q_i 得到了似然函数的一个紧下界。下一步骤就是更新 $\boldsymbol{\theta}$ 以最大化这个紧下界函数。

EM 算法实现时，首先随机初始化参数 $\boldsymbol{\theta}$ 的值，然后分为 E 步和 M 步进行循环交替迭代。

（1）E 步。利用当前的 $\boldsymbol{\theta}_t$ 值（此时为已知），计算在给定的 $\boldsymbol{x}_i$ 时对随机变量 z_i 的条件概率：

$$Q_i(z_i) = p(z_i \mid \boldsymbol{x}_i; \boldsymbol{\theta}_t) \tag{11.7}$$

然后根据此分布构造目标函数（即紧下界函数），此紧下界函数可表示为随机变量 z_i 的数学期望，即：

$$\mathbb{E}_{z_i \sim Q_i}\left[\frac{p(\boldsymbol{x}_i, z_i; \boldsymbol{\theta})}{Q_i(z_i)}\right] = \sum_{z_i} Q_i(z_i) \ln \frac{p(\boldsymbol{x}_i, z_i; \boldsymbol{\theta})}{Q_i(z_i)}$$

（2）M 步。求解如下极大值问题，得到参数 $\boldsymbol{\theta}$ 的更新值：

$$\boldsymbol{\theta}_{t+1} = \arg\max_{\boldsymbol{\theta}} \sum_{i=1}^{n} \sum_{z_i} Q_i(z_i) \ln \frac{p(\boldsymbol{x}_i, z_i; \boldsymbol{\theta})}{Q_i(z_i)} \tag{11.8}$$

步骤（1）和步骤（2）反复迭代，直至满足终止准则。一般迭代到 $\|\boldsymbol{\theta}_{t+1} - \boldsymbol{\theta}_t\|_2 \leqslant \varepsilon$ 或目标函数相邻两次函数值之差小于指定的阈值时，即可终止迭代。

应当指出，EM 算法作为一种数据添加算法，在近几十年得到了迅速的发展。这是由于当前科学研究及各方面实际应用中的数据量越来越大，经常存在数据缺失或不可用的问题，此时如果直接处理数据一般是比较困难的。虽然数据添加方法有很多种，但 EM 算法具有算法简单、能可靠地找到极大值或局部极大值等优点，所以得到了迅速普及。

随着机器学习理论的发展，EM 算法已经不再满足于处理缺失数据问题了，它所能处理的问题越来越广泛。有时候并非真的是数据缺失，而是为了简化问题所采取的策略，这时算法被称为数据添加技术。一个复杂的问题通过引入恰当的潜在数据往往能够得到有效的解决。

11.3　EM 算法的应用

本节介绍 EM 算法在高斯混合模型中的应用。EM 算法只是一个算法框架，描述了对于含有隐变量这一类问题的求解方法。对于具体的模型，E 步和 M 步的计算表达式也不同。下面以高斯混合模型为例，说明如何实现 EM 算法。

假设有一组样本数据 $\boldsymbol{x}_1, \boldsymbol{x}_2, \cdots, \boldsymbol{x}_n$ 服从由 k 个高斯分布 $N(\boldsymbol{x}_i; \boldsymbol{\mu}_j, \boldsymbol{\Sigma}_j)\,(j = 1, \cdots, k)$ 组成的高斯混合分布，但不知道每个数据 $\boldsymbol{x}_i\,(i = 1, 2, \cdots, n)$ 具体来自哪个高斯分布。现为每个样本 $\boldsymbol{x}_i$ 增加一个隐变量 z_i，以表示该样本来自哪个高斯分布。它是一个离散型随机变量，取值为 $\{1, \cdots, k\}$，取每个值 $z_i = j$ 的概率为 w_j，即以概率 $w_j\,(w_j \geqslant 0,\ \sum_{j=1}^{k} w_j = 1)$ 来自第 $j\,(j = 1, 2, \cdots, k)$ 个高斯分布，也不知道每个高斯模型的具体参数，希望能够根据这些观测到的样本数据 $\boldsymbol{x}_1, \boldsymbol{x}_2, \cdots, \boldsymbol{x}_n$ 估计出这些参数：

$$\boldsymbol{\theta} = (\boldsymbol{w}, \boldsymbol{\mu}, \boldsymbol{\Sigma}) = \{(w_j, \boldsymbol{\mu}_j, \boldsymbol{\Sigma}_j),\ j = 1, 2, \cdots, k\}$$

我们注意到，样本数据 $\boldsymbol{x}_1, \boldsymbol{x}_2, \cdots, \boldsymbol{x}_n$ 是可观测的，而它们来自哪个高斯分布是不知道的，用隐变量 $z_i = j\,(j = 1, 2, \cdots, k)$ 表示样本数据 $\boldsymbol{x}_i\,(i = 1, 2, \cdots, n)$ 所属的高斯成分，则有：

$$p(z_i = j \,|\, \boldsymbol{\theta}) = w_j \tag{11.9}$$

$$\{\boldsymbol{x}_i \,|\, z_i = j, \boldsymbol{\theta}\} \sim N(\boldsymbol{x}_i \,|\, \boldsymbol{\mu}_j, \boldsymbol{\Sigma}_j) \tag{11.10}$$

为了估计高斯混合模型的参数，写出其对数似然函数：

$$\ell(\boldsymbol{\theta}) = \sum_{i=1}^{n} \ln p(\boldsymbol{x}_i \,|\, \boldsymbol{\theta}) = \sum_{i=1}^{n} \ln \sum_{j=1}^{k} p(\boldsymbol{x}_i, z_j \,|\, \boldsymbol{\theta}) \tag{11.11}$$

假设第 t 次迭代已经得到未知参数的一组估计：

$$\boldsymbol{\theta}_t=\{(w_j^{(t)},\boldsymbol{\mu}_j^{(t)},\boldsymbol{\Sigma}_j^{(t)}),\ j=1,2,\cdots,k\}$$

则根据 EM 算法，在第 $t+1$ 次迭代中可计算出如下值。

E 步：由式 (11.6) 构造 z_i 的概率分布：

$$\begin{aligned}q_{ij}=Q_i(z_i=j)&=\frac{p(z_i=j,\boldsymbol{x}_i\,|\,\boldsymbol{\theta}_t)}{\sum\limits_{l=1}^{k}p(z_i=l,\boldsymbol{x}_i\,|\,\boldsymbol{\theta}_t)}\\&=\frac{p(\boldsymbol{x}_i\,|\,z_i=j;\boldsymbol{\theta}_t)\,p(z_i=j\,|\,\boldsymbol{\theta}_t)}{\sum\limits_{l=1}^{k}p(\boldsymbol{x}_i\,|\,z_i=l;\boldsymbol{\theta}_t)p(z_i=l\,|\,\boldsymbol{\theta}_t)}=\frac{w_jN(\boldsymbol{x}_i\,|\,\boldsymbol{\mu}_j^{(t)},\boldsymbol{\Sigma}_j^{(t)})}{\sum\limits_{l=1}^{k}w_lN(\boldsymbol{x}_i\,|\,\boldsymbol{\mu}_l^{(t)},\boldsymbol{\Sigma}_l^{(t)})}\end{aligned}\tag{11.12}$$

上面的推导分别应用了贝叶斯公式和全概率公式，而且最后一个等式利用了式 (11.9) 和式 (11.10)。注意，q_{ij} 根据当前的参数值迭代计算，是一个常数。

M 步：最大化对数似然函数：

$$\begin{aligned}\ell(\boldsymbol{\theta})&=\sum_{i=1}^{n}\sum_{j=1}^{k}Q_i(z_i=j)\ln\frac{p(\boldsymbol{x}_i,z_i=j\,|\,\boldsymbol{\theta})}{Q_i(z_i=j)}\\&=\sum_{i=1}^{n}\sum_{j=1}^{k}Q_i(z_i=j)\ln\frac{p(\boldsymbol{x}_i\,|\,z_i=j,\boldsymbol{\theta})\,p(z_i=j\,|\,\boldsymbol{\theta})}{Q_i(z_i=j)}\\&=\sum_{i=1}^{n}\sum_{j=1}^{k}q_{ij}\ln\frac{w_jN(\boldsymbol{x}_i\,|\,\boldsymbol{\mu}_j,\boldsymbol{\Sigma}_j)}{q_{ij}}\end{aligned}\tag{11.13}$$

注意到

$$N(\boldsymbol{x}_i\,|\,\boldsymbol{\mu}_j,\boldsymbol{\Sigma}_j)=\frac{1}{(2\pi)^{\frac{n}{2}}|\boldsymbol{\Sigma}_j|^{\frac{1}{2}}}\mathrm{e}^{-\frac{1}{2}(\boldsymbol{x}_i-\boldsymbol{\mu}_j)^{\mathrm{T}}\boldsymbol{\Sigma}_j^{-1}(\boldsymbol{x}_i-\boldsymbol{\mu}_j)}$$

将其代入式 (11.13)，得：

$$\begin{aligned}\ell(w_j,\boldsymbol{\mu}_j,\boldsymbol{\Sigma}_j)&=\sum_{i=1}^{n}\sum_{j=1}^{k}q_{ij}\left(\ln w_j-\frac{1}{2}(\boldsymbol{x}_i-\boldsymbol{\mu}_j)^{\mathrm{T}}\boldsymbol{\Sigma}_j^{-1}(\boldsymbol{x}_i-\boldsymbol{\mu}_j)-\frac{1}{2}\ln|\boldsymbol{\Sigma}_j|+c\right)\\&=\sum_{i=1}^{n}\sum_{j=1}^{k}q_{ij}\left(\ln w_j-\frac{1}{2}(\boldsymbol{x}_i-\boldsymbol{\mu}_j)^{\mathrm{T}}\boldsymbol{\Sigma}_j^{-1}(\boldsymbol{x}_i-\boldsymbol{\mu}_j)+\frac{1}{2}\ln|\boldsymbol{\Sigma}_j^{-1}|+c\right)\end{aligned}\tag{11.14}$$

这里 c 为常数，第二个等式的化简用到了矩阵行列式的性质，即 $|\boldsymbol{A}^{-1}|=|\boldsymbol{A}|^{-1}$。

若要极大化 $\ell(w_j,\boldsymbol{\mu}_j,\boldsymbol{\Sigma}_j)$，只需分别对 $w_j,\boldsymbol{\mu}_j,\boldsymbol{\Sigma}_j$ 求偏导数并令其等于 0 就可得到参数的更新公式。

首先，对 $\boldsymbol{\mu}_j$ 求偏导数并令其为 $\mathbf{0}$，可得：

$$\begin{aligned}\frac{\partial \ell}{\partial \boldsymbol{\mu}_j} &= \frac{\partial}{\partial \boldsymbol{\mu}_j}\sum_{i=1}^{n}\sum_{j=1}^{k} q_{ij}\Big(\ln w_j - \frac{1}{2}(\boldsymbol{x}_i-\boldsymbol{\mu}_j)^{\mathrm{T}}\boldsymbol{\Sigma}_j^{-1}(\boldsymbol{x}_i-\boldsymbol{\mu}_j)+\frac{1}{2}\ln|\boldsymbol{\Sigma}_j^{-1}|+c\Big)\\ &= \sum_{i=1}^{n} q_{ij}\boldsymbol{\Sigma}_j^{-1}(\boldsymbol{x}_i-\boldsymbol{\mu}_j)=\mathbf{0}\end{aligned}$$

可以解得：

$$\boldsymbol{\mu}_j^{(t+1)} = \frac{\sum\limits_{i=1}^{n} q_{ij}\boldsymbol{x}_i}{\sum\limits_{i=1}^{n} q_{ij}},\ j=1,2,\cdots,k \tag{11.15}$$

令 $\boldsymbol{\Gamma}_j=\boldsymbol{\Sigma}_j^{-1}$，对 $\boldsymbol{\Gamma}_j$ 求偏导数并令其等于 0，可得：

$$\begin{aligned}\frac{\partial \ell}{\partial \boldsymbol{\Gamma}_j} &= \frac{\partial}{\partial \boldsymbol{\Gamma}_j}\sum_{i=1}^{n}\sum_{j=1}^{k} q_{ij}\Big(\ln w_j - \frac{1}{2}(\boldsymbol{x}_i-\boldsymbol{\mu}_j)^{\mathrm{T}}\boldsymbol{\Gamma}_j(\boldsymbol{x}_i-\boldsymbol{\mu}_j)+\frac{1}{2}\ln|\boldsymbol{\Gamma}_j|+c\Big)\\ &= -\frac{1}{2}\sum_{i=1}^{n} q_{ij}(\boldsymbol{x}_i-\boldsymbol{\mu}_j)(\boldsymbol{x}_i-\boldsymbol{\mu}_j)^{\mathrm{T}}+\frac{1}{2}\sum_{i=1}^{n}\frac{q_{ij}}{|\boldsymbol{\Gamma}_j|}\frac{\partial|\boldsymbol{\Gamma}_j|}{\partial \boldsymbol{\Gamma}_j}=\mathbf{0}\end{aligned} \tag{11.16}$$

上面第二个等式利用了矩阵求导公式：

$$\frac{\partial\left(\boldsymbol{a}^{\mathrm{T}}\boldsymbol{X}\boldsymbol{a}\right)}{\partial \boldsymbol{X}}=\boldsymbol{a}\boldsymbol{a}^{\mathrm{T}}$$

利用矩阵行列式求导公式：

$$\frac{\partial|\boldsymbol{X}|}{\partial \boldsymbol{X}}=|\boldsymbol{X}|(\boldsymbol{X}^{-1})^{\mathrm{T}}$$

可将式 (11.16) 化为：

$$-\frac{1}{2}\sum_{i=1}^{n} q_{ij}(\boldsymbol{x}_i-\boldsymbol{\mu}_j)(\boldsymbol{x}_i-\boldsymbol{\mu}_j)^{\mathrm{T}}+\frac{1}{2}\sum_{i=1}^{n} q_{ij}(\boldsymbol{\Gamma}_j^{-1})^{\mathrm{T}}=\mathbf{0}$$

由上式解得：

$$\boldsymbol{\Sigma}_j^{(t+1)}=\frac{\sum\limits_{i=1}^{n} q_{ij}(\boldsymbol{x}_i-\boldsymbol{\mu}_j)(\boldsymbol{x}_i-\boldsymbol{\mu}_j)^{\mathrm{T}}}{\sum\limits_{i=1}^{n} q_{ij}},\ j=1,2,\cdots,k \tag{11.17}$$

最后来处理参数 $\boldsymbol{w}=(w_1,w_2,\cdots,w_k)^{\mathrm{T}}$。由于目标函数 (11.13) 中只有含 $\ln w_j$ 这一项与 $\boldsymbol{w}$ 有关，故对 w_j 求偏导数时其他项可以略去。注意到约束条件 $\sum_{j=1}^{k} w_j=1$，因此

可以构造拉格朗日函数：

$$L(\boldsymbol{w},\lambda)=\sum_{i=1}^{n}\sum_{j=1}^{k}q_{ij}\ln w_j-\lambda\Big(\sum_{j=1}^{k}w_j-1\Big)$$

由 KKT 条件可得：

$$\frac{\partial L(\boldsymbol{w},\lambda)}{\partial w_j}=\sum_{i=1}^{n}\frac{q_{ij}}{w_j}-\lambda=\frac{1}{w_j}\sum_{i=1}^{n}q_{ij}-\lambda=0,\ j=1,2,\cdots,k \tag{11.18}$$

由此可得：

$$w_j=\frac{1}{\lambda}\sum_{i=1}^{n}q_{ij},\ j=1,2,\cdots,k \tag{11.19}$$

下面来确定乘子 λ 的值。由式 (11.12)，将

$$q_{ij}=\frac{w_jN(\boldsymbol{x}_i\,|\,\boldsymbol{\mu}_j^{(t)},\boldsymbol{\Sigma}_j^{(t)})}{\sum\limits_{l=1}^{k}w_lN(\boldsymbol{x}_i\,|\,\boldsymbol{\mu}_l^{(t)},\boldsymbol{\Sigma}_l^{(t)})}$$

代入式 (11.18) 得：

$$\sum_{i=1}^{n}\frac{N(\boldsymbol{x}_i\,|\,\boldsymbol{\mu}_j^{(t)},\boldsymbol{\Sigma}_j^{(t)})}{\sum\limits_{l=1}^{k}w_lN(\boldsymbol{x}_i\,|\,\boldsymbol{\mu}_l^{(t)},\boldsymbol{\Sigma}_l^{(t)})}-\lambda=0 \tag{11.20}$$

式 (11.20) 两边同乘以 w_j 并对 j 求和，得：

$$\begin{aligned}0&=\sum_{j=1}^{k}w_j\Big(\sum_{i=1}^{n}\frac{N(\boldsymbol{x}_i\,|\,\boldsymbol{\mu}_j^{(t)},\boldsymbol{\Sigma}_j^{(t)})}{\sum\limits_{l=1}^{k}w_lN(\boldsymbol{x}_i\,|\,\boldsymbol{\mu}_l^{(t)},\boldsymbol{\Sigma}_l^{(t)})}-\lambda\Big)\\&=\sum_{i=1}^{n}\frac{\sum\limits_{j=1}^{k}w_jN(\boldsymbol{x}_i\,|\,\boldsymbol{\mu}_j^{(t)},\boldsymbol{\Sigma}_j^{(t)})}{\sum\limits_{l=1}^{k}w_lN(\boldsymbol{x}_i\,|\,\boldsymbol{\mu}_l^{(t)},\boldsymbol{\Sigma}_l^{(t)})}-\lambda\sum_{j=1}^{k}w_j\\&=n-\lambda\end{aligned}$$

由此得到 $\lambda=n$，将其代入式 (11.19) 即得：

$$w_j^{(t+1)}=\frac{1}{n}\sum_{i=1}^{n}q_{ij},\ j=1,2,\cdots,k \tag{11.21}$$

利用 EM 算法的核心就是实现上面两步中公式的计算，然后反复迭代，直至收敛，就可以得到高斯混合模型的全部参数。为了便于编制程序，我们将 EM 算法的流程描述如下。

算法 11.1（高斯混合模型的 EM 算法）

（1）初始化。用适当的方法给参数赋初始值 $(\boldsymbol{w}^{(0)}, \boldsymbol{\mu}^{(0)}, \boldsymbol{\Sigma}^{(0)})$。置 $t=0$。

（2）E 步。根据模型参数的当前估计值，计算第 i 个样本来自第 j 个高斯分布的概率：

$$q_{ij}^{(t)} = p(z_i = j \mid \boldsymbol{x}_i; w_j^{(t)}, \boldsymbol{\mu}_j^{(t)}, \boldsymbol{\Sigma}_j^{(t)})$$

这里，$q_{ij}^{(t)}$ 是根据当前的参数估计值计算出来的对 z_i 的概率分布的猜测值，可以通过贝叶斯公式和全概率公式得到：

$$\begin{aligned} p(z_i = j \mid \boldsymbol{x}_i; w_j^{(t)}, \boldsymbol{\mu}_j^{(t)}, \boldsymbol{\Sigma}_j^{(t)}) &= \frac{p(\boldsymbol{x}_i \mid z_i = j; \boldsymbol{\mu}_j^{(t)}, \boldsymbol{\Sigma}_j^{(t)})\, p(z_i = j; w_j^{(t)})}{\sum\limits_{l=1}^{k} p(\boldsymbol{x}_i \mid z_i = l; \boldsymbol{\mu}_j^{(t)}, \boldsymbol{\Sigma}_l^{(t)})\, p(z_i = l; w_l^{(t)})} \\ &= \frac{w_j^{(t)} N(\boldsymbol{x}_i \mid \boldsymbol{\mu}_j^{(t)}, \boldsymbol{\Sigma}_j^{(t)})}{\sum\limits_{l=1}^{k} w_l^{(t)} N(\boldsymbol{x}_i \mid \boldsymbol{\mu}_l^{(t)}, \boldsymbol{\Sigma}_l^{(t)})} \end{aligned}$$

（3）M 步。更新模型参数。权重系数 w_j 的更新公式为：

$$w_j^{(t+1)} = \frac{1}{n} \sum_{i=1}^{n} q_{ij}^{(t)},\ j = 1, 2, \cdots, k$$

均值向量的更新公式为：

$$\boldsymbol{\mu}_j^{(t+1)} = \frac{\sum\limits_{i=1}^{n} q_{ij}^{(t)} \boldsymbol{x}_i}{\sum\limits_{i=1}^{n} q_{ij}^{(t)}},\ j = 1, 2, \cdots, k$$

协方差矩阵的更新公式为：

$$\boldsymbol{\Sigma}_j^{(t+1)} = \frac{\sum\limits_{i=1}^{n} q_{ij}^{(t)} (\boldsymbol{x}_i - \boldsymbol{\mu}_j)(\boldsymbol{x}_i - \boldsymbol{\mu}_j)^{\mathrm{T}}}{\sum\limits_{i=1}^{n} q_{ij}^{(t)}},\ j = 1, 2, \cdots, k$$

（4）若满足终止准则，则停止迭代；否则，$t := t + 1$，转至步骤（2）。

11.4　GMM 的 MATLAB 实现

本节利用 MATLAB 机器学习工具箱自带的有关函数来实现高斯混合聚类。下面介绍 MATLAB 中与 GMM 相关的一些函数及其使用方法。

11.4.1 GMM 的生成

在 MATLAB 中用函数 gmdistribution(·,·,·) 来生成一个高斯混合模型的样本数据。这个函数的输入参数有均值 ($\boldsymbol{\mu}$)、协方差 ($\boldsymbol{\Sigma}$) 和每个成分的权重 ($\boldsymbol{w}$)。我们来看一个例子。

例 11.1 用函数 gmdistribution(·,·,·) 来生成一个高斯混合模型，并进行可视化显示。

编写 MATLAB 代码如下（gmm_gen.m 文件）：

```
%高斯混合模型的生成
clear all;clc;close all;
Mu=[-2,-2;-3 3;3,-3];%三个成分的均值
Sigma=cat(3,[1,0;0,1],[1,0.1;0.1,1],[0.5,0.1;0.1,1]);
%三个成分的协方差,cat函数将三个协方差矩阵在第3个维度上进行连接
w=[1/4,1/2,1/4];%每个成分的权重系数
gm=gmdistribution(Mu,Sigma,w);%创建GM模型
properties=properties(gm),%显示高斯混合模型具有的属性
methods=methods(gm),%显示高斯混合模型具有的方法
gmPDF=@(x,y)pdf(gm,[x y]);%计算高斯混合模型的概率密度函数值
f=figure;%创建一个图形窗口
set(f,'Position',[400,300,900,500]);
p1=subplot(1,2,1);
ezsurf(gmPDF,[-10,10],[-10,10]);%图示GMM的PDF
%view(12,12)
title('高斯混合模型的概率密度函数');
set(p1,'FontSize',12);
gmCDF=@(x,y)cdf(gm,[x y]);%计算高斯混合模型的累积分布函数值
p2=subplot(1,2,2);
ezsurf(gmCDF,[-10,10],[-10,10]);%图示GMM的CDF
title('高斯混合模型的累积分布函数');
set(p2,'FontSize',12);
```

在上面的程序代码中，首先生成了一个具有三个成分的高斯混合模型。然后用 properties() 函数和 methods() 函数显示该模型所具有的“属性”和“方法”。最后图示了高斯混合模型的概率密度函数（PDF）和累积分布函数（CDF）。它的概率密度函数和累积分布函数如图 11.2 所示。

从图 11.3 可以看出，概率密度函数有三个尖峰，分别对应了三个单高斯成分；而累积分布函数是一个增函数，从图中也能得到验证。

11.4.2 GMM 的参数拟合

从 11.4.1 节已知高斯混合模型的均值、协方差矩阵和权重系数，可以用函数 gmdistribution(·,·,·) 产生一个高斯混合模型。那么如果现在只有一些样本数据，不知道高斯混合模型的参数，怎样求出这些参数呢？这就是高斯混合模型的拟合问题，所用的算法就是之前介绍的 EM 算法。MATLAB 实现这个功能的函数是 fitgmdist()。下面介绍它的调用方法，调用的一般格式是：

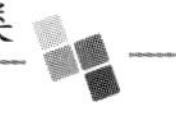

```
gm = fitgmdist(X, k, Name, Value);
```

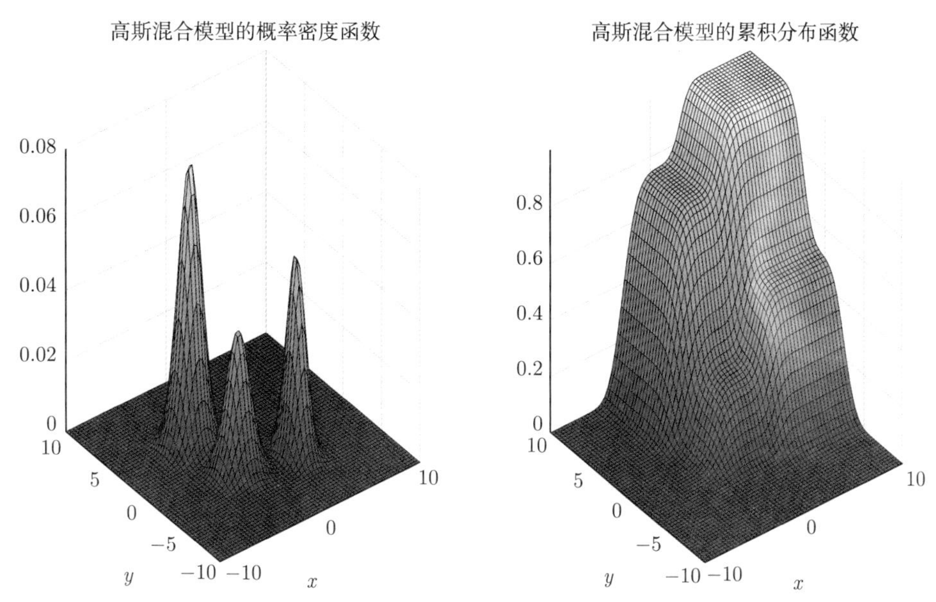

图 11.2 利用 MATLAB 函数生成高斯混合模型实例

输入参数说明：

X 是样本数据。k 是成分的个数。Name 和 Value 是可选参数，通常有如下取值。

（1）‘RegularizationValue’, 0 （0.1, 0.01,· · · , 正则化系数, 防止协方差奇异）。

（2）‘CovarianceType’, ‘full’/‘diagonal’（‘full’, 协方差矩阵是非对角矩阵；‘diagonal’, 协方差矩阵为对角矩阵）。

（3）‘Start’,‘randSample’/‘plus’/‘S’ （‘randSample’, 随机初始化；‘plus’, k-means++ 初始化；‘S’, 自定义初始化）。其中，S=struct（‘mu’, init_Mu, ‘Sigma’, init_Sigma, ‘ComponentProportion’, init_Components）。

（4）‘Options’, statset（‘Display’, ‘final’/‘iter’/‘off’, ‘MaxIter’, MaxIter, ‘TolFun’, TolFun）（‘Display’ 有三个取值：‘final’ 显示最终的输出结果，‘iter’ 显示每次迭代的结果，‘off’ 不显示优化参数信息；‘MaxIter’：默认为 100, 最大迭代次数；‘TolFun’：默认为 1e-6, 目标函数的终止误差）。

输出参数说明:

（1）**gm.mu** 更新完后的聚类中心（均值）。

（2）**gm.Sigma** 更新完后的协方差矩阵。

（3）**gm.ComponentProportion** 更新完后的混合比例。

（4）**gm.NegativeLogLikelihood** 更新完后的负对数似然函数。

（5）**gm.NumIterations** 实际迭代次数。

（6）**gm.AIC** 赤池信息准则值, 用于模型选择。

（7）**gm.BIC** 贝叶斯信息准则值。

要了解更多参数信息, 可在命令行输入 properties（gm）查看。

例 11.2 用函数 fitgmdist() 来拟合一个高斯混合模型的参数, 并进行可视化显示。

编制 MATLAB 程序代码如下（gmm_fit.m 文件）:

```
%高斯混合模型的参数拟合
%产生三个二维的单高斯模型,并用来产生模拟数据
clc;close all;clear all;
k=3;%单高斯成分个数
mu1=[-2 -2]';sigma1=[1 0;0 2];%第一个高斯分布
mu2=[-3 3]';sigma2=[1 0;0 0.5];%第二个高斯分布
mu3=[3 -3]';sigma3=[0.5 0;0 1];%第三个高斯分布
rng(1);  %为了重复再现
%根据三个高斯模型参数,分别随机产生500个样本点,并组合在一起
X1=mvnrnd(mu1,sigma1,500);%产生第一类样本数据
X2=mvnrnd(mu2,sigma2,500);%产生第二类样本数据
X3=mvnrnd(mu3,sigma3,500);%产生第三类样本数据
X=[X1;X2;X3];%组成三类样本数据
gm=fitgmdist(X,k);%gm是个结构体,保存了拟合模型的参数
lab=[ones(500,1);2*ones(500,1);3*ones(500,1)];%三类数据的标签
h=gscatter(X(:,1),X(:,2),lab);%画出三类数据散点图
hold on;
f=@(x,y)pdf(gm,[x,y]);%计算拟合后的概率密度函数值
fcontour(f,'--','LineWidth',2);
title('散点图和拟合的高斯模型轮廓');
legend('簇1','簇2','簇3','Location','NE');
set(gca,'Ylim',[-7,7],'Xlim',[-7,7],'FontSize',12);
hold off;
properties(gm)  %显示拟合模型的属性
Mu=gm.mu  %显示拟合模型的均值
Sigma=gm.Sigma  %显示拟合模型的协方差
w=gm.ComponentProportion  %显示拟合模型的成分比例
```

在上面的程序代码中，首先人工生成了三个二维单高斯分布模型的数据，分别如图 11.3 中的红色点、绿色点和蓝色点所示。然后，调用了 fitgmdist() 函数拟合模型参数。从图 11.3 中可以看出，拟合的模型与真实数据分布十分接近。

运行上述程序后，还可以在命令窗口显示拟合算法得到的模型均值和方差。从数值上可以看出，EM 算法得出的结果和真实分布很接近：

```
Mu =
    2.9313   -2.9883
   -1.9967   -2.0620
   -2.9637    3.0801
Sigma(:,:,1) =
    0.4878   -0.0162
   -0.0162    1.0621
```

```
Sigma(:,:,2) =
    0.9857    0.0049
    0.0049    1.8753
Sigma(:,:,3) =
    1.1347    0.0667
    0.0667    0.5450
w =
    0.3345    0.3307    0.3348
```

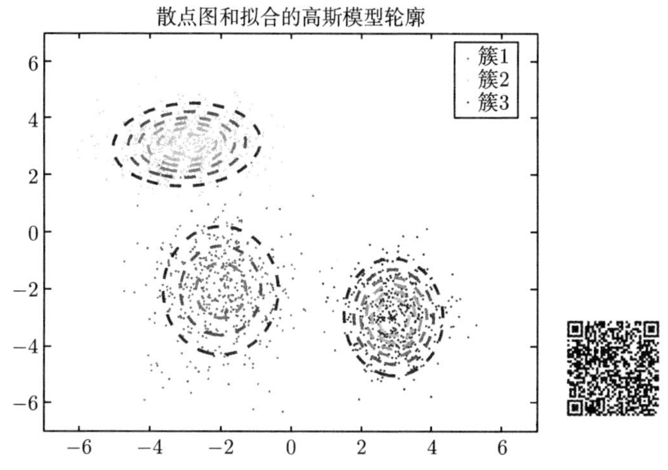

图 11.3　拟合高斯混合模型实例 (扫描右侧二维码可查看彩色效果)

11.4.3　高斯混合聚类实例

高斯混合模型常被用于聚类。聚类的基本思路是计算每个样本点关于每个高斯成分的后验概率，然后选择后验概率最大的类别作为这个样本点的类标签。在 MATLAB 中，用 fitgmdist() 对训练样本数据集进行高斯拟合后，可以根据拟合的结果再利用 cluster() 函数来完成聚类的功能。一般情况下，如果将一个样本点只归纳为一个簇（Cluster），那么这种类型的高斯混合聚类称为硬聚类（Hard Cluster）。还有一种情况，每个样本点都会针对每个簇计算一个分数（Score），对于高斯混合模型来说，这个分数就是后验概率。在这种情况下，一个点可以属于多个类，也就是说它可能具有多个标签，这种聚类称为软聚类（Soft Cluster）。下面先来看硬聚类的 MATLAB 实现。

例 11.3　随机生成两个高斯分布作为训练样本数据，然后利用函数 fitgmdist() 和 cluster() 对该样本数据进行硬聚类。

高斯混合模型的硬聚类可分为三步进行操作，其算法实现如下（gmm_cluster.m 文件）。

第一步：生成样本数据并拟合模型。

```
%生成两个高斯样本用于拟合与聚类
rng default  %可重复性
mu1=[1,2];sigma1=[3 0.2;0.2 2];%第一个高斯分布参数
mu2=[-1,-2];sigma2=[2 0; 0 1];%第二个高斯分布参数
```

```
X1=mvnrnd(mu1,sigma1,300);%生成第一个高斯样本数据
X2=mvnrnd(mu2,sigma2,300);%生成第二个高斯样本数据
X=[X1;X2];%组装成总样本数据
Y=[ones(300,1);2*ones(300,1)];%贴上标签
n=size(X,1);%矩阵X的行数
figure (1);
gscatter(X(:,1),X(:,2),Y,'rb','*x');%原始数据散点图
title('原始数据'); xlabel('x'); ylabel('y');
set(gca,'Fontsize',12); %设置字体大小
%拟合已生成的高斯样本
figure (2);
options=statset('Display','final');%可选参数设置
gm=fitgmdist(X,2,'Options',options);%拟合模型参数
%画出拟合模型的投影散点图
gscatter(X(:,1), X(:,2),Y,'rb','*x');%原始样本散点图
hold on;%将拟合结果叠加到散点图
fcontour(@(x,y)pdf(gm,[x,y]),[-6,6,-6,6]);%等位线图
title('散点图和拟合GMM模型');xlabel('x'); ylabel('y');
hold off;
```

运行上述程序段，可以拟合出一个能刻画原始数据的高斯混合模型，如图 11.4 所示。可以看出，拟合模型有两个中心，分别代表两个高斯成分。

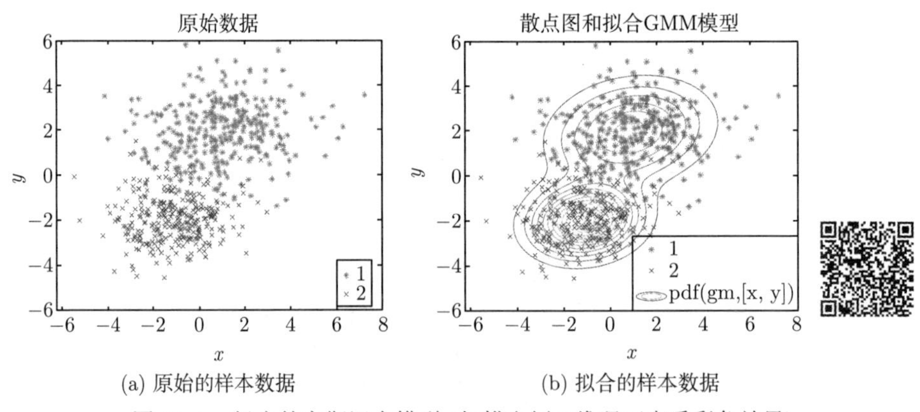

(a) 原始的样本数据　　(b) 拟合的样本数据

图 11.4　拟合的高斯混合模型 (扫描右侧二维码可查看彩色效果)

第二步：进行硬聚类。

在得到拟合的高斯混合模型之后，就可以用高斯混合聚类的 cluster() 函数对数据进行硬聚类了。代码如下（将以下程序段添加在第一步的程序代码后面）。

```
%利用cluster()函数进行聚类
idx=cluster(gm,X);%得到拟合数据的标签
esti_label=idx;%赋值给一个新变量
k=find(esti_label~=Y);%找到拟合标签与真实标签不符的样本
idx(k)=3;%标记错误分类的点为数字3
```

```
figure (3);
gscatter(X(:,1),X(:,2),idx,'rbk','*xo');
legend('簇1','簇2','分错','Location','NW');
title('高斯混合聚类');xlabel('x'); ylabel('y');
```

运行上面的程序段，可得到如图 11.5 所示的结果，其中的红色点和蓝色点分别代表簇 1 和簇 2 的样本点，黑色点表示分错的样本点。从图 11.5 中可以直观地看出，利用高斯混合聚类能够获得很高的分类正确率。

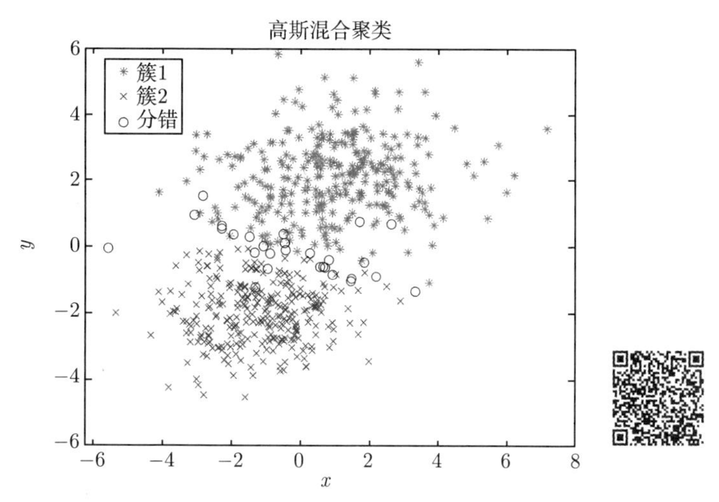

图 11.5　高斯混合模型的硬聚类 (扫描右侧二维码可查看彩色效果)

第三步：对新的数据进行分类。

上面的程序代码展示了拟合的高斯混合模型在训练样本数据上的聚类效果。跟监督学习的分类算法相似，聚类算法的性能也需要用测试集来检验。也就是说，如果有一批新的数据点，不在训练集合中，那么高斯混合聚类的效果如何呢？下面来解决这个问题。程序代码如下（将以下程序段添加在第二步的程序代码后面）：

```
%对新样本数据的测试
figure (4);
w=[0.6,0.4];%设置权重系数
Mu=[mu1;mu2];Sigma=cat(3,sigma1,sigma2);
gmt=gmdistribution(Mu,Sigma,w);%生成一个高斯混合模型
X0=random(gmt,100);%产生100个测试点
[idx0,~,p0]=cluster(gm,X0);
fcontour(@(x,y)pdf(gm,[x,y]),[min(X0(:,1)),max(X0(:,1)),min(X0(:,2)),
max(X0(:,2))]);
hold on;
gscatter(X0(:,1),X0(:,2),idx0,'rb','*p');
legend('投影轮廓','簇1','簇2','Location','SE');
title('测试新数据聚类效果');xlabel('x'); ylabel('y');
```

上述代码利用高斯混合模型的 random() 函数来随机地生成测试点。然后，利用拟合模型的聚类方法观察聚类效果，生成图像如图 11.6 所示，可以看出，生成的数据被很好地区分开来。

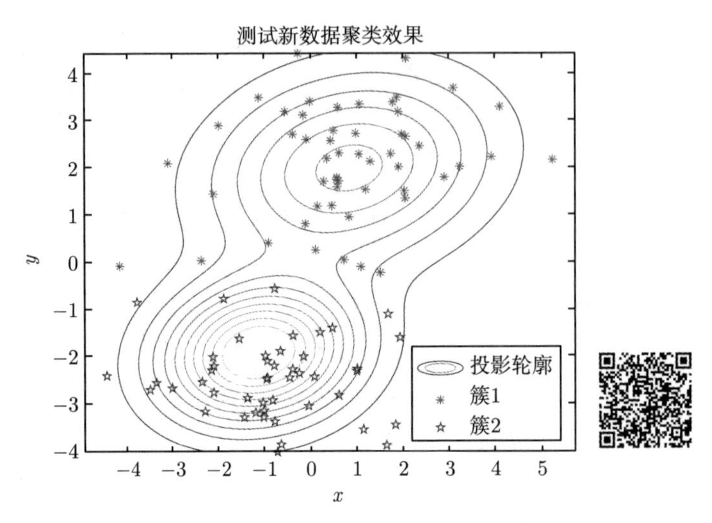

图 11.6 利用聚类结果对新数据进行分类 (扫描右侧二维码可查看彩色效果)

下面来讨论如何利用高斯混合模型进行软聚类。对于以后验概率作为得分标准的算法，一个样本点通常被分配到具有最大后验概率的类别。但是，有些样本点可能对于每个簇的得分都很相近，那么这些样本点就可以同时具有其他簇的属性。这就是所谓的软聚类。

例 11.4 随机生成两个高斯分布作为训练样本数据，然后利用函数 fitgmdist() 和 cluster() 对该样本数据进行软聚类。

实现高斯混合模型的软聚类可以按照下面三个步骤进行操作：

（1）计算每个样本点关于每个簇的后验概率，这个概率可用来描述这个点和每个类的相似度。

（2）根据后验概率值大小进行排序。

（3）通过分数决定这个点的所属类别。

采用与前面硬聚类相同的训练数据来实现软聚类的程序代码如下（gmm_softc.m 文件）：

```
%高斯混合模型软聚类的例子
clear all;close all;
k=2;%高斯混合成分数
rng(0) %为了可重复性
mu1=[1 2];sigma1=[3 0.2; 0.2 2];%第一个高斯分布的均值和协方差
mu2=[-1 -2];sigma2=[2 0; 0 1];%第二个高斯分布的均值和协方差
X=[mvnrnd(mu1,sigma1,300);mvnrnd(mu2,sigma2,300)];%生成样本集
gm=fitgmdist(X,k);%高斯混合模型拟合
```

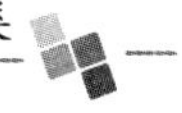

```
t=[0.45,0.55];
%后验概率如果在[0.45 0.55]范围内,则认为可以同时属于两个类
p=posterior(gm,X);
%用函数posterior求样本集X关于每个成分的后验概率,p是n×k矩阵
n=size(X,1);%n是样本数
%下面用sort函数对每个类的后验概率大小排序,这里只有两个类
[~,order]=sort(p(:,1));%order返回隶属度从小到大的对应样本的索引
figure (1);
plot(1:n,p(order,1),'r-',1:n,p(order,2),'b-','LineWidth',1.5);
legend('簇1','簇2');
ylabel('后验概率');xlabel('样本点');
title('高斯混合聚类的后验概率曲线');
idx=cluster(gm,X);%对高斯混合模型进行聚类
idx_both=find(p(:,1)>=t(1)&p(:,1)<=t(2));%确定同时属于两个类的点
num_both=numel(idx_both) %返回同时属于两个簇的样本个数
figure (2);
gscatter(X(:,1),X(:,2),idx,'rb','po',5);
hold on;
scatter(X(idx_both,1),X(idx_both,2),30,'k','filled');
legend({'簇1','簇2','两个簇'},'Location','SE','FontSize',8);
title('高斯混合模型软聚类');
xlabel('$x$','Interpreter','Latex');
ylabel('$y$','Interpreter','Latex');
hold off;
```

在上面的程序代码中，首先生成了训练样本数据 X，然后调用函数 fitgmdist() 拟合一个高斯混合模型，最后调用函数 posterior() 计算每个样本对于每个簇的后验概率并进行可视化显示。运行上述程序，可得到软聚类结果，如图 11.7 所示。

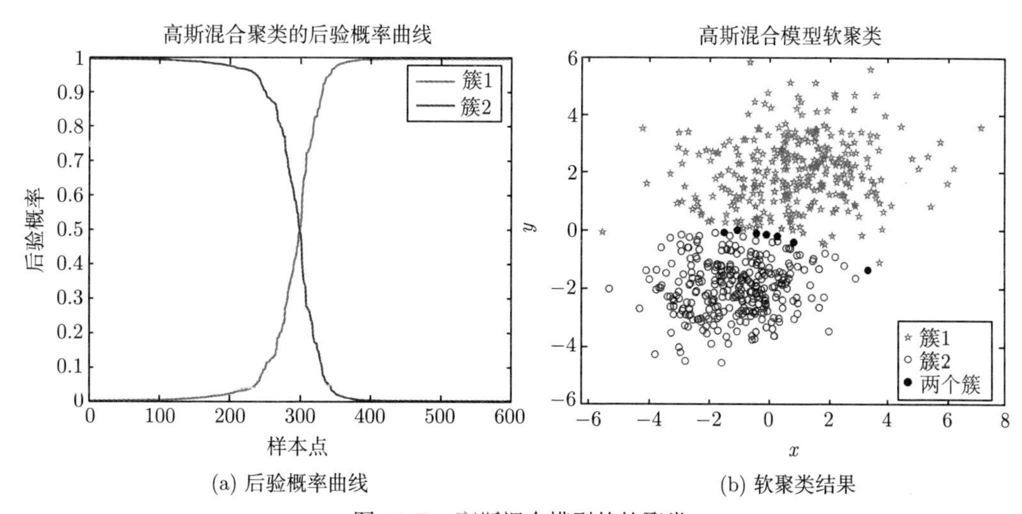

(a) 后验概率曲线　　(b) 软聚类结果

图 11.7　高斯混合模型的软聚类

在图 11.7 (a) 中，两条曲线分别展示了 600 个样本点在两个簇中的后验概率值，明显可以看到过渡区域交叉的现象，在这个交叉区域内的样本点就可以同时归到两个类。图 11.7 (b) 中的黑色实心圆点表示同时属于两个类的点，在本例中有 7 个这样的点，即在运行程序 gmm_softc.m 后，还在命令窗口显示如下结果：

```
>> gmm_softc
   num_both =
              7
```

第 12 章 集成学习

集成学习是一类机器学习算法，它本身并不是一个单独的机器学习算法，而是通过构建并结合多个机器学习器来完成学习任务的，也就是人们常说的“博采众长”。可以说，目前机器学习领域到处都可以看到集成学习的身影，它可以用于分类问题、回归问题、特征选取以及异常点检测等。

12.1 集成学习概述

12.1.1 集成学习的基本概念

集成学习是机器学习的一种思想，它通过组合多个弱学习器来构成一个性能更强、精度更高的学习模型。弱学习器是指分类性能不强甚至仅比随机胡猜略好的学习器。在学习阶段用训练样本集依次训练这些弱学习器，在预测或决策时，用这些训练好的弱学习器模型联合进行预测。

也就是说，由于单个模型的精度不是很高，于是训练多个模型，然后将它们结合起来形成一个更强大的模型。结合的方式通常有以下两种：

（1）**并行方式** 单个模型的训练相互独立，可以并行进行，最后做决策时大家共同“投票”，这种方式的典型代表是随机森林算法。

（2）**串行方式** 串行地依次训练各个模型，后面的模型训练要用到前面的训练结果，这种方式的典型代表是 AdaBoost 算法。

图 12.1 显示了集成学习算法的一般框架：先产生若干“个体学习器”，再用某种策略将它们组合起来。个体学习器通常由一个现有的学习算法从训练数据产生，例如决策树、神经网络等，此时集成中只包含同种类型的个体学习器，例如“决策树集成”中全是决策树，“神经网络集成”中全是神经网络，这样的集成称为“同质集成”。同质集成中的个体学习器也叫作“基学习器”，相应的学习算法称为“基学习算法”。此外，集成也可包含不同类型的个体学习器，例如同时包含决策树和神经网络，这样的集成称为“异质集成”。异质集成中的个体学习器由不同的学习算法生成，此时个体学习器称为“组件学习器”或直接称为个体学习器。

在一般经验中，如果把好坏不等的东西掺和到一起，通常的结果是比最差的好一些，比最好的差一些。集成学习把多个学习器结合起来，如何能获得比最好的单一学习器更好的性能呢？

学习实践表明：要获得好的集成，个体学习器应具有一定的准确性，且个体学习器之间应具有相当的多样性。当然，个体学习器的准确性和多样性一般情况下不可得兼，增加多样性的前提是牺牲准确性。事实上，产生并组合“好而不同”的个体学习器，是集成学习成功的关键。

综上所述，集成学习有两个主要的问题需要解决：第一个是如何得到若干个个体学习器；第二个是如何选择一种结合策略，将这些个体学习器集合成一个强学习器。

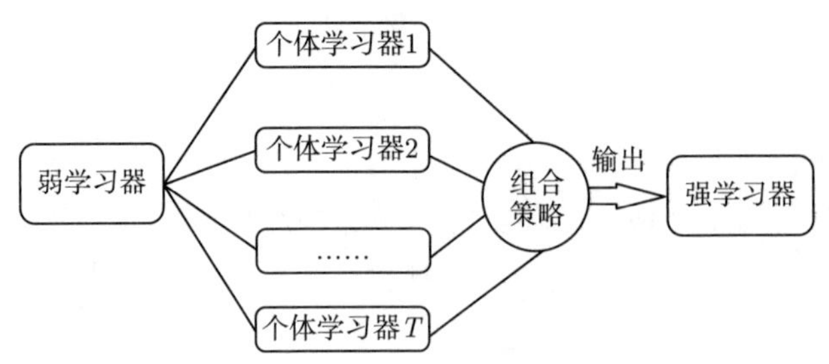

图 12.1　集成学习算法的一般框架

12.1.2　模型的并行生成

12.1.1 节提及，如果个体学习器之间不存在强依赖关系，那么这样的个体学习器可以并行生成，其代表算法是 Bagging 算法以及它的改进算法——随机森林算法。

Bagging 算法（装袋算法）的结构如图 12.2 所示。

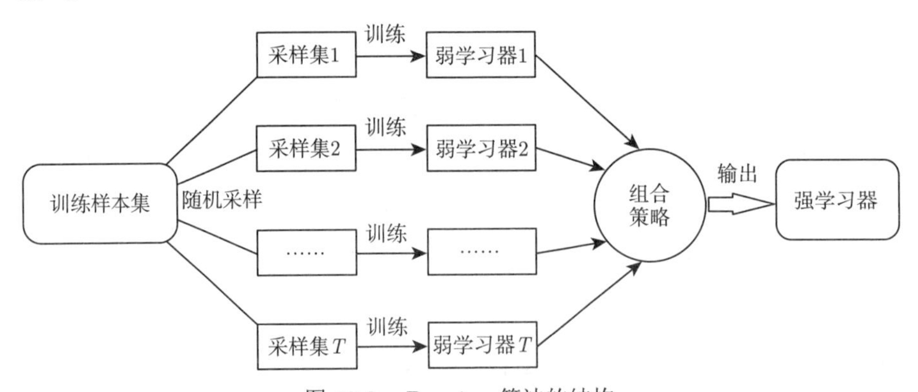

图 12.2　Bagging 算法的结构

从图 12.2 可以看出，Bagging 算法的个体学习器的训练样本集是通过随机采样得到的。通过 T 次随机采样，就可以得到 T 个采样集，然后针对这 T 个采样集可以分别独立（并行）地训练出 T 个弱学习器，再通过组合策略来得到最终的强学习器。

这里的随机采样一般采用自助采样法（Bootstrap Sampling）。自助采样是指对于具有 n 个样本的原始训练样本集，每次先随机采集一个样本放入采样集，然后再将该样本放回去，以便下次采样时该样本仍有可能被采集到，这样采集 n 次，最终得到一个具有 n 个样本的采样集。由于这样的采样手段类似于“装袋子”，Bagging 算法也因此得名。注意，因为采样是随机的，每次的采样集与原始训练集不尽相同，与其他采样集也有所差别，因此可以得到多个“不同”的弱学习器。

随机森林算法是 Bagging 算法的一个改进版本，它所使用的弱学习器都是决策树，并且在构造决策树的过程中，对于样本的属性选择采用“随机选择”方式，由此从“树”进

化到“森林”，于是得到随机森林算法。

12.1.3　模型的串行生成

如果个体学习器之间存在着较强的依赖关系，那么这样的一系列个体学习器基本都需要串行地生成，其典型代表是 Boosting 型算法。Boosting 型算法的原理及结构如图 12.3 所示。

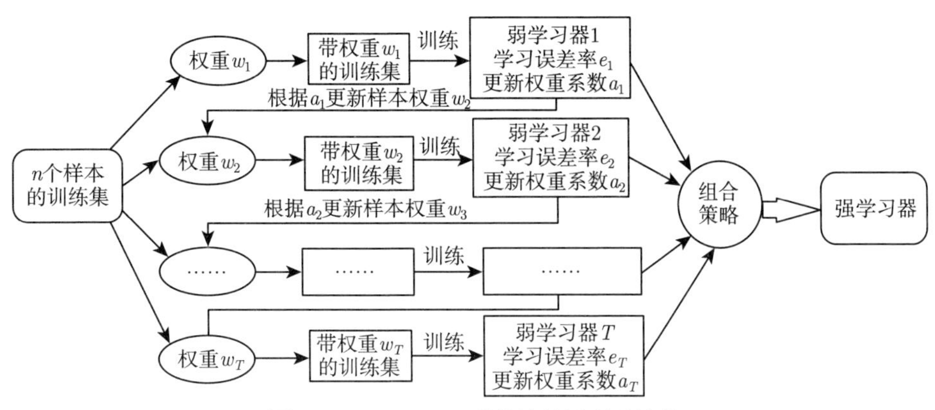

图 12.3　Boosting 型算法的原理及结构

从图 12.3 可以看出，Boosting 型算法的工作原理是：首先，从训练集用初始权重训练出一个弱学习器 1，根据弱学习器 1 的误差率表现来更新训练样本的权重，使得之前弱学习器 1 中误差率高的训练样本点的权重变高，以便这些误差率高的点在后面的弱学习器 2 中得到更多的重视。然后，基于调整权重后的训练集来训练弱学习器 2……如此重复进行，直到弱学习器数达到事先指定的数目 T，最终将这 T 个弱学习器通过组合策略进行整合，得到最终的强学习器。

Boosting 型算法最典型的代表是 AdaBoost 算法，其基本思想是在初始时给所有的样本赋予相同的权重，生成一棵决策树后对于分类错误的样本提高其权重，而对于分类正确的样本降低其权重，然后训练后续的决策树。在最终投票表决时准确率高的决策树拥有更高的话语权。

12.1.4　模型的组合策略

假定集成包含 T 个个体学习器 $\{h_1, h_2, \cdots, h_T\}$，其中 h_t 在示例 $\boldsymbol{x}$ 上的输出为 $h_t(\boldsymbol{x})$。下面介绍几种对 h_t 进行组合的常见策略。

1. 平均法

对于数值类的回归预测问题，通常使用的组合策略是平均法，即对于若干个弱学习器的输出进行平均得到最终的预测输出。最简单的平均是算术平均：

$$H(\boldsymbol{x}) = \frac{1}{T}\sum_{t=1}^{T} h_t(\boldsymbol{x}) \tag{12.1}$$

上面的组合策略称为简单平均法。如果每个个体学习器有一个权重，则最终预测是：

$$H(\boldsymbol{x})=\sum_{t=1}^{T} w_i h_t(\boldsymbol{x}) \tag{12.2}$$

其中，w_t 是个体学习器 h_t 的权重，通常要求 $w_t \geqslant 0$，$\sum\limits_{t=1}^{\mathrm{T}} w_i=1$。这样的组合策略称为加权平均法。

容易发现，简单平均法是加权平均法令 $w_i=1/T$ 的特例。加权平均法在集成学习中具有特别的意义，集成学习中的各种结合方法都可视为其特例或变体。事实上，可认为加权平均法是集成学习研究的基本出发点，对给定的个体学习器，不同的集成学习方法可视为通过不同的方式来确定加权平均法中的个体学习器权重。

加权平均法的权重一般从训练数据中学习而得，现实任务中的训练样本通常不充分或存在噪声，这将使得训练出的权重不完全可靠。尤其是对规模比较大的集成来说，要训练的权重比较多，较容易导致过拟合。因此，实验和应用均显示出，加权平均法未必一定优于简单平均法。一般而言，在个体学习器性能相差较大时宜使用加权平均法，而在个体学习器性能相近时宜使用简单平均法。

2. 投票法

与平均法不同，投票法通常用于分类任务。学习器 h_t 将从类标签集合 $\{c_1,c_2,\cdots,c_k\}$ 中预测出一个标签，最常见的组合策略是采用投票的方法。为便于讨论，将 h_t 在样本 $\boldsymbol{x}$ 上的预测输出表示为一个 k 维向量 $(h_t^1(\boldsymbol{x}),h_t^2(\boldsymbol{x}),\cdots,h_t^k(\boldsymbol{x}))^{\mathrm{T}}$，其中 $h_t^i(\boldsymbol{x})$ 是 h_t 在类标签 c_i 上的输出。

最简单的投票法是“相对多数投票法”，也就是人们常说的“少数服从多数”，即 T 个弱学习器对样本 $\boldsymbol{x}$ 的预测结果中，数量最多的类别作为最终的分类类别，即：

$$H(\boldsymbol{x})=c_{i^*}，\text{其中 } i^*=\arg\max_i \sum_{t=1}^{T} h_t^i(\boldsymbol{x}) \tag{12.3}$$

如果不止一个类别获得最高票，则随机选择一个即可。

稍微复杂的投票法是“绝对多数投票法”，也就是人们常说的“要票过半数”。在相对多数投票法的基础上，不光要求获得最高票，还要求票过半数，否则会拒绝预测：

$$H(\boldsymbol{x})=\begin{cases} c_i, & \sum\limits_{t=1}^{T} h_t^i(\boldsymbol{x})>0.5\sum\limits_{i=1}^{k}\sum\limits_{t=1}^{T} h_t^i(\boldsymbol{x}) \\ \text{拒绝}, & \sum\limits_{t=1}^{T} h_t^i(\boldsymbol{x})\leqslant 0.5\sum\limits_{i=1}^{k}\sum\limits_{t=1}^{T} h_t^i(\boldsymbol{x}) \end{cases} \tag{12.4}$$

更加复杂的是“加权投票法”，和加权平均法一样，每个弱学习器的分类票数乘以一个权重，最终将各个类别的加权票数求和，最大的值对应的类别为最终类别：

$$H(\boldsymbol{x})=c_{i^*}，\text{其中 } i^*=\arg\max_i \sum_{t=1}^{T} w_t h_t^i(\boldsymbol{x}) \tag{12.5}$$

与加权平均法类似，w_t 是 h_t 的权重，通常 $w_t \geqslant 0$，$\sum\limits_{t=1}^{T} w_t = 1$。

式 (12.3)～ 式 (12.5) 没有指出个体学习器输出值的类型。在现实学习任务中，不同类型的个体学习器可能产生不同类型的 $h_t^i(\boldsymbol{x})$ 值，常见的有：

（1）类概率，$h_t^i(\boldsymbol{x}) \in [0,1]$，相当于对后验概率 $P(c_i \mid \boldsymbol{x})$ 的一个估计。使用类概率的投票策略称为“软投票”。

（2）类标签，$h_t^i(\boldsymbol{x}) \in \{0,1\}$，若 $h_t^i(\boldsymbol{x})$ 将样本 $\boldsymbol{x}$ 预测为类别 c_i，则取值为 1，否则取值为 0。使用类标签的投票称为“硬投票”。

需要注意的是，不同类型的 $h_t^i(\boldsymbol{x})$ 值一般不能混用，但对一些能在预测出类标签的同时产生分类置信度的学习器，其分类置信度可转化为类概率使用。有趣的是，虽然分类器估计出的类概率值一般都不太准确，但基于类概率进行组合却往往比直接基于类标签进行组合性能更好。当然，若个体学习器的类型不同，则其类概率值不能直接进行比较。在此种情形下，通常可将类概率输出转化为类标记输出，例如将类概率输出最大的 $h_t^i(\boldsymbol{x})$ 设为 1，其他设为 0，然后再进行投票。

3. 学习法

对弱学习器的结果做平均或者投票，相对比较简单，但可能训练误差较大，特别是当训练数据很多时。一种更为强大的组合策略是“学习法”。学习法的典型代表是 Stacking 算法（堆叠法），当使用 Stacking 算法进行组合时，对弱学习器的结果再加上一层学习器（堆叠），即将弱学习器的训练结果作为输入，重新训练一个学习器来得到最终结果。为了叙述方便，这里将个体学习器称为初级学习器，将用于组合的学习器称为次级学习器。因此，关于 Stacking 算法，通俗地说就是对于测试集，首先用初级学习器预测一次，得到次级学习器的输入样本，再用次级学习器预测一次，得到最终的预测结果。

假定初级学习器使用不同学习算法产生，即初级集成是异质的，那么 Stacking 算法先从初始数据集训练出初级学习器，然后“生成”一个新数据集用于训练次级学习器。在这个新数据集中，初级学习器的输出被当作样例输入属性，而初始样本的标签仍被当作样例标签。Stacking 算法的详细流程如下。

算法 12.1（Stacking 算法）

输入：训练样本集 $D = \{(\boldsymbol{x}_1, y_1), (\boldsymbol{x}_2, y_2), \cdots, (\boldsymbol{x}_n, y_n)\}$；

　　初级学习器 $\mathfrak{L}_1, \mathfrak{L}_2, \cdots, \mathfrak{L}_T$；次级学习器 $\mathfrak{L}$。

输出：$H(\boldsymbol{x}) = h'(h_1(\boldsymbol{x}), h_2(\boldsymbol{x}), \cdots, h_T(\boldsymbol{x}))$。

（1）对 $t = 1, 2, \cdots, T$，训练初级学习器 $h_t = \mathfrak{L}_t(D)$。

（2）置 $D' = \varnothing$。

（3）**for** $i = 1, 2, \cdots, n$ **do**

　　for $t = 1, 2, \cdots, T$ **do**

　　　$z_{it} = h_t(\boldsymbol{x}_i)$；

　　end for

　　$D' =: D' \cup \left\{\left((z_{i1}, z_{i2}, \cdots, z_{iT})^{\mathrm{T}}, y_i\right)\right\}$；

end for

(4) $h' = \mathfrak{L}(D')$。

从算法 12.1 可以看到，在训练阶段，次级训练集 D' 是利用初级学习器产生的。但需要注意的是，若直接用初级学习器的训练集来产生次级训练集，则过拟合风险会比较大。因此，一般通过留出法或交叉验证的方式，用训练初级学习器未使用的训练样本来产生次级学习器的训练样本。例如，利用 k-折交叉验证法，将初始训练集 D 随机划分为 k 个大小相似的集合 $D_1, D_2, \cdots, D_k$。令 D_i 和 $\bar{D}_i = D \backslash D_i$ 分别表示第 i 折的测试集和训练集。给定 T 个初级学习算法，初级学习器 h_t^i 通过在 $\bar{D}_i$ 上使用第 t 个学习算法而得。对 D_i 中的每个样本 $\boldsymbol{x}_\ell$，令 $z_{\ell t} = h_t^i(\boldsymbol{x}_\ell)$，则由 $\boldsymbol{x}_\ell$ 所产生的次级训练样本的示例部分为 $\boldsymbol{z}_\ell = (z_{\ell 1}, z_{\ell 2}, \cdots, z_{\ell T})^{\mathrm{T}}$，标签部分为 y_ℓ。于是，在整个交叉验证过程结束后，从这 T 个初级学习器产生的次级训练集是 $D' = \{(\boldsymbol{z}_\ell, y_\ell)\}_{\ell=1}^m$，然后将 D' 用于训练次级学习器。

12.2 随 机 森 林

要想获得泛化性能强的集成学习算法，各个个体学习器应尽可能相互独立。一种可能的做法是对训练样本集进行随机采样，产生出若干个不同的子集，再从每个数据子集中训练出一个个体学习器。这样，由于训练数据不同，所获得的个体学习器可望具有比较大的差异。然而，为获得好的集成，同时还希望个体学习器不能太差。如果采样出的每个子集都完全不同，则每个个体学习器只用到了一小部分训练数据，甚至不足以进行有效学习，这显然无法确保产生比较好的个体学习器。为解决这个问题，可考虑使用相互有交叠的采样子集来进行学习。

12.2.1 Bagging 算法

Bagging 算法是并行式集成学习方法最著名的代表，从图 12.2 可以看出，Bagging 算法的弱学习器之间没有相互的依赖关系，它的特点在于“随机采样”。

随机采样（Bootsrap, 自举）就是从训练集里面采集固定个数的样本，但是每采集一个样本后，都将样本放回。也就是说，之前采集到的某样本在放回后有可能继续被采集到。对于 Bagging 算法，一般会随机采集和训练集样本数 n 一样多的样本。这样得到的采样集和训练集样本的个数相同，但是样本内容不同。如果对有 n 个样本训练集做 T 次随机采样，则由于随机性，T 个采样集各不相同。

下面来分析一下随机采样得到的采样集究竟有多大程度的不同。易知，一个样本在一次随机采样中被采集到的概率是 $\dfrac{1}{n}$（假设训练样本集的容量是 n），而不被采集到的概率为 $1 - \dfrac{1}{n}$，那么 n 次采样都没有被采集到的概率是 $\left(1 - \dfrac{1}{n}\right)^n$。当 $n \to \infty$ 时，

$$\lim_{n\to\infty}\left(1 - \frac{1}{n}\right)^n = \frac{1}{\mathrm{e}} = 0.368$$

也就是说，在 Bagging 算法的每一轮随机采样中，训练集中大约有 36.8% 的数据没有被采样集采集到。或者说，初始训练集中约有 63.2% 的样本出现在采样集中。

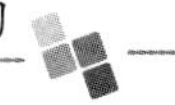

对于这部分大约 36.8% 的没有被采样到的数据，常称之为“包外数据”（Out Of Bag，简称 OOB），这些数据没有参与训练集模型的拟合，因此可以用来检测模型的泛化能力。此外，Bagging 算法对于弱学习器的类型没有限制，但最常用的一般是决策树和神经网络。

综上所述，Bagging 算法的基本流程如下。

算法 12.2（Bagging 算法）

输入：训练集 $D=\{(\boldsymbol{x}_1,y_1),(\boldsymbol{x}_2,y_2),\cdots,(\boldsymbol{x}_n,y_n)\}$，弱学习器 $\mathfrak{L}$，训练轮数 T。

输出：强学习器 $H(\boldsymbol{x})$。

（1）对 $t=1,2,\cdots,T$，

① 对 D 进行第 t 次随机采样，共采样 n 次，得到包含 n 个样本的采样集 D_t；

② 用采样集 D_t 训练第 t 个弱学习器 $h_t(\boldsymbol{x})=\mathfrak{L}(D_t)$。

（2）如果是分类预测，则 T 个弱学习器投出最多票数的类别为最终类别：

$$H(\boldsymbol{x})=\arg\max_{y\in\mathcal{Y}}\sum_{t=1}^{T}\mathbb{I}(h_t(\boldsymbol{x})=y)$$

如果是回归预测，T 个弱学习器得到的回归结果算术平均得到的值为模型的输出：

$$H(\boldsymbol{x})=\frac{1}{T}\sum_{t=1}^{T}\mathbb{I}(h_t(\boldsymbol{x})=y)$$

从算法 12.2 不难看出，Bagging 算法的组合策略比较简单：对于分类问题，使用简单投票法，得到最多票数的类别或者类别之一为最终的模型输出；对于回归问题，使用简单平均法，对 T 个弱学习器得到的回归结果进行算术平均得到最终的模型输出。

此外，由于 Bagging 算法每次都进行采样来训练模型，因此泛化能力很强，对于降低模型的方差很有作用。当然，对于训练集的拟合程度就会差一些，也就是模型的偏差会大一些。

注 12.1 自助采样过程还给 Bagging 算法带来了另一个优点：由于每个弱学习器只使用了初始训练集中约 63.2% 的样本，剩下约 36.8% 的样本可用作验证集来对泛化性能进行“包外估计”。为此需记录每个弱学习器所使用的训练样本。令 D_t 表示 h_t 实际使用的训练样本集，令 $H^{\text{oob}}(\boldsymbol{x})$ 表示对样本 $\boldsymbol{x}$ 的包外预测，即仅考虑那些未使用 $\boldsymbol{x}$ 进行训练的弱学习器在样本 $\boldsymbol{x}$ 上的预测，有：

$$H^{\text{oob}}(\boldsymbol{x})=\arg\max_{y\in\mathcal{Y}}\sum_{t=1}^{T}\mathbb{I}(h_t(\boldsymbol{x})=y)\cdot\mathbb{I}(\boldsymbol{x}\notin D_t)$$

则 Bagging 算法泛化误差的包外估计为：

$$\epsilon^{\text{oob}}=\frac{1}{|D|}\sum_{(\boldsymbol{x},y)\in D}\mathbb{I}(H^{\text{oob}}(\boldsymbol{x})\neq y)$$

12.2.2 随机森林算法

随机森林（Random Forest，简称 RF）算法是 Bagging 算法的进化版本，其思想仍然是 Bagging，但是进行了独特的改进。首先，随机森林算法使用 CART 决策树作为弱学习器；其次，在使用决策树的基础上，随机森林算法对决策树的建立做了改进，普通的决策树是结点上所有的 m 个属性中选择一个最优的属性来做决策树的左右子树划分，但是随机森林算法随机选择结点上的一部分样本属性，这个数字小于 m，假设为 m_s，然后在这些随机选择的 m_s 个样本属性中，选择一个最优的属性来做决策树的左右子树划分，这就进一步增强了模型的泛化能力。如果 $m_s = m$，则此时随机森林算法的 CART 决策树和普通的 CART 决策树没有任何区别。m_s 越小，则模型越健壮，当然此时对于训练集的拟合程度会变差。也就是说 m_s 越小，模型的方差会减小，但是偏差会增大。若令 $m_s = 1$，则是随机选择一个属性用于划分；一般情况下，推荐值 $m_s = \log_2 m$。在实际应用中，通常会通过交叉验证调参获取一个合适的 m_s 值。

随机森林算法的基本流程如下。

算法 12.3（随机森林算法）

输入：训练集 $D = \{(\boldsymbol{x}_1, y_1), (\boldsymbol{x}_2, y_2), \cdots, (\boldsymbol{x}_n, y_n)\}$，训练轮数 T。

输出：强学习器 $H(\boldsymbol{x})$。

（1）对 $t = 1, 2, \cdots, T$,

a）对 D 进行第 t 次随机采样，共采样 n 次，得到包含 n 个样本的采样集 D_t。

b）以采样集 D_t 为训练数据，创建决策树 $h_t(\boldsymbol{x})$，对每个结点的划分，重复以下步骤，使决策树深度达到最小值 $d_{\min}$ 为止：

① 从 m 个属性中随机选取 m_s 个；

② 从这 m_s 个属性中选择出最优属性及其最优划分点；

③ 将此结点划分成左右两个子结点。

（2）得到决策树集合 $\{h_1(\boldsymbol{x}), h_2(\boldsymbol{x}), \cdots, h_T(\boldsymbol{x})\}$。

（3）如果是分类预测，则 T 个弱学习器投出最多票数的类别为最终类别：

$$H(\boldsymbol{x}) = \arg\max_{y \in \mathcal{Y}} \sum_{t=1}^{T} \mathbb{I}(h_t(\boldsymbol{x}) = y)$$

如果是回归算法,则 T 个弱学习器得到的回归结果算术平均得到的值为模型的输出：

$$H(\boldsymbol{x}) = \frac{1}{T} \sum_{t=1}^{T} \mathbb{I}(h_t(\boldsymbol{x}) = y)$$

从算法 12.3 可以看出，随机森林算法对 Bagging 算法只做了很小的改动，但与 Bagging 算法中弱学习器的多样性仅通过对样本的扰动而获得不同，随机森林算法中弱学习器的多样性不仅来自样本扰动，还来自属性扰动，这就使得最终集成的泛化性能可通过个体学习器之间差异度的增加而进一步提升。

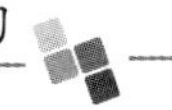

12.2.3 随机森林算法的MATLAB实现

现在我们来考虑随机森林算法的 MATLAB 实现。MATLAB 中封装了实现随机森林算法的函数 TreeBagger()，其调用方法如下：

```
B=TreeBagger(ntrees,X,Y,Name,Value);
```

参数说明如下。

ntrees 是决策树的棵数（个体学习器的个数）；X 是 $n\times m$ 阶样本矩阵，其每一行是一个样本，每一列是样本的一个属性；Y 是标签向量，存放每个样本的类别；B 是 Bagging 分类决策树的集成。

Name, Value 是可选参数及其取值，成对出现，并且可以有多组可选参数，常用参数及取值如下：

（1）'FBoot'，为生成每棵新树，需要从输入数据中替换部分数据的比例值。默认值为 1。

（2）'SampleWithReplacement'，取值为 'on' 表示替换样本，'off' 表示不替换。如果设置为 'off'，须将参数 'Fboot' 的值设置为小于 1。默认值为 'on'。

（3）'OobPred'，取值为 'on' 表示计算包外误差。OobPredict 可以使用这个信息来计算集合中每棵树的包外预测的类概率。默认设置为 'off'，即不存储。

（4）'OobVarimp'，取值为 'on' 表示存储集成中属性重要性的包外估计。默认设置为 'off'，即不存储。此参数值如果设置为 'on'，'OobPred' 的值也必须设置为 'on'。

（5）'Method'，取值为 'classification'（分类）或 'regression'（回归）。取值为 'regression' 时要求标签向量 Y 是数值型的。此参数不出现时默认为 'classification'。

（6）'NVartoSample'，为每个决策树划分随机选择的变量数。默认值为变量数的平方根（分类）或变量数的三分之一（回归），有效值是 'all' 或一个正整数。设置为 'all' 表示调用 Breiman 提出的随机森林。

（7）'NPrint'，每隔 NPrint 次显示训练进度的诊断消息。NPrint<ntrees 方为有效。默认为不显示。

（8）'MinLeaf'，每片树叶的最小观测次数。默认是 1 （分类）或 5 （回归）。

例 12.1 用随机森林算法对周志华所著的《机器学习》中的西瓜数据集 3.0α 进行分类。

周志华所著的《机器学习》中的西瓜数据集 3.0α 共有 17 个样本，前 8 个为“好瓜”，用标签值 1 表示，后 9 个为“非好瓜”，用标签值 2 表示；每个样本有两个属性：“密度”和“含糖率”；如表 12.1 所示。

将表 12.1 的数据存成文本文件 melon30a.txt 以便存取。编写程序代码如下（RF_melon30a.m 文件）：

```
%用随机森林算法对西瓜数据集3.0a进行分类
clear all;close all;clc;
data = load('melon30a.txt');
data(:,1)=[];%删除第一列(序号)
X=data(:,1:2);%训练样本矩阵
```

```
Y=data(:,3);%标签向量
figure(1);
gscatter(X(:,1),X(:,2),Y,'rb','ov');%画原始数据散点图
title('原始数据'); xlabel('密度');ylabel('含糖率');
legend('好瓜','非好瓜','Location','NW'); box on
B=TreeBagger(30,X,Y);%调用随机森林算法函数
Y1=predict(B,X);%用训练好的模型对样本集X进行预测
figure(2);
gscatter(X(:,1),X(:,2),Y1,'rb','*p');%分类后的数据散点图
title('随机森林算法分类'); xlabel('密度');ylabel('含糖率');
legend('好瓜','非好瓜','Location','NW'); box on
nCorrect=sum(str2num(char(Y1))==Y);%正确分类的样本数目
accuracy=nCorrect/length(Y) %计算正确率
```

表 12.1　西瓜数据集 3.0α

编号	密度	含糖率	好瓜	编号	密度	含糖率	好瓜
1	0.697	0.460	1	10	0.243	0.267	2
2	0.774	0.376	1	11	0.245	0.057	2
3	0.634	0.264	1	12	0.343	0.099	2
4	0.608	0.318	1	13	0.639	0.161	2
5	0.556	0.215	1	14	0.657	0.198	2
6	0.403	0.237	1	15	0.360	0.370	2
7	0.481	0.149	1	16	0.593	0.042	2
8	0.437	0.211	1	17	0.719	0.103	2
9	0.666	0.091	2				

运行上面的程序，得到分类结果如图 12.4 所示。

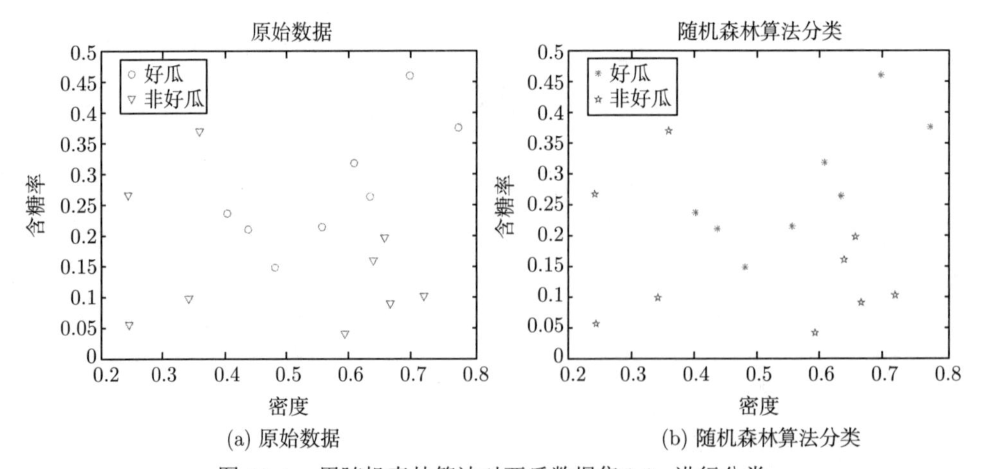

(a) 原始数据　　(b) 随机森林算法分类

图 12.4　用随机森林算法对西瓜数据集 3.0α 进行分类

另外，在命令窗口显示分类精度：

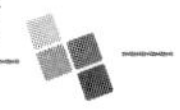

```
accuracy =
     1
```

即分类的正确率为 100.00%。

例 12.2　用随机森林算法对鸢尾属植物数据集进行分类，并绘制包外误差曲线图。

编制 MATLAB 程序代码如下（RF_iris.m 文件）：

```
%用随机森林算法对鸢尾属植物数据集进行分类
clear all;close all;clc;
load fisheriris %载入数据集
X=meas(:,3:4);%取数据集的后两个属性，以便于可视化
Y=species;%标签向量
figure(1);
gscatter(X(:,1),X(:,2),Y,'rbm','*pd');%画原始数据散点图
title('原始数据'); xlabel('花瓣长度');ylabel('花瓣宽度');
legend('Location','SE');box on
B=TreeBagger(50,X,Y,'oobpred','on');%调用随机森林算法函数
Y1=predict(B,X);%用训练好的模型对样本集X进行预测
figure(2);
gscatter(X(:,1),X(:,2),Y1,'rbm','*pd');%分类后的数据散点图
title('随机森林算法分类'); xlabel('花瓣长度');ylabel('花瓣宽度');
legend('Location','SE');box on
figure(3);
plot(oobError(B));%画包外误差曲线
title('包外误差曲线');xlabel('决策树棵数');ylabel('包外误差')
nCorrect=sum(strcmp(Y1,Y));%正确分类的样本数目
accuracy=nCorrect/length(Y) %计算正确率
```

运行上面的程序，得到分类结果如图 12.5 所示。

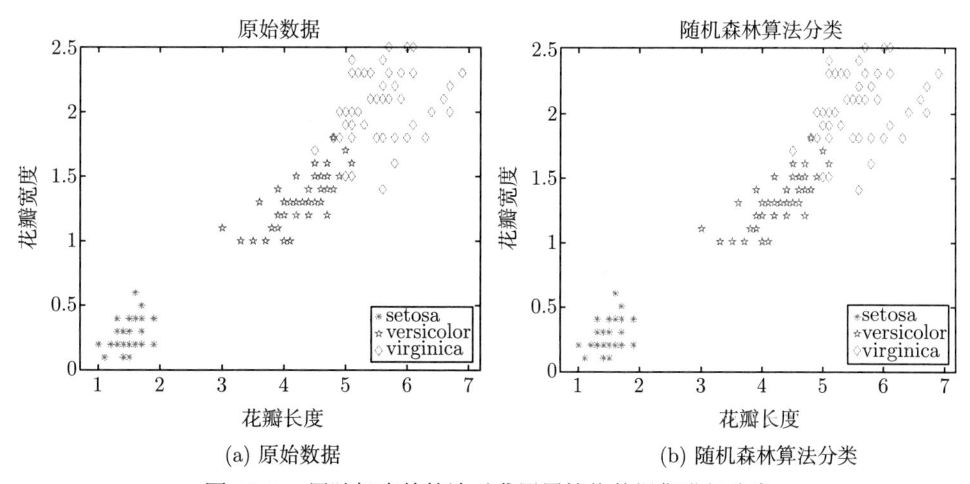

(a) 原始数据　　(b) 随机森林算法分类

图 12.5　用随机森林算法对鸢尾属植物数据集进行分类

同时，得到包外误差曲线如图 12.6 所示。

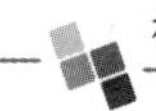

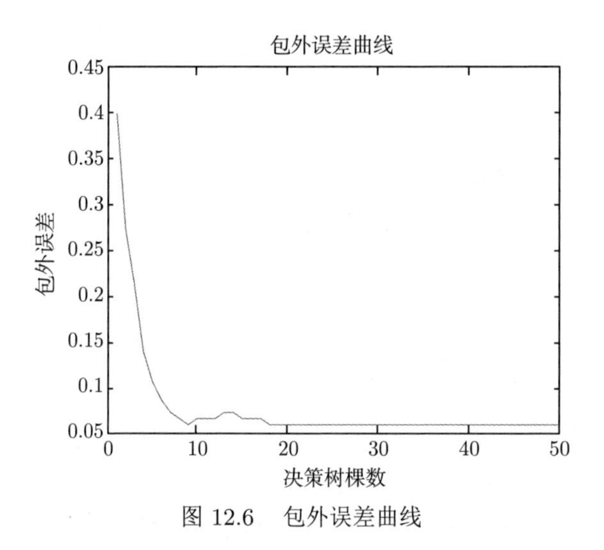

图 12.6　包外误差曲线

另外，在命令窗口显示分类精度：

```
accuracy =
     1
```

即分类的正确率为 100%。

12.3　AdaBoost 算法

前面提及，Boosting 型算法是一种由串行方式生成的集成学习算法。它的学习器由若干个弱学习器组合而成，预测时用每个弱学习器分别进行预测，然后通过投票得到结果。训练时依次训练每个弱学习器，与随机森林算法不同，不是对样本进行独立的随机抽样构造训练集，而是重点关注被前面的弱分类器分错的样本或是构造样本标签值。

Boosting 型算法最著名的代表是 AdaBoost 算法，其全称是 Adaptive Boosting（自适应提升），是一种用于分类问题的集成学习算法，它用弱分类器的线性组合来构造强分类器，并且弱分类器的性能无须太好，仅比随机胡猜好一点即可，依靠它们就可构造出一个非常准确的强分类器。

12.3.1　AdaBoost 算法的基本原理

AdaBoost 算法的强分类器 $H(\boldsymbol{x})$ 按照下面的公式构成：

$$H(\boldsymbol{x})=\sum_{t=1}^{T}\alpha_t h_t(\boldsymbol{x}) \tag{12.6}$$

其中，$\boldsymbol{x}$ 为输入样本向量，$h_t(\boldsymbol{x})$ 是弱分类器，α_t 为弱分类器的组合系数，T 为弱分类器的个数，弱分类器的输出为 $\{-1,+1\}$，分类对应着负类样本和正类样本。AdaBoost 算法在分类时的判定规则为：

$$y=\text{sign}(H(\boldsymbol{x}))$$

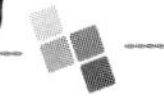

因此，强分类器的输出值也是 -1 或 $+1$，同样对应着负类样本和正类样本。

AdaBoost 算法的弱分类器 $h_t(\boldsymbol{x})$ 及其组合系数 α_t 是通过学习算法得到的，不要求弱学习器具有太高的精度，对于二分类问题只要保证弱分类器的正确率大于 0.5 即可。

AdaBoost 算法在训练时依次训练每一个弱分类器，并得到它们的组合系数。训练开始时，所有样本的权重系数相等，在训练过程中，对被前面的弱分类器分错的样本加大其权重值，而对分类正确的样本减小权重值，于是接下来的弱分类器会更加关注这些被分错的样本。而每个弱分类器的组合系数是根据它的准确率构造的，精度越高的弱分类器组合系数越大。下面给出 AdaBoost 算法的步骤。

算法 12.4（AdaBoost 算法）

输入：训练集 $\{(\boldsymbol{x}_1, y_1), (\boldsymbol{x}_2, y_2), \cdots, (\boldsymbol{x}_n, y_n)\}$，其中 $\boldsymbol{x}_i \in \mathbb{R}^m$，$y_i \in \{-1, +1\}$，训练轮数 T。

输出：由 T 棵决策树线性组合形成的强分类器函数 $H(\boldsymbol{x}) = \sum_{t=1}^{T} \alpha_t h_t(\boldsymbol{x})$。

（1）初始时赋予每个样本相同的权重值 $w_i^{(0)} = \frac{1}{n}, i = 1, 2, \cdots, n$；置 $t := 0$。

（2）进行 T 轮迭代，第 t 轮迭代产生弱分类器 $h_t(\boldsymbol{x})$。

① 采用某种算法（例如 CART 算法）生成一棵决策树，将其作为弱分类器 $h_t : \boldsymbol{x} \mapsto \{-1, +1\}$。

② 计算 h_t 在所有样本上的分类错误率：

$$\varepsilon_t = \sum_{i=1}^{n} w_i^{(t)} \mathbb{I}(h_t(\boldsymbol{x}_i) \neq y_i),\ t = 1, 2, \cdots, T$$

即分类错误率是错分样本的权重之和。

③ 计算 h_t 的组合系数：

$$\alpha_t = \frac{1}{2} \ln \frac{1 - \varepsilon_t}{\varepsilon_t},\ t = 1, 2, \cdots, T \tag{12.7}$$

④ 更新每一个样本的权重：

$$w_i^{(t+1)} = \frac{w_i^{(t)}}{Z_t} \mathrm{e}^{-\alpha_t y_i h_t(\boldsymbol{x}_i)}, i = 1, 2, \cdots, n \tag{12.8}$$

其中，Z_t 为归一化因子，是为了确保所有样本的权重之和为 1，即：

$$Z_t = \sum_{i=1}^{n} w_i^{(t)} \mathrm{e}^{-\alpha_t y_i h_t(\boldsymbol{x}_i)},\ t = 1, 2, \cdots, T \tag{12.9}$$

（3）最终的分类器 $y = \mathrm{sign}(H(\boldsymbol{x})) = \mathrm{sign}\left(\sum_{i=1}^{T} \alpha_i h_t(\boldsymbol{x})\right)$。

注 12.2 （1）在式 (12.7) 中，当 $\varepsilon_t < 0.5$ 时，有 $\alpha_t > 0$，且 ε_t 越小 α_t 越大，即分类错误率越小的弱分类器在最终的强分类器 $H(\boldsymbol{x})$ 中的组合系数越大。

（2）在式 (12.8) 中，当样本 $\boldsymbol{x}_i$ 被错分时，有 $y_i h_t(\boldsymbol{x}_i) < 0$，此时 $w_i^{(t+1)} > w_i^{(t)}$，即被错分的样本在下次迭代时得到更大的权重。反之，当样本 $\boldsymbol{x}_i$ 被正确分类时，有 $y_i h_t(\boldsymbol{x}_i) > 0$，此时 $w_i^{(t+1)} < w_i^{(t)}$，也就是说此次分类正确的样本在下次迭代时将得到较少的关注。

（3）对于被弱分类器正确分类的样本 $\boldsymbol{x}_i$，有 $y_i h_t(\boldsymbol{x}_i) = 1$；而对于被弱分类器错分的样本 $\boldsymbol{x}_i$，则有 $y_i h_t(\boldsymbol{x}_i) = -1$。于是，式 (12.8) 可化简为：

$$w_i^{(t+1)} = \begin{cases} \dfrac{\mathrm{e}^{-\alpha_t}}{Z_t} w_i^{(t)}, & h_t(\boldsymbol{x}_i) = y_i \\ \dfrac{\mathrm{e}^{\alpha_t}}{Z_t} w_i^{(t)}, & h_t(\boldsymbol{x}_i) \neq y_i \end{cases}$$

由于

$$\mathrm{e}^{\alpha_t} = \mathrm{e}^{\frac{1}{2}\ln\frac{1-\varepsilon_t}{\varepsilon_t}} = \left(\frac{1-\varepsilon_t}{\varepsilon_t}\right)^{\frac{1}{2}}$$

故有：

$$w_i^{(t+1)} = \begin{cases} \dfrac{1}{Z_t}\left(\dfrac{\varepsilon_t}{1-\varepsilon_t}\right)^{\frac{1}{2}} w_i^{(t)}, & h_t(\boldsymbol{x}_i) = y_i \\ \dfrac{1}{Z_t}\left(\dfrac{1-\varepsilon_t}{\varepsilon_t}\right)^{\frac{1}{2}} w_i^{(t)}, & h_t(\boldsymbol{x}_i) \neq y_i \end{cases}$$

注 12.3 你可能会有疑问：式 (12.7) 中弱分类器组合系数 α_t 的计算公式和式 (12.8) 中样本权重 $w_i^{(t)}$ 的更新公式是如何确定的呢？现在来回答这个问题。AdaBoost 算法有多种推导方式，其中之一是极小化指数损失函数：

$$\ell(H_t(\boldsymbol{x}_i)) = \sum_{i=1}^{n} \mathrm{e}^{-y_i H_t(\boldsymbol{x}_i)},\ t = 1, 2, \cdots, T \tag{12.10}$$

这里

$$H_t(\boldsymbol{x}_i) = \sum_{l=1}^{t} \alpha_l h_l(\boldsymbol{x}_i) = \sum_{l=1}^{t-1} \alpha_l h_l(\boldsymbol{x}_i) + \alpha_t h_t(\boldsymbol{x}_i)$$

即有递推公式：

$$H_t(\boldsymbol{x}_i) = H_{t-1}(\boldsymbol{x}_i) + \alpha_t h_t(\boldsymbol{x}_i),\ t = 2, 3, \cdots, T \tag{12.11}$$

将式 (12.11) 代入式 (12.10) 得：

$$\ell(H_t(\boldsymbol{x}_i)) = \sum_{i=1}^{n} \mathrm{e}^{-y_i(H_{t-1}(\boldsymbol{x}_i) + \alpha_t h_t(\boldsymbol{x}_i))} \tag{12.12}$$

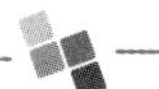

于是，有：

$$\alpha_t = \arg\min_{\alpha} \sum_{i=1}^{n} \mathrm{e}^{-y_i(H_{t-1}(\boldsymbol{x}_i)+\alpha h_t(\boldsymbol{x}_i))}$$

令

$$\widetilde{w}_i^{(t)} = \mathrm{e}^{-y_i H_{t-1}(\boldsymbol{x}_i)},\ i = 1, 2, \cdots, n \tag{12.13}$$

它的值不依赖于 α，因此与极小化无关。故有：

$$\alpha_t = \arg\min_{\alpha} \sum_{i=1}^{n} \widetilde{w}_i^{(k)} \mathrm{e}^{-y_i \alpha h_t(\boldsymbol{x}_i)} \tag{12.14}$$

注意到

$$\begin{aligned}
\sum_{i=1}^{n} \widetilde{w}_i^{(t)} \mathrm{e}^{-y_i \alpha h_t(\boldsymbol{x}_i)} &= \sum_{y_i \neq h_t(\boldsymbol{x}_i)} \widetilde{w}_i^{(t)} \mathrm{e}^{\alpha} + \sum_{y_i = h_t(\boldsymbol{x}_i)} \widetilde{w}_i^{(t)} \mathrm{e}^{-\alpha} \\
&= \mathrm{e}^{\alpha} \sum_{i=1}^{n} \widetilde{w}_i^{(t)} \mathbb{I}(y_i \neq h_t(\boldsymbol{x}_i)) + \mathrm{e}^{-\alpha} \sum_{i=1}^{n} \widetilde{w}_i^{(t)} \mathbb{I}(y_i = h_t(\boldsymbol{x}_i)) \\
&= \mathrm{e}^{\alpha} \varepsilon_t + \mathrm{e}^{-\alpha}(1 - \varepsilon_t)
\end{aligned}$$

上式对 α 求导数并令其等于 0，得：

$$\mathrm{e}^{\alpha_t} \varepsilon_t - \mathrm{e}^{-\alpha_t}(1 - \varepsilon_t) = 0$$

解得：

$$\alpha_t = \frac{1}{2} \ln \frac{1 - \varepsilon_t}{\varepsilon_t},\ t = 1, 2, \cdots, T$$

这就得到了式 (12.7)。进一步，由式 (12.12)，有：

$$\begin{aligned}
\widetilde{w}_i^{(t+1)} &= \mathrm{e}^{-y_i H_t(\boldsymbol{x}_i)} = \mathrm{e}^{-y_i(H_{t-1}(\boldsymbol{x}_i)+\alpha_t h_t(\boldsymbol{x}_i))} \\
&= \widetilde{w}_i^{(t)} \mathrm{e}^{-y_i \alpha_t h_t(\boldsymbol{x}_i)}
\end{aligned}$$

对 $\widetilde{w}_i^{(t)}$ 进行归一化，得到：

$$w_i^{(t+1)} = \frac{w_i^{(t)}}{Z_t} \mathrm{e}^{-y_i \alpha_t h_t(\boldsymbol{x}_i)},\ i = 1, 2, \cdots, n$$

其中，规范化因子 Z_t 为：

$$Z_t = \sum_{i=1}^{n} w_i^{(t)} \mathrm{e}^{-y_i \alpha_t h_t(\boldsymbol{x}_i)},\ t = 1, 2, \cdots, T$$

这就得到了式 (12.8)。

值得一提的是，虽然理论上任何分类器都可以用于 AdaBoost 算法，但一般来说，使用最广泛的 AdaBoost 弱分类器是决策树和神经网络。对于决策树，AdaBoost 分类通常使用 CART 分类树。

为了深入体会 AdaBoost 算法的原理，我们来看一个简单的例子。

例 12.3 训练样本如表 12.2 所示。x 只包含一个连续属性，$y \in \{-1,1\}$ 是一个二分类问题。要训练的单棵分类树只有一个根结点和两个叶结点。

表 12.2 用于 AdaBoost 分类的训练样本

x	1	2	3	4	5	6	7	8	9	10
y	1	1	1	−1	−1	−1	1	1	1	−1

根据 AdaBoost 算法流程，有：

（1）初始时令每个样本的权值为 $w_i^{(0)} = 1/10$，$i = 1, 2, \cdots, 10$。

（2）将 x 的值从小到大排序，在 y 跳变的地方尝试划分。

① 当 $x < 3.5$ 时，$y = 1$；当 $x > 3.5$ 时，$y = -1$，发生跳变，故取划分点为 $x = 3.5$，此时误差率为 0.3；

② 当 $x < 6.5$ 时，$y = -1$；当 $x > 6.5$ 时，$y = 1$，发生跳变，故取划分点为 $x = 6.5$，此时误差率为 0.4；

③ 当 $x < 9.5$ 时，$y = 1$；当 $x > 9.5$ 时，$y = -1$，发生跳变，故取划分点为 $x = 9.5$，此时误差率为 0.3。

在 3.5 或 9.5 处误差率最小，都是 0.3，我们取 9.5，此时样本 4,5,6 被错分，它们的权重之和即为弱分类器 h_1 的分类错误率 $\varepsilon_1 = 0.3$。

（3）计算 h_1 组合系数：

$$\alpha_1 = \frac{1}{2}\ln\frac{1-\varepsilon_1}{\varepsilon_1} = \frac{1}{2}\ln\frac{1-0.3}{0.3} = 0.4236$$

（4）更新每一个样本的权重。比如计算样本 1 的权重：

$$\widetilde{w}_1^{(1)} = w_1^{(0)}\mathrm{e}^{-\alpha_1 y_1 h_1(x_1)} = 0.1 \times \mathrm{e}^{-0.4236\times1\times1} = 0.0655$$

同理，对于被正确分类的样本 2, 3, 7, 8, 9, 10，都有：

$$\widetilde{w}_2^{(1)} = \widetilde{w}_3^{(1)} = \widetilde{w}_7^{(1)} = \widetilde{w}_8^{(1)} = \widetilde{w}_9^{(1)} = \widetilde{w}_{10}^{(1)} = 0.0655$$

而对于被错分的样本 4，有：

$$\widetilde{w}_4^{(1)} = w_4^{(0)}\mathrm{e}^{-\alpha_1 y_4 h_1(x_4)} = 0.1 \times \mathrm{e}^{-0.4236\times(-1)\times1} = 0.1527$$

同理，对于被错分的样本 5, 6，都有：

$$\widetilde{w}_5^{(1)} = \widetilde{w}_6^{(1)} = 0.1527$$

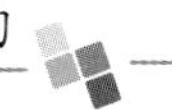

归一化因子为：

$$Z_1 = \sum_{i=1}^{10} w_i^{(1)} = 7 \times 0.065 + 3 \times 0.1527 = 0.9131$$

于是有：

$$w_1^{(1)} = w_2^{(1)} = w_3^{(1)} = w_7^{(1)} = w_8^{(1)} = w_9^{(1)} = w_{10}^{(1)} = 0.0717$$

$$w_4^{(1)} = w_5^{(1)} = w_6^{(1)} = 0.1672$$

可以发现，被错分的样本 4, 5, 6 的权值增大了，而被正确分类的样本的权值变小了。

（5）进入下一轮迭代。

下面我们来分析 AdaBoost 分类器的训练误差限。有以下两个定理（不予证明）。

定理 12.1　设训练样本 $\{(\boldsymbol{x}_i, y_i)\}_{i=1}^n$，$\boldsymbol{x}_i \in \mathbb{R}^m$，$y_i \in \{-1, 1\}$，$h_t(\boldsymbol{x})\,(t = 1, 2, \cdots, T)$ 是 AdaBoost 算法的弱分类器，$H(\boldsymbol{x})$ 是最终的强分类器，$Z_t\,(t = 1, 2, \cdots, T)$ 是归一化因子，则有：

$$\frac{1}{n}\sum_{i=1}^{n} \mathbb{I}(h_t(\boldsymbol{x}_i) \neq y_i) \leqslant \frac{1}{n}\sum_{i=1}^{n} \mathrm{e}^{-y_i H(\boldsymbol{x}_i)} = \prod_{t=1}^{T} Z_t \tag{12.15}$$

定理 12.2　假设条件同定理 12.1，则有：

$$\prod_{t=1}^{T} Z_t \leqslant \mathrm{e}^{-2\sum\limits_{t=1}^{T}\gamma_t^2} \tag{12.16}$$

其中，$\gamma_t = 1/2 - \varepsilon_t$。

定理 12.2 的结论表明，随着迭代的进行，强分类器的训练误差会以指数级下降。而且，随着弱分类器个数的增加，算法在测试集中的错误率一般也会持续下降。

AdaBoost 作为分类器时，分类精度很高，并且不容易发生过拟合，不仅可以减小模型的偏差，同时也可减小模型的方差，特别是作为简单的二元分类器时，其构造简单，结果可理解。由于其会关注错分的样本，因此对噪声（异常样本）比较敏感。而异常样本在迭代中可能会获得较高的权重，以致影响最终强学习器的预测准确性。

标准的 AdaBoost 算法只用于二分类任务，也可以稍加改进用于多分类任务，其原理和二分类类似，最主要的区别在弱分类器的系数上。比如 AdaBoost SAMME 算法，它的弱分类器组合系数是：

$$\alpha_t = \frac{1}{2}\ln\frac{1-\varepsilon_t}{\varepsilon_t} + \ln(k-1)$$

其中，k 为类别数。从上式可以看出，当 $k = 2$ 时就退化为二分类，则上式与二分类 AdaBoost 算法中的弱分类器组合系数一致。

此外，AdaBoost 算法还发展出了很多改进算法，比如 RealAdaBoost 算法、GentleAdaBoost 算法、LogitBoost 算法等，限于篇幅，不再一一详述，感兴趣的读者可以参考有关文献。

12.3.2 AdaBoost 算法的 MATLAB 实现

MATLAB 封装了一个函数 fitensemble() 用来实现各种类型的集成学习算法，当然也包括了 AdaBoost 算法。fitensemble() 函数创建的是一个集成类，其调用方法如下：

```
Mdl=fitensemble(X, Y, Method, NLearn, Learners, Name, Value);
```

输入参数如下。

（1）X 是矩阵数据类型，每一行是一个样本，每一列对应样本的一个属性。

（2）Y 可以是数值向量、类别向量、字符数组、元胞数组或逻辑数组，表示响应，对于分类来说，一般就是一个类别标签；对于回归来说就是一个数值，长度等于样本的个数。

（3）Method 表示使用的算法。在 MATLAB 中实现的集成方法根据问题的目标分为分类和回归；对于分类又分为二分类和多分类问题。二分类适用的算法有 'AdaBoostM1' 'LogitBoost' 'GentleBoost' 'RobustBoost' 'LPBoost' 'TotalBoost' 'RUSBoost' 'Subspace' 'Bag'。多分类适用的算法有 'AdaBoostM2''LPBoost''TotalBoost''RUSBoost''Subspace' 'Bag'。回归算法有 'LSBoost' 和 'Bag'。

（4）NLearn 表示弱分类器的个数，对于 Boosting 型算法来说就是循环的次数。

（5）Learners 为一个字符向量或一个元胞数组，表示弱分类器名称，有三个值，分别是 'KNN'（k 近邻）、'Tree'（决策树）、'Discriminant'（判别分析）。

（6）Name,Value 是成对出现的可选参数名及其取值。例如，可以指定类的顺序、选用交叉验证或留出法、指定学习率。

调用 fitensemble() 函数后会返回一个 ClassificationEnsemble 类的实例，输出结果 Mdl 具有的主要属性（Properties）和内置方法（Methods）可查看帮助文件。其中比较常用的方法有：① crossval——交叉验证；②resubLoss——计算训练误差或测试误差；③predict——预测。此外，还可以通过 view（Mdl.Trainedt）函数来图形化地显示每个弱分类器（决策树）的信息。

例 12.4 利用 MATLAB 自带的电离层数据集 ionosphere 进行 AdaBoost 分类。该数据集具有 351 个样本、34 个属性（输入变量），二分类标签为 {good，bad}。对该数据集预测的基准性能是约 64% 的分类准确率，最佳结果达到约 94% 的分类准确率。

编制 MATLAB 程序如下（ABoost_iono.m 文件）：

```
%用AdaBoost算法对数据集ionosphere进行分类
clc;clear all;close all;
load ionosphere;%加载数据
Mdl=fitensemble(X,Y,'AdaBoostM1',100,'tree')
%利用AdaBoost算法训练100轮,弱学习器类型为决策树,返回一个Mdl类
rsLoss=resubLoss(Mdl,'Mode','Cumulative');
%计算误差,Cumulative表示累积1:T分类器的误差
plot(rsLoss,'k-');%绘制训练次数与误差的关系
xlabel('弱分类器个数');ylabel('训练误差');
[Y1,~]=predict(Mdl,X);%对原始数据进行预测输出
```

```
nCorrect=sum(strcmp(Y1,Y));%正确分类的样本数目
accuracy=nCorrect/length(Y) %计算正确率
Xbar=mean(X);%构造一个新的样本
[ypredict,score]=predict(Mdl,Xbar)
%预测新样本,利用predict方法
%ypredict:预测标签,score:当前样本点属于每个类的可信度,分值越大,置信度
越高
view(Mdl.Trained{5},'Mode','graph');%显示训练的弱分类器
```

运行上述程序后，在命令窗口显示如下信息：

```
Mdl =
  classreg.learning.classif.ClassificationEnsemble
            ResponseName: 'Y'
    CategoricalPredictors: []
              ClassNames: {'b'  'g'}
          ScoreTransform: 'none'
         NumObservations: 351
              NumTrained: 100
                  Method: 'AdaBoostM1'
            LearnerNames: {'Tree'}
     ReasonForTermination: 'Terminated normally after completing
                           the requested number of training cycles.'
                 FitInfo: [100×1 double]
       FitInfoDescription: {2×1 cell}
accuracy =
    0.9915
ypredict =
  1×1 cell 数组
    {'g'}
score =
   -2.9460    2.9460
```

此外，上述程序利用函数 resubLoss() 和 plot() 计算和显示训练过程中的误差变化，如图 12.7 所示。

从图 12.7 中可以看出，随着子分类器增加，分类错误率不断减小，样本集的分类正确率为 99.15%。随后又构造了一个新样本，利用训练得到的模型预测这个新样本的标签，得到该样本的类别是 ‘g’，两个类的置信度分别为 -2.946 和 2.946。最后还可以通过 view() 函数得到每个弱分类器的情况，并以图形的形式显示出得到模型 Trained 属性的信息，如图 12.8 所示。

通过 GUI 窗口可以看出，第 5 个子分类器得到的分割阈值为 0.73947，选择的是第 3 个属性。

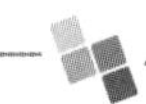

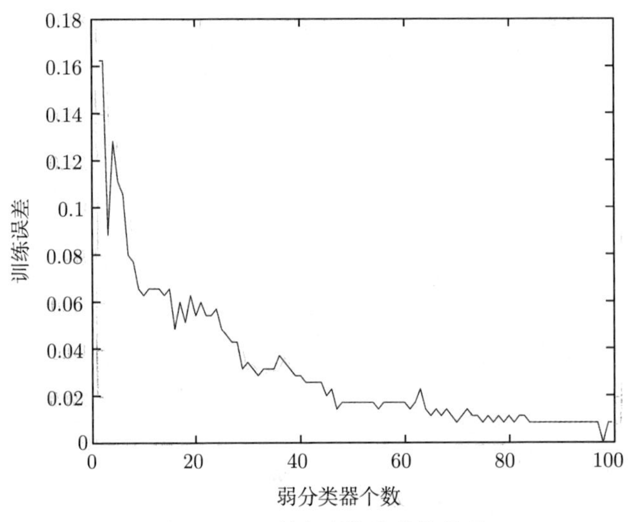

图 12.7 误差与训练次数的关系

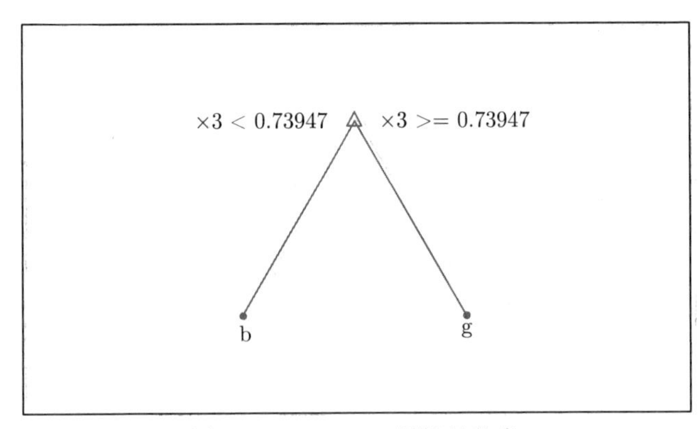

图 12.8 Trained 属性的信息

例 12.5 用 MATLAB 自带的函数 fitensemble() 对鸢尾属植物数据集进行 AdaBoost 多分类。

编写 MATLAB 代码如下（ABoost_iris.m 文件）：

```
%用AdaBoost算法对鸢尾属植物数据集进行分类
clc;clear all;close all;
load fisheriris;%装载鸢尾属植物数据集,3类
X=meas;%训练样本集
Y=species;%标签向量
Mdl=fitensemble(X,Y,'AdaBoostM2',400,'tree') %多分类
%利用AdaBoost算法训练400轮,弱学习器类型为决策树
rsLoss=resubLoss(Mdl,'Mode','Cumulative');
  %计算误差,Cumulative表示累积1:T分类器的误差
plot(rsLoss,'k-');%绘制训练次数与误差的关系
xlabel('弱分类器个数');ylabel('训练误差');
[Y1,~]=predict(Mdl,X);%对原始数据进行预测输出
```

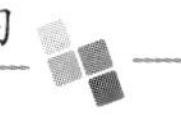

```
nCorrect=sum(strcmp(Y1,Y));%正确分类的样本数目
accuracy=nCorrect/length(Y) %计算正确率
Xb=[1,0.2,0.4,2];%一个新的样本
[ypredict,score]=predict(Mdl,Xb)
%预测新样本,利用predict方法
%ypredict:预测标签,score:当前样本点属于每个类的可信度,分值越大,置信
度越高
view(Mdl.Trained{8},'Mode','graph');%显示训练的第8个弱分类器
```

运行上述程序后，在命令窗口显示如下信息：

```
accuracy =
    0.9867
ypredict =
  1×1 cell 数组
    {'setosa'}
score =
    12.5027    5.0023    7.5898
```

另外，上述程序首先利用 resubLoss( ) 函数和 plot( ) 函数计算和显示训练过程中的误差变化，如图 12.9 所示。

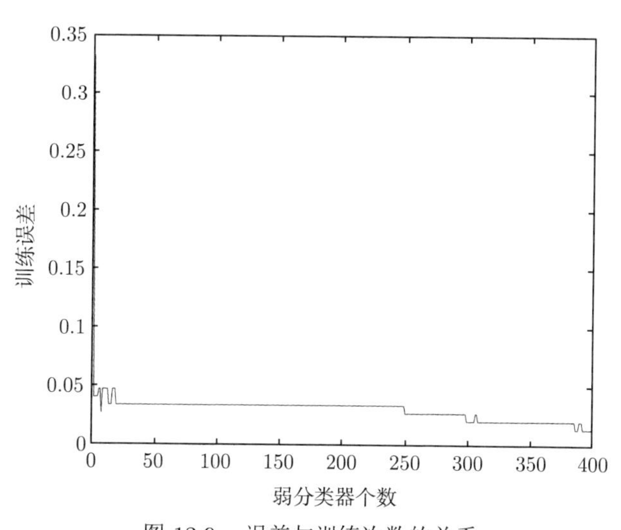

图 12.9 误差与训练次数的关系

从图 12.9 中可以看出，随着子分类器增加，分类错误率不断减小，样本集的分类正确率为 98.67%。随后又构造了一个新样本，利用训练得到的模型预测这个新样本的标签，得到该样本的类别是 'setosa'，3 个类的置信度分别为 12.5027, 5.0023, 7.5898。最后还想知道得到每个弱分类器的情况，因此通过调用 view() 函数，以图形的形式显示出得到模型 Trained 属性的信息，如图 12.10 所示。

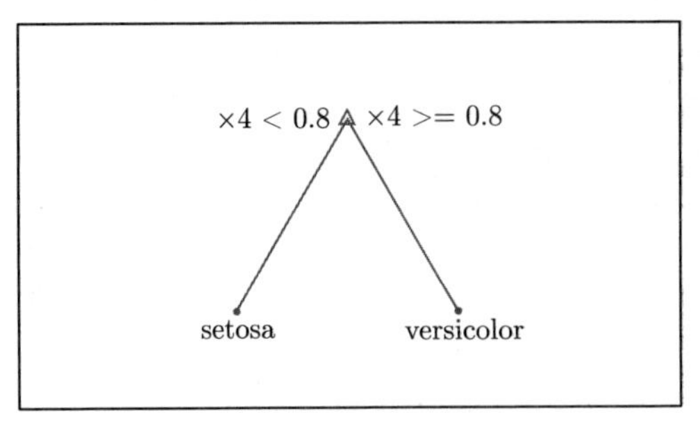

图 12.10　Trained 属性的信息

通过 GUI 窗口可以看出，第 100 个子分类器得到的分割阈值为 0.8，选择的是第 4 个属性。

附录A 数学基础知识

数学是机器学习的利器。各种机器学习算法都需要大量使用概率统计、最优化方法、微积分、矩阵论等数学知识。本附录对机器学习所需的基本数学知识予以简单介绍（大多数内容都是述而不证）。

A.1 概率与统计

概率与统计是人类对历史经验进行度量刻画的一种方法。在机器学习中，概率统计的思想无处不在，甚至可以说，很多机器学习算法是概率统计知识的高级封装和复杂应用。

A.1.1 随机变量与概率

概率空间模型：一个概率空间模型基于三个部分：样本空间、事件集和概率分布。

（1）**样本空间** Ω　Ω 是所有基本事件或一次试验中所有可能得到的输出所组成的集合。比如，在投掷一枚骰子时会得到 $\{1,2,\cdots,6\}$ 6 个数字中的某一个数字。

（2）**事件集** $\mathcal{F}$　$\mathcal{F}$ 是一个 σ-代数，它是 Ω 的一组子集，包含 Ω 在互补和可数条件下封闭的部分（因此也是可数的交集）。一个事件的示例是：掷一枚骰子，正面朝上的数字是奇数。

（3）**概率分布**P　P 是一个所有事件集 $\mathcal{F}$ 到 $[0,1]$ 的映射，使得 $P(\Omega)=1$ 且对于所有独立事件 $A_1,A_2,\cdots,A_n$，有：

$$P(A_1\cup A_2\cup\cdots\cup A_n)=\sum_{i=1}^{n}P(A_i)$$

与掷骰子相关的离散概率分布为 $P(A_i)=1/6, i\in\{1,2,\cdots,6\}$，$A_i$ 为取值为 i 时的事件。

随机变量：一个随机变量 X 是 $\Omega\to\mathbb{R}$ 的可测映射，即对于任意给定的整数 I，使得样本空间子集 $\{\omega\in\Omega:X(\omega)\in I\}$ 是一个事件。

定义离散随机变量 X 的概率质量函数为函数 $x\mapsto P(X=x)$，离散随机变量 X 和 Y 的联合概率质量函数为 $(x,y)\mapsto P(X=x\wedge Y=y)$。称一个概率分布是绝对连续的，当它有一个概率密度函数，即对于所有 $a,b\in\mathbb{R}$，有关于实值随机变量 X 的函数 f 满足

$$P(a\leqslant X\leqslant b)=\int_a^b f(x)\mathrm{d}x$$

下面列出几种常见的概率分布。

（1）**二项分布** 若对于任意 $k \in \{0, 1, \cdots, n\}$，有下式成立：

$$P(X = k) = C_n^k p^k (1-p)^{n-k}$$

则称随机变量 X 服从二项分布 $B(n, p)$，$n \in \mathbb{N}$，$p \in [0, 1]$。

（2）**正态分布** 正态分布也称为高斯分布，是应用最为广泛的连续概率分布。若随机变量 X 的概率密度函数如下式所示：

$$f(x) = \frac{1}{\sqrt{2\pi}\sigma} \mathrm{e}^{-\frac{(x-\mu)^2}{2\sigma^2}}$$

则称随机变量 X 服从正态分布 $N(\mu, \sigma^2)$，$\mu \in \mathbb{R}$，$\sigma > 0$。其中，μ 是期望，σ^2 是方差。区间 $[\mu - 3\sigma, \mu + 3\sigma]$ 上覆盖了 99.73% 的样本，质量管理中的“6σ 准则”由此而来。

标准正态分布 $N(0, 1)$ 是均值为 0、方差为 1 的正态分布。若随机变量 X 服从正态分布 $X \sim N(\mu, \sigma^2)$，则 $(X - \mu)/\sigma \sim N(0, 1)$。正态分布常被用于近似二项分布。

（3）**均匀分布** 如果随机变量 X 具有概率密度函数

$$f(x) = \begin{cases} \dfrac{1}{b-a}, & x \in [a, b] \\ 0, & \text{其他} \end{cases}$$

则称 X 服从区间 $[a, b]$ 上的均匀分布，记为 $X \sim U(a, b)$。

（4）**泊松分布** 若对任意的 $k \in \mathbb{N}$，有 $\lambda > 0$ 使得下式成立：

$$P(X = k) = \frac{\lambda^2}{k!} \mathrm{e}^{-k}$$

则称随机变量 X 服从泊松分布。

A.1.2 条件概率与独立性

（1）**条件概率** 在给定事件 B 的条件下，当 $P(B) \neq 0$ 时，事件 A 的条件概率定义为：

$$P(A \mid B) = \frac{P(A \cap B)}{P(B)} \left(= \frac{P(AB)}{P(B)} \right)$$

（2）**独立性** 若有下式成立，则称事件 A 与事件 B 独立：

$$P(AB) = P(A)P(B)$$

等价地，当 $P(B) \neq 0$ 时，当且仅当 $P(A \mid B) = P(A)$，则 A 与 B 独立。

当随机变量序列中各随机变量间相互独立且服从同一分布时，称该随机变量序列独立同分布。

（3）**贝叶斯公式** 对于事件 A, B，有：

$$P(A \mid B) = \frac{P(B \mid A)P(A)}{P(B)}$$

（4）**全概率公式** 假定 $\Omega = A_1 \cup A_2 \cup \cdots \cup A_n$，$A_i \cap A_j = \varnothing \, (i \neq j)$，即 A_i 之间互不相交，则对于任意事件 B，有下式成立：

$$P(B) = \sum_{i=1}^{n} P(B \mid A_i) P(A_i)$$

A.1.3 期望与马尔可夫不等式

（1）**期望** 随机变量 X 的均值或期望可表示为 $\mathbb{E}[X]$。对于离散型随机变量 X，期望定义如下：

$$\mathbb{E}[X] = \sum_{k} k \, P(X = k)$$

若上式右端的级数发散，则不存在期望。对于连续型随机变量，期望定义为：

$$\mathbb{E}[X] = \int_{-\infty}^{+\infty} x f(x) \mathrm{d}x$$

其中，$f(x)$ 为概率密度函数。若上式右端的积分发散，则不存在期望。

当 X 服从概率分布 $\mathcal{D}$ 时，将期望 $\mathbb{E}[X]$ 写作 $\mathbb{E}_{x \sim \mathcal{D}}[X]$ 加以明示。随机变量的期望有一个基本性质 —— 线性性，即对于两个随机变量 X 和 Y 以及 $a, b \in \mathbb{R}$，有下式成立：

$$\mathbb{E}[aX + bY] = a\mathbb{E}[X] + b\mathbb{E}[Y]$$

进一步，当 X 和 Y 是相互独立的随机变量时，有：

$$\mathbb{E}[XY] = \mathbb{E}[X] \cdot \mathbb{E}[Y]$$

（2）**马尔可夫不等式** 令 X 为非负随机变量，且 $\mathbb{E}[X] < \infty$，则对于所有 $t > 0$，有下式成立：

$$P(X \geqslant t\mathbb{E}[X]) \leqslant \frac{1}{t}$$

A.1.4 方差与切比雪夫不等式

（1）**方差和标准差** 随机变量 X 的方差 $\mathrm{Var}[X]$ 定义如下：

$$\mathrm{Var}[X] = \mathbb{E}[(X - \mathbb{E}[X])^2]$$

随机变量 X 的标准差 σ_X 定义如下：

$$\sigma_X = \sqrt{\mathrm{Var}[X]}$$

对于任意随机变量 X 和任意 $a \in \mathbb{R}$，有如下基本性质：

$$\mathrm{Var}[X] = \mathbb{E}[X^2] - (\mathbb{E}[X])^2, \ \mathrm{Var}[aX] = a^2 \mathrm{Var}[X]$$

当 X 与 Y 独立时，可进一步得到：

$$\mathrm{Var}[X+Y]=\mathrm{Var}[X]+\mathrm{Var}[Y]$$

（2）**切比雪夫不等式**　令 X 为随机变量，$\mathrm{Var}[X]<+\infty$，则对于所有 $t>0$，有如下不等式成立：

$$P(|X-\mathbb{E}[X]|\geqslant t\sigma_X)\leqslant\frac{1}{t^2} \tag{A.1}$$

（3）**弱大数定律**　令 $\{X_n\}_{n\in\mathbb{N}}$ 为独立同分布随机变量序列，均值为 μ，方差为 $\sigma^2<+\infty$。令

$$\overline{X}_n=\frac{1}{n}\sum_{i=1}^{n}X_i$$

则对任意 $\varepsilon>0$，有下式成立：

$$\lim_{n\to\infty}P(|\overline{X}_n-\mu|\geqslant\varepsilon)=0 \tag{A.2}$$

（4）**协方差**　两个随机变量 X 和 Y 的协方差 $\mathrm{Cov}(X,Y)$ 定义为：

$$\mathrm{Cov}(X,Y)=\mathbb{E}[(X-\mathbb{E}[X])(Y-\mathbb{E}[Y])]$$

当 $\mathrm{Cov}(X,Y)=0$ 时，称两个随机变量 X 和 Y 是不相关的。显然，当 X 与 Y 独立时，两者是不相关的，但反之则不成立。协方差定义了一种正半定和对称的双线性形式，具有如下性质：

①**对称性**　对于任意两个随机变量 X 和 Y，$\mathrm{Cov}(X,Y)=\mathrm{Cov}(Y,X)$。

②**双线性性**　对任意随机变量 X、X' 和 Y，$a\in\mathbb{R}$，有：

$$\mathrm{Cov}(X+X',Y)=\mathrm{Cov}(X,Y)+\mathrm{Cov}(X',Y),\ \mathrm{Cov}(aX,Y)=a\mathrm{Cov}(X,Y)$$

③**正半定性**　对任意随机变量 X，$\mathrm{Cov}(X,X)=\mathrm{Var}[X]\geqslant 0$。

对于随机变量 X 和 Y，当 $\mathrm{Var}[X]<+\infty$，$\mathrm{Var}[Y]<+\infty$ 时，有如下 Cauchy-Schwarz 不等式成立：

$$|\mathrm{Cov}(X,Y)|\leqslant\sqrt{\mathrm{Var}[X]\mathrm{Var}[Y]}$$

（5）**协方差矩阵**　随机变量向量 $\boldsymbol{X}=(X_1,X_2,\cdots,X_m)$ 的协方差矩阵 $\boldsymbol{C}(\boldsymbol{X})\in\mathbb{R}^{m\times m}$ 定义为：

$$\boldsymbol{C}(\boldsymbol{X})=\mathbb{E}[(\boldsymbol{X}-\mathbb{E}[\boldsymbol{X}])(\boldsymbol{X}-\mathbb{E}[\boldsymbol{X}])^{\mathrm{T}}]$$

因此，$\boldsymbol{C}(\boldsymbol{X})=(\mathrm{Cov}(X_i,X_j))_{ij}$。由此可直接得到：

$$\boldsymbol{C}(\boldsymbol{X})=\mathbb{E}[\boldsymbol{X}\boldsymbol{X}^{\mathrm{T}}]-\mathbb{E}[\boldsymbol{X}]\mathbb{E}[\boldsymbol{X}]^{\mathrm{T}}$$

（6）**中心极限定理**　令 $X_1,X_2,\cdots,X_n$ 是一组独立同分布的随机变量，均值为 μ，标准差为 σ。令

$$\overline{X}_n=\frac{1}{n}\sum_{i=1}^{n}X_i,\ \bar{\sigma}_n=\frac{\sigma}{\sqrt{n}}$$

则 $(\overline{X}_n-\mu)/\bar{\sigma}_n$ 依分布收敛于 $N(0,1)$，即对任意 $t\in\mathbb{R}$，有：

$$\lim_{n\to\infty} P\Big(\frac{\overline{X}_n-\mu}{\bar{\sigma}_n}\leqslant t\Big)=\int_{-\infty}^{t}\frac{1}{\sqrt{2\pi}}\mathrm{e}^{-\frac{x^2}{2}}\mathrm{d}x$$

A.1.5 样本均值与样本方差

样本的均值 $\overline{X}$ 与方差 S^2 分别定义为：

$$\overline{X}=\frac{1}{n}\sum_{i=1}^{n}X_i,\quad S^2=\frac{1}{n-1}\sum_{i=1}^{n}(X_i-\overline{X})^2$$

对于统计量 ξ，若 $\mathbb{E}[\hat{\xi}]=\xi$，则称 $\hat{\xi}$ 是 ξ 的无偏估计。基于这一定义，可以证明下面两个定理。

定理 A.1 样本均值 $\overline{X}$ 是总体期望的无偏估计，即 $\mathbb{E}[\overline{X}]=\mu$。

定理 A.2 样本方差 S^2 是总体方差 σ^2 的无偏估计，即 $\mathbb{E}[S^2]=\sigma^2$。

这就是样本方差的公式中分母用 $n-1$ 而不是 n 的原因，否则就不是无偏估计量了。

A.1.6 极大似然估计

在有些应用中已知样本所服从的概率分布，但需要估计分布函数中的参数 $\boldsymbol{\theta}$。例如，已知样本服从正态分布，要估计分布函数中的均值 μ 和方差 σ^2。确定这些参数的常用方法就是极大似然估计。

极大似然估计就是构造一个待估参数的似然函数，通过极大化似然函数来确定参数 $\boldsymbol{\theta}$ 的值，其直观解释是：确定参数 $\boldsymbol{\theta}$，使得给定的样本出现的概率 $P(\boldsymbol{x};\boldsymbol{\theta})$ 最大。

假设样本 $\boldsymbol{x}$ 服从密度函数为 $p(\boldsymbol{x};\boldsymbol{\theta})$ 的概率分布，其中 $\boldsymbol{\theta}$ 为要估计的参数。给定一组样本 $\boldsymbol{x}_i\,(i=1,2,\cdots,n)$，它们相互独立且服从同一分布。极大似然估计构造如下的似然函数：

$$L(\boldsymbol{\theta})=p(\boldsymbol{x}_1,\boldsymbol{x}_2,\cdots,\boldsymbol{x}_n;\boldsymbol{\theta})=\prod_{i=1}^{n}p(\boldsymbol{x}_i;\boldsymbol{\theta})$$

由于连乘积的求导不容易处理，因此对上述似然函数求对数，得到对数似然函数：

$$\ell(\boldsymbol{\theta})=\ln\prod_{i=1}^{n}p(\boldsymbol{x}_i;\boldsymbol{\theta})=\sum_{i=1}^{n}\ln p(\boldsymbol{x}_i;\boldsymbol{\theta})$$

于是，最后要求解的问题为：

$$\max\ \ell(\boldsymbol{\theta})=\sum_{i=1}^{n}\ln p(\boldsymbol{x}_i;\boldsymbol{\theta})$$

这是一个无约束极大化问题，可以直接求解析解（令梯度等于 0 解出参数 $\boldsymbol{\theta}$），或者用梯度下降法等迭代方法求其近似解。

A.2　最优化方法

机器学习问题到最后都归结为一个最优化问题，即极大化或极小化某个函数，比如极大化对数似然函数、极小化损失函数或极小化结构风险等。极大值问题和极小值问题统称为最优化问题。对于极大值问题，在目标函数之前加个负号就变成了极小值问题。在最优化问题中，带有约束条件的称为约束优化问题；否则称为无约束优化问题。

A.2.1　无约束优化方法

无约束优化问题是指：

$$\min_{x\in\mathbb{R}^m} f(\boldsymbol{x})$$

其中，$f(\boldsymbol{x}):\mathbb{R}^m\to\mathbb{R}$ 为连续可微函数。求解无约束优化问题的常用方法有梯度下降法、牛顿法、拟牛顿法和随机梯度下降法等。

1. 梯度下降法

梯度下降法也称为最速下降法，是一种常用的一阶优化方法，是求解无约束优化问题最简单、最经典的方法之一。若能构造一个序列 $\boldsymbol{x}_0,\boldsymbol{x}_1,\boldsymbol{x}_2,\cdots$，满足

$$f(\boldsymbol{x}^{k+1})<f(\boldsymbol{x}^k),\ k=0,1,2,\cdots \tag{A.3}$$

则不断执行该过程即可收敛到局部极小点。欲满足式 (A.3)，根据泰勒展开式

$$f(\boldsymbol{x}+\boldsymbol{d})\approx f(\boldsymbol{x})+\boldsymbol{d}^{\mathrm{T}}\nabla f(\boldsymbol{x}) \tag{A.4}$$

于是，欲满足 $f(\boldsymbol{x}+\boldsymbol{d})<f(\boldsymbol{x})$，可选择

$$\boldsymbol{d}=-\alpha\nabla f(\boldsymbol{x})$$

其中，步长 α 是一个小常数，这就是梯度下降法。需要指出的是，每一步的步长 α_k 可不同。

若目标函数 $f(\boldsymbol{x})$ 满足一定的条件，则通过选取合适的步长，就能确保通过梯度下降法收敛到局部极小点。例如，若 $f(\boldsymbol{x})$ 满足 L-Lipschitz 条件，即对于任意的 $\boldsymbol{x}$，存在常数 $L>0$，使得 $\|\nabla f(\boldsymbol{x})\|\leqslant L$, 则将步长设置为 $1/(2L)$, 即可确保收敛到局部极小点。当目标函数为凸函数时, 局部极小点就对应着函数的全局极小点, 此时梯度下降法可确保收敛到全局最优解。

2. 牛顿法

当目标函数 $f(\boldsymbol{x})$ 二次连续可微时，可将式 (A.4) 替换为二阶泰勒展开式，这样就得到了牛顿法。具体来说，对多元函数 $f(\boldsymbol{x})$ 在点 $\boldsymbol{x}_k$ 处进行二阶泰勒展开，有：

$$f(\boldsymbol{x})=f(\boldsymbol{x}_k)+\nabla f(\boldsymbol{x}_k)^{\mathrm{T}}(\boldsymbol{x}-\boldsymbol{x}_k)+\frac{1}{2}(\boldsymbol{x}-\boldsymbol{x}_k)^{\mathrm{T}}\nabla^2 f(\boldsymbol{x}_k)(\boldsymbol{x}-\boldsymbol{x}_k)+o(\|\boldsymbol{x}-\boldsymbol{x}_k\|^2)$$

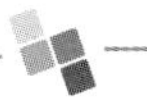

对上式右边忽略二次以上的项，将函数近似为二次函数，并对两边关于 $\boldsymbol{x}$ 求梯度，得：

$$\nabla f(\boldsymbol{x}) \approx \nabla f(\boldsymbol{x}_k) + \nabla^2 f(\boldsymbol{x}_k)(\boldsymbol{x} - \boldsymbol{x}_k) \tag{A.5}$$

其中，$\nabla^2 f(\boldsymbol{x}_k)$ 为 Hessian 阵 $\boldsymbol{H}_k$：

$$\boldsymbol{H}_k = \nabla^2 f(\boldsymbol{x}_k) = \left(\frac{\partial^2 f(\boldsymbol{x}_k)}{\partial x_i \partial x_j}\right) \tag{A.6}$$

令式 (A.5) 右边为零，得到线性方程组：

$$\nabla f(\boldsymbol{x}_k) + \nabla^2 f(\boldsymbol{x}_k)(\boldsymbol{x} - \boldsymbol{x}_k) = \boldsymbol{0}$$

解这个方程组，并记其解为 $\boldsymbol{x}_{k+1}$：

$$\boldsymbol{x}_{k+1} = \boldsymbol{x}_k - (\nabla^2 f(\boldsymbol{x}_k))^{-1} \nabla f(\boldsymbol{x}_k)$$

若记 $\boldsymbol{g}_k = \nabla f(\boldsymbol{x}_k)$，则用下面的公式进行反复迭代：

$$\boldsymbol{x}_{k+1} = \boldsymbol{x}_k - \boldsymbol{H}_k^{-1} \boldsymbol{g}_k$$

直到达到函数的驻点处，其中，$\boldsymbol{d}_k = -\boldsymbol{H}_k^{-1} \boldsymbol{g}_k$ 称为牛顿方向。迭代的终止条件是梯度的模接近于 0 或函数值的绝对值下降到小于指定的阈值。一般来说，牛顿法比梯度下降法具有更快的收敛速度，但每一步的迭代成本更高。在每步迭代中，除了要计算梯度之外还需计算 Hessian 阵及其逆矩阵。在实际计算中，可以通过求解下面的方程组来避免计算逆矩阵：

$$\boldsymbol{H}_k \boldsymbol{d} = -\boldsymbol{g}_k$$

求解这个方程组一般使用迭代法，如共轭梯度法或广义极小残量法等。此外，牛顿法面临的另一个问题是 Hessian 阵奇异的情形，此时牛顿法中断。

牛顿法是典型的二阶方法，其迭代次数远小于梯度下降法。但牛顿法使用了二阶导数 $\nabla^2 f(\boldsymbol{x})$，其每次迭代均涉及 Hessian 阵 (A.6) 的求逆, 计算复杂度相当高, 尤其在高维问题中几乎不可行。若能以较低的计算代价寻找 Hessian 阵的近似逆矩阵, 则可显著降低计算开销, 这就是拟牛顿法。

3. 随机梯度下降法

随机梯度下降法（Stochastic Gradient Descent, SGD）是一种在线学习方法。在线学习是针对离线学习而言的。在离线学习之前所有的训练数据都已准备就绪，可以用全部数据来训练模型的参数 $\boldsymbol{\theta}$。在线学习是指在工业实践中训练样本是随着时间的推移逐条到来的，每来一条数据就要立即更新模型参数，达到实时学习的效果。采用梯度下降法离线训练模型参数 $\boldsymbol{\theta}$ 时，梯度 $\nabla f(\boldsymbol{\theta})$ 实际上用的是所有样本的梯度平均值，即：

$$\boldsymbol{\theta}^{(k+1)} = \boldsymbol{\theta}^{(k)} - \alpha \cdot \frac{1}{n} \sum_{i=1}^{n} \nabla f(\boldsymbol{\theta}_i^{(k)})$$

这种方法虽然精度高，但每次迭代的计算量与样本数量 n 成正比，所以迭代速度十分缓慢。随机梯度下降法每次迭代只使用一个样本的梯度来更新参数，即：

$$\boldsymbol{\theta}^{(k+1)} = \boldsymbol{\theta}^{(k)} - \alpha \nabla f(\boldsymbol{\theta}_i^{(k)})$$

这种方法的合理性在于 $\nabla f(\boldsymbol{\theta}_i)$ 是 $\nabla f(\boldsymbol{\theta})$ 的无偏估计，这是由于

$$\mathbb{E}[\nabla f(\boldsymbol{\theta}_i)] = \frac{1}{n}\sum_{i=1}^{n} \nabla f(\boldsymbol{\theta}_i) = \nabla f(\boldsymbol{\theta})$$

因为每次只需要一个样本来更新模型参数，所以随机梯度下降法非常适用于在线实时学习。当然，随机梯度下降法也适用于离线学习，而且从实践经验来看，它通常比批量梯度下降法能更快地达到指定的学习精度。当然，随机梯度下降法也有缺点，即 $\nabla f(\boldsymbol{\theta}_i)$ 的方差很大，导致目标函数值在学习过程中呈随机波动现象（总体趋势上还是下降的），即使经过充分的训练也可能导致无法收敛, 这也正是“随机”的由来。为此, 可以有以下补救措施:

（1）让学习率（即迭代步长 α）随着迭代的进行逐步衰减，以减少目标函数值的波动现象，从而进入收敛状态。

（2）每次迭代不是使用一个样本的梯度而是少量几个样本梯度的平均值来更新模型参数，这样目标函数值的变化总体上看起来会平滑许多。

A.2.2 约束优化与 KKT 条件

考虑具有 p 个不等式约束和 q 个等式约束且可行域 $\mathbb{D} \subset \mathbb{R}^m$ 的最优化问题：

$$\begin{aligned} \min \quad & f(\boldsymbol{x}) \\ \text{s.t.} \quad & g_i(\boldsymbol{x}) \geqslant 0 \ (i = 1, 2, \cdots, p) \\ & h_j(\boldsymbol{x}) = 0 \ (j = 1, 2, \cdots, q) \end{aligned} \tag{A.7}$$

引入拉格朗日乘子 $\boldsymbol{\lambda} = (\lambda_1, \lambda_2, \cdots, \lambda_p)^{\mathrm{T}}$，$\boldsymbol{\mu} = (\mu_1, \mu_2, \cdots, \mu_q)^{\mathrm{T}}$。相应的拉格朗日函数为:

$$L(\boldsymbol{x}, \boldsymbol{\lambda}, \boldsymbol{\mu}) = f(\boldsymbol{x}) - \sum_{i=1}^{p} \lambda_i g_i(\boldsymbol{x}) - \sum_{j=1}^{q} \mu_j h_j(\boldsymbol{x}) \tag{A.8}$$

则 KKT 条件为:

$$\begin{cases} \nabla_{\boldsymbol{x}} L(\boldsymbol{x}, \boldsymbol{\lambda}, \boldsymbol{\mu}) = \nabla f(\boldsymbol{x}) - \displaystyle\sum_{i=1}^{p} \lambda_i \nabla g_i(\boldsymbol{x}) - \sum_{j=1}^{q} \mu_j \nabla h_j(\boldsymbol{x}) = 0 \\ \lambda_i \geqslant 0,\ g_i(\boldsymbol{x}) \geqslant 0,\ \lambda_i g_i(\boldsymbol{x}) = 0,\ i = 1, 2, \cdots, p \\ h_j(\boldsymbol{x}) = 0,\ j = 1, 2, \cdots, q \end{cases} \tag{A.9}$$

一个优化问题可以从两个角度来考查，即“原始问题”和“对偶问题”。对于原始问题 (A.7)，基于式 (A.8), 其拉格朗日“对偶函数” $\Gamma : \mathbb{R}^p \times \mathbb{R}^q \to \mathbb{R}$ 定义为:

$$\Gamma(\boldsymbol{\lambda}, \boldsymbol{\mu}) = \inf_{\boldsymbol{x} \in \mathbb{D}} L(\boldsymbol{x}, \boldsymbol{\lambda}, \boldsymbol{\mu})$$

$$= \inf_{\boldsymbol{x}\in\mathbb{D}} \left(f(\boldsymbol{x}) - \sum_{i=1}^{p} \lambda_i g_i(\boldsymbol{x}) - \sum_{j=1}^{q} \mu_j h_j(\boldsymbol{x}) \right) \tag{A.10}$$

在推导对偶问题时，常通过拉格朗日函数 $L(\boldsymbol{x},\boldsymbol{\lambda},\boldsymbol{\mu})$ 对 $\boldsymbol{x}$ 求导并令导数为 $\mathbf{0}$ 来获得对偶函数的表达式。若 $\tilde{\boldsymbol{x}} \in \mathbb{D}$ 为原始问题 (A.7) 的可行点，则对任意的 $\boldsymbol{\lambda} \geqslant \mathbf{0}$ 和 $\boldsymbol{\mu}$ 都有：

$$\sum_{i=1}^{p} \lambda_i g_i(\boldsymbol{x}) + \sum_{j=1}^{q} \mu_j h_j(\boldsymbol{x}) \geqslant 0$$

因此有：

$$\Gamma(\boldsymbol{\lambda},\boldsymbol{\mu}) = \inf_{\boldsymbol{x}\in\mathbb{D}} L(\boldsymbol{x},\boldsymbol{\lambda},\boldsymbol{\mu}) \leqslant L(\tilde{\boldsymbol{x}},\boldsymbol{\lambda},\boldsymbol{\mu}) \leqslant f(\tilde{\boldsymbol{x}})$$

若原始问题 (A.7) 的最优值为 p^*，则对任意的 $\boldsymbol{\lambda} \geqslant \mathbf{0}$ 和 $\boldsymbol{\mu}$ 都有：

$$\Gamma(\boldsymbol{\lambda},\boldsymbol{\mu}) \leqslant p^*$$

即对偶函数给出了原始问题最优值的下界。显然，这个下界取决于 $\boldsymbol{\lambda}$ 和 $\boldsymbol{\mu}$ 的值。于是，一个自然的问题是：基于对偶函数能获得的最好下界是什么？这就引出了优化问题：

$$\begin{aligned} \max_{\boldsymbol{\lambda},\boldsymbol{\mu}}\ & \Gamma(\boldsymbol{\lambda},\boldsymbol{\mu}) \\ \text{s.t.}\ & \boldsymbol{\lambda} \geqslant \mathbf{0} \end{aligned} \tag{A.11}$$

式 (A.11) 就是原始问题 (A.7) 的对偶问题，其中 $\boldsymbol{\lambda}$ 和 $\boldsymbol{\mu}$ 称为“对偶变量”。无论原始问题 (A.7) 的凸性如何，对偶问题 (A.11) 始终是凸优化问题。

设对偶问题 (A.11) 的最优值为 d^*，显然有 $d^* \leqslant p^*$，这称为“弱对偶性”成立。若 $d^* = p^*$，则称为“强对偶性”成立，此时由对偶问题可获得原始问题的最优下界。对于一般的优化问题，强对偶性通常不成立。但是，若原始问题为凸优化问题，即原始问题 (A.7) 中的 $f(\boldsymbol{x})$ 和 $g_i(\boldsymbol{x})$ 均为凸函数，$h_j(\boldsymbol{x})$ 为仿射函数，且其可行域中至少有一点使得不等式约束严格成立，则此时强对偶性成立。值得注意的是，在强对偶性成立时，将拉格朗日函数分别对原变量和对偶变量求导，并令导数等于 $\mathbf{0}$，即可得到原变量和对偶变量的数值关系。于是，对偶问题解决了，原始问题也就解决了。

A.2.3 二次规划

二次规划（QP）是一类典型的优化问题，包括凸二次优化和非凸二次优化。在此类问题中，目标函数是变量的二次函数，而约束条件是变量的线性不等式。

假定变量个数为 m，约束条件的个数为 n，则标准的二次优化问题形如：

$$\begin{aligned} \min_{\boldsymbol{x}}\ & \frac{1}{2}\boldsymbol{x}^{\mathrm{T}}\boldsymbol{Q}\boldsymbol{x} + \boldsymbol{c}^{\mathrm{T}}\boldsymbol{x} \\ \text{s.t.}\ & \boldsymbol{A}\boldsymbol{x} \leqslant \boldsymbol{b} \end{aligned} \tag{A.12}$$

其中，$\boldsymbol{x} \in \mathbb{R}^m$，$\boldsymbol{Q} \in \mathbb{R}^{m\times m}$ 为实对称矩阵，$\boldsymbol{A} \in \mathbb{R}^{n\times m}$，$\boldsymbol{b} \in \mathbb{R}^n$ 和 $\boldsymbol{c} \in \mathbb{R}^m$ 为实向量，$\boldsymbol{A}\boldsymbol{x} \leqslant \boldsymbol{b}$ 的每一行对应一个线性约束。

若 $\boldsymbol{Q}$ 为半正定矩阵，则二次优化问题 (A.12) 的目标函数是凸函数，它是凸二次优化问题。此时若约束条件 $\boldsymbol{Ax} \leqslant \boldsymbol{b}$ 定义的可行域非空，且目标函数在此可行域有下界，则该问题将有全局极小值。若 $\boldsymbol{Q}$ 为正定矩阵, 则该问题有唯一的全局极小值。若 $\boldsymbol{Q}$ 为非正定矩阵, 则二次优化问题 (A.12) 是有多个稳定点和局部极小点的 NP 难问题。

非标准二次优化中可包含线性等式约束和上下界约束。注意，等式约束能用两个不等式约束来代替，而不等式约束可以通过增加松弛变量转化为等式约束。常用的二次优化算法有椭球法、内点法、增广拉格朗日法、梯度投影法等。MATLAB 优化工具箱中有专门的求解二次优化的函数 quadprog，其常用调用格式为：

```
[x, fval]=quadprog(Q, c, A, b, Aeq, beq, lb, ub, x0);
```

其中，x0 为初始向量，可缺省，默认为零向量。对应的二次优化形式为：

$$\begin{aligned} \min_{\boldsymbol{x}} \ & \frac{1}{2}\boldsymbol{x}^{\mathrm{T}}\boldsymbol{Q}\boldsymbol{x} + \boldsymbol{c}^{\mathrm{T}}\boldsymbol{x} \\ \text{s.t.} \ & \boldsymbol{A} \cdot \boldsymbol{x} \leqslant \boldsymbol{b} \\ & \boldsymbol{A_e} \cdot \boldsymbol{x} = \boldsymbol{b_e} \\ & \boldsymbol{l_b} \leqslant \boldsymbol{x} \leqslant \boldsymbol{u_b} \end{aligned}$$

若没有等式约束，调用该函数时，可令 Aeq=[ ]，beq=[ ]。同样，若没有上下界约束，可令 lb=[ ]，ub=[ ]。

A.3 矩阵与微分

矩阵计算是机器学习中图模型的基础，现实世界中许多事物的关联关系都可以用图来表示。基于图的各种 Rank 算法，如 PageRank，TextRank 等，归根结底都是矩阵运算。

A.3.1 矩阵的基本运算

记实矩阵 $\boldsymbol{A} \in \mathbb{R}^{n \times m}$ 第 i 行第 j 列的元素为 $(\boldsymbol{A})_{ij} = a_{ij}$。矩阵 $\boldsymbol{A}$ 的转置记为 $\boldsymbol{A}^{\mathrm{T}}$，$(\boldsymbol{A}^{\mathrm{T}})_{ij} = a_{ji}$。显然有：

$$(\boldsymbol{A}+\boldsymbol{B})^{\mathrm{T}} = \boldsymbol{A}^{\mathrm{T}} + \boldsymbol{B}^{\mathrm{T}}, \quad (\boldsymbol{AB})^{\mathrm{T}} = \boldsymbol{B}^{\mathrm{T}}\boldsymbol{A}^{\mathrm{T}}$$

对于矩阵 $\boldsymbol{A} \in \mathbb{R}^{n \times m}$，若 $m = n$，则称它为 n 阶方阵。用 $\boldsymbol{I}_n$ (或 $\boldsymbol{I}$) 表示 n 阶单位阵。方阵 $\boldsymbol{A}$ 的逆矩阵 $\boldsymbol{A}^{-1}$ 满足 $\boldsymbol{A}\boldsymbol{A}^{-1} = \boldsymbol{A}^{-1}\boldsymbol{A} = \boldsymbol{I}$。不难发现：

$$(\boldsymbol{A}^{-1})^{\mathrm{T}} = (\boldsymbol{A}^{\mathrm{T}})^{-1}, \quad (\boldsymbol{AB})^{-1} = \boldsymbol{B}^{-1}\boldsymbol{A}^{-1}$$

对于 n 阶方阵 $\boldsymbol{A}$，若存在非零向量 $\boldsymbol{v}$ 和数值 λ 满足

$$\boldsymbol{Av} = \lambda\boldsymbol{v}$$

则称 λ 是 $\boldsymbol{A}$ 的一个特征值，$\boldsymbol{v}$ 为相应的特征向量。由上述定义可知，对特征向量 $\boldsymbol{v}$ 施加一个线性变换 $\boldsymbol{A}$，等价于将向量 $\boldsymbol{v}$ 拉伸 λ 倍。不同特征值对应的特征向量彼此线性无关，并且 n 阶非奇异方阵具有 n 个线性无关的特征向量。

可以发现，用特征值和特征向量可以很好地刻画一个线性变换：特征向量代表了拉伸的方向，特征值则表示了拉伸的幅度。有时为了近似计算，可以只利用前几个模最大的特征值及相应的特征向量来刻画线性变换 $\boldsymbol{A}$，因为如果特征值的模很小，那么在相应特征向量方向上的拉伸也很小，这些方向上的变化可以被忽略。

进一步，对于 n 阶方阵 $\boldsymbol{A}$，它的主对角线上的元素之和称为矩阵的迹，即 $\mathrm{tr}(\boldsymbol{A}) = \sum\limits_{i=1}^{n} a_{ii}$。迹有如下性质：

（1）$\mathrm{tr}(\boldsymbol{A}^{\mathrm{T}}) = \mathrm{tr}(\boldsymbol{A})$。

（2）$\mathrm{tr}(\boldsymbol{A}+\boldsymbol{B}) = \mathrm{tr}(\boldsymbol{A}) + \mathrm{tr}(\boldsymbol{B})$。

（3）$\mathrm{tr}(\boldsymbol{AB}) = \mathrm{tr}(\boldsymbol{BA})$。

（4）$\mathrm{tr}(\boldsymbol{ABC}) = \mathrm{tr}(\boldsymbol{BCA}) = \mathrm{tr}(\boldsymbol{CAB})$。

n 阶方阵 $\boldsymbol{A}$ 的行列式具有如下性质：

（1）$\det(c\boldsymbol{A}) = c^n \det(\boldsymbol{A})$。

（2）$\det(\boldsymbol{A}^{\mathrm{T}}) = \det(\boldsymbol{A})$。

（3）$\det(\boldsymbol{A}^{-1}) = \det(\boldsymbol{A})^{-1}$。

（4）$\det(\boldsymbol{A}^n) = \det(\boldsymbol{A})^n$。

（5）$\det(\boldsymbol{AB}) = \det(\boldsymbol{A})\det(\boldsymbol{B})$。

矩阵 $\boldsymbol{A} \in \mathbb{R}^{m\times n}$ 的 F-范数定义为：

$$\|\boldsymbol{A}\|_{\mathrm{F}} = \left(\sum_{i=1}^{m}\sum_{j=1}^{n} a_{ij}^2\right)^{\frac{1}{2}}$$

容易看出，矩阵的 F-范数就是按列拉伸成向量后的 2-范数（欧氏范数）。

A.3.2　矩阵对标量的导数

若矩阵的元素是某个标量的函数，有关的导数是传统微积分的直接推广。令 $\boldsymbol{X}(t) = (x_{ij}(t))$ 是一个 $n\times m$ 矩阵，它的元素 $x_{ij}(t)$ 是 t 的函数，则定义 $\boldsymbol{X}(t)$ 对 t 的导数如下：

$$\frac{\partial \boldsymbol{X}(t)}{\partial t} = \begin{pmatrix} \dfrac{\partial x_{11}}{\partial t} & \cdots & \dfrac{\partial x_{1m}}{\partial t} \\ \vdots & & \vdots \\ \dfrac{\partial x_{n1}}{\partial t} & \cdots & \dfrac{\partial x_{nm}}{\partial t} \end{pmatrix}$$

假设 $\boldsymbol{X}(t)$ 和 $\boldsymbol{Y}(t)$ 是两个 $n\times m$ 矩阵，由定义，下面的性质易于验证：

$$\frac{\partial(\boldsymbol{X}(t)+\boldsymbol{Y}(t))}{\partial t} = \frac{\partial \boldsymbol{X}(t)}{\partial t} + \frac{\partial \boldsymbol{Y}(t)}{\partial t}$$

$$\frac{\partial(\boldsymbol{X}(t)\boldsymbol{Y}(t))}{\partial t} = \frac{\partial \boldsymbol{X}(t)}{\partial t}\boldsymbol{Y}(t) + \boldsymbol{X}(t)\frac{\partial \boldsymbol{Y}(t)}{\partial t}\ (n=m \text{ 或 } \boldsymbol{X}(t),\boldsymbol{Y}(t) \text{ 可相乘时})$$

$$\frac{\partial(\boldsymbol{X}(t)\otimes\boldsymbol{Y}(t))}{\partial t}=\frac{\partial\boldsymbol{X}(t)}{\partial t}\otimes\boldsymbol{Y}(t)+\boldsymbol{X}(t)\otimes\frac{\partial\boldsymbol{Y}(t)}{\partial t}$$

令 $\boldsymbol{X}=(x_{ij})$ 是一个变量矩阵，将它的 nm 个元素视为独立变量，故只有当元素为 x_{ij} 时，有 $\partial x_{ij}/\partial x_{ij}=1$，其余 $\partial x_{st}/\partial x_{ij}=0$。在下列公式中，$\boldsymbol{A},\boldsymbol{B}$ 是常数矩阵，$\boldsymbol{E}_{ij}(n,m)=\boldsymbol{e}_i(n)\boldsymbol{e}_j(m)^{\mathrm{T}}$ 表示第 (i,j) 元素为 1、其余元素均为 0 的 $n\times m$ 矩阵。$\boldsymbol{X},\boldsymbol{A},\boldsymbol{B}$ 的大小会在公式中标示。

$$\frac{\partial\boldsymbol{X}}{\partial x_{ij}}=\boldsymbol{E}_{ij}(n,m),\ 其中\ \boldsymbol{X}:n\times m$$

$$\frac{\partial(\boldsymbol{AXB})}{\partial x_{ij}}=\boldsymbol{AE}_{ij}(p,q)\boldsymbol{B},\ 其中\ \boldsymbol{A}:n\times p,\boldsymbol{X}:p\times q,\boldsymbol{B}:q\times m$$

$$\frac{\partial(\boldsymbol{X}^{\mathrm{T}}\boldsymbol{AX})}{\partial x_{ij}}=\boldsymbol{E}_{ij}(n,m)^{\mathrm{T}}\boldsymbol{AX}+\boldsymbol{X}^{\mathrm{T}}\boldsymbol{AE}_{ij}(m,n),\ 其中\ \boldsymbol{A}:m\times m,\boldsymbol{X}:m\times n$$

A.3.3 矩阵变量函数的导数

在机器学习中经常需要以矩阵为变量的函数，例如一个方阵 $\boldsymbol{X}$ 的迹、行列式、二次型等，求这些函数对矩阵变量的导数，在理论发展中十分有用。

令 $\boldsymbol{X}$ 是一个 $n\times m$ 矩阵，考虑它的函数 $y=f(\boldsymbol{X})$，这里，y 是一个标量，定义 y 对 $\boldsymbol{X}$ 的导数为一个 $n\times m$ 矩阵：

$$\frac{\partial y}{\partial\boldsymbol{X}}=\begin{pmatrix}\dfrac{\partial y}{\partial x_{11}} & \cdots & \dfrac{\partial y}{\partial x_{1m}}\\ \vdots & & \vdots\\ \dfrac{\partial y}{\partial x_{n1}} & \cdots & \dfrac{\partial y}{\partial x_{nm}}\end{pmatrix}=\left(\frac{\partial y}{\partial x_{ij}}\right)$$

上式也可写为：

$$\frac{\partial y}{\partial\boldsymbol{X}}=\frac{\partial f(\boldsymbol{X})}{\partial\boldsymbol{X}}=\left(\frac{\partial f(\boldsymbol{X})}{\partial x_{ij}}\right)$$

例 A.1 如果 $\boldsymbol{x}$ 是一个 n 维列向量，$y=f(\boldsymbol{x})$，则

$$\frac{\partial y}{\partial\boldsymbol{x}}=\left(\frac{\partial y}{\partial x_1},\frac{\partial y}{\partial x_2},\cdots,\frac{\partial y}{\partial x_n}\right)^{\mathrm{T}}$$

根据上面的定义，如果 $y_1=\boldsymbol{a}^{\mathrm{T}}\boldsymbol{x}$，$y_2=\boldsymbol{x}^{\mathrm{T}}\boldsymbol{x}$，$y_3=\boldsymbol{x}^{\mathrm{T}}\boldsymbol{Ax}$，容易求得：

$$\frac{\partial y_1}{\partial\boldsymbol{x}}=\frac{\partial(\boldsymbol{a}^{\mathrm{T}}\boldsymbol{x})}{\partial\boldsymbol{x}}=\boldsymbol{a}$$

$$\frac{\partial y_2}{\partial\boldsymbol{x}}=\frac{\partial(\boldsymbol{x}^{\mathrm{T}}\boldsymbol{x})}{\partial\boldsymbol{x}}=2\boldsymbol{x}$$

$$\frac{\partial y_3}{\partial \boldsymbol{x}} = \frac{\partial(\boldsymbol{x}^{\mathrm{T}}\boldsymbol{A}\boldsymbol{x})}{\partial \boldsymbol{x}} = \frac{\partial}{\partial \boldsymbol{x}}\left(\sum_{i=1}^{n}\sum_{j=1}^{n} a_{ij}x_i x_j\right) = (\boldsymbol{A}+\boldsymbol{A}^{\mathrm{T}})\boldsymbol{x}$$

若 $\boldsymbol{A}$ 为 n 阶对称矩阵，则有：

$$\frac{\partial y_3}{\partial \boldsymbol{x}} = \frac{\partial(\boldsymbol{x}^{\mathrm{T}}\boldsymbol{A}\boldsymbol{x})}{\partial \boldsymbol{x}} = 2\boldsymbol{A}\boldsymbol{x}$$

例 A.2　若 $\boldsymbol{A}, \boldsymbol{B}, \boldsymbol{X}$ 为 n 阶方阵，则有：

$$\frac{\partial\, \mathrm{tr}(\boldsymbol{X})}{\partial \boldsymbol{X}} = \boldsymbol{I}_n$$

$$\frac{\partial\, \mathrm{tr}(\boldsymbol{AXB})}{\partial \boldsymbol{X}} = \boldsymbol{A}^{\mathrm{T}}\boldsymbol{B}^{\mathrm{T}}$$

$$\frac{\partial\, \mathrm{tr}(\boldsymbol{X}^{\mathrm{T}}\boldsymbol{AXB})}{\partial \boldsymbol{X}} = \boldsymbol{AXB} + \boldsymbol{A}^{\mathrm{T}}\boldsymbol{X}\boldsymbol{B}^{\mathrm{T}}$$

$$\frac{\partial\, \mathrm{tr}(\boldsymbol{AX})}{\partial \boldsymbol{X}} = \boldsymbol{A}^{\mathrm{T}},\ \text{若 } \boldsymbol{X} \neq \boldsymbol{X}^{\mathrm{T}}$$

$$\frac{\partial\, \det(\boldsymbol{X})}{\partial \boldsymbol{X}} = \det(\boldsymbol{X})(\boldsymbol{X}^{-1})^{\mathrm{T}},\ \text{若 } \boldsymbol{X} \neq \boldsymbol{X}^{\mathrm{T}}$$

$$\frac{\partial\, \ln(\det(\boldsymbol{X}))}{\partial \boldsymbol{X}} = (\boldsymbol{X}^{-1})^{\mathrm{T}},\ \text{若 } \boldsymbol{X} \neq \boldsymbol{X}^{\mathrm{T}}$$

$$\frac{\partial\, \det(\boldsymbol{AXB})}{\partial \boldsymbol{X}} = \det(\boldsymbol{AXB})\boldsymbol{A}^{\mathrm{T}}\left[(\boldsymbol{AXB})^{\mathrm{T}}\right]^{-1}\boldsymbol{B}^{\mathrm{T}}$$

A.3.4　向量函数的导数

设向量 $\boldsymbol{y} = (y_1, \cdots, y_m)^{\mathrm{T}}$ 和 $\boldsymbol{x} = (x_1, \cdots, x_n)^{\mathrm{T}}$ 之间有关系

$$y_j = f_j(\boldsymbol{x}),\ j = 1, \cdots, m$$

这里 f_j 是可微的函数。定义 $\boldsymbol{y}$ 对 $\boldsymbol{x}$ 的导数如下：

$$\frac{\partial \boldsymbol{y}^{\mathrm{T}}}{\partial \boldsymbol{x}} = \begin{pmatrix} \dfrac{\partial y_1}{\partial x_1} & \cdots & \dfrac{\partial y_m}{\partial x_1} \\ \vdots & & \vdots \\ \dfrac{\partial y_1}{\partial x_n} & \cdots & \dfrac{\partial y_m}{\partial x_n} \end{pmatrix} = \begin{pmatrix} \dfrac{\partial \boldsymbol{y}^{\mathrm{T}}}{\partial x_1} \\ \vdots \\ \dfrac{\partial \boldsymbol{y}^{\mathrm{T}}}{\partial x_n} \end{pmatrix} = \begin{pmatrix} \dfrac{\partial y_1}{\partial \boldsymbol{x}} & \cdots & \dfrac{\partial y_m}{\partial \boldsymbol{x}} \end{pmatrix} \tag{A.13}$$

导数 $\partial \boldsymbol{y}^{\mathrm{T}}/\partial \boldsymbol{x}$ 的大小取决于 $\boldsymbol{x}$ 和 $\boldsymbol{y}$ 的维数。在微积分中，常遇到 $z = f(y)$，$y = g(x)$，则 $z = f(g(x))$。由复合函数的导数规则有：

$$\frac{\mathrm{d}z}{\mathrm{d}x} = \frac{\mathrm{d}z}{\mathrm{d}y}\frac{\mathrm{d}y}{\mathrm{d}x} = \frac{\mathrm{d}f}{\mathrm{d}g}\frac{\mathrm{d}g}{\mathrm{d}x}$$

将这个规则推广，则有如下的法则：若 $\boldsymbol{x}=(x_1,\cdots,x_n)^{\mathrm{T}}$，$\boldsymbol{y}=(y_1,\cdots,y_m)^{\mathrm{T}}$，$\boldsymbol{z}=(z_1,\cdots,z_p)^{\mathrm{T}}$，则有：

$$\frac{\partial \boldsymbol{z}^{\mathrm{T}}}{\partial \boldsymbol{x}}=\frac{\partial \boldsymbol{y}^{\mathrm{T}}}{\partial \boldsymbol{x}}\frac{\partial \boldsymbol{z}^{\mathrm{T}}}{\partial \boldsymbol{y}}$$

若矩阵 $\boldsymbol{Y}_{p\times q}$ 是矩阵 $\boldsymbol{X}_{n\times m}$ 的函数，如何定义 $\boldsymbol{Y}$ 对 $\boldsymbol{X}$ 的导数呢？如果用式 (A.13) 的想法，就要推广矩阵从二维到多维，定义许多新的概念。但如果用“拉直”运算，则 $\mathrm{vec}(\boldsymbol{Y})$ 和 $\mathrm{vec}(\boldsymbol{X})$ 都是向量，便可借助于式 (A.13) 的定义方式。按照这种方式可获得如下定理。

定理 A.3 令 $\boldsymbol{Y}_{p\times q}$ 和 $\boldsymbol{X}_{n\times m}$ 两个矩阵间具有函数关系：

$$\boldsymbol{Y}=\boldsymbol{AXB}+\boldsymbol{CX}^{\mathrm{T}}\boldsymbol{D}$$

其中，$\boldsymbol{A}\in\mathbb{R}^{p\times n},\boldsymbol{B}\in\mathbb{R}^{m\times q},\boldsymbol{C}\in\mathbb{R}^{p\times m},\boldsymbol{D}\in\mathbb{R}^{n\times q}$ 为常数矩阵。则

$$\frac{\partial(\mathrm{vec}(\boldsymbol{Y})^{\mathrm{T}})}{\partial(\mathrm{vec}(\boldsymbol{X}))}=\boldsymbol{B}\otimes\boldsymbol{A}^{\mathrm{T}}+\boldsymbol{K}_{nm}(\boldsymbol{D}\otimes\boldsymbol{C}^{\mathrm{T}})$$

其中，$\boldsymbol{K}_{nm}$ 为 nm 阶置换阵。

这个定理可以帮助获得下面一些有用的结论：

（1）若 $\boldsymbol{y}=\boldsymbol{Ax}$，则

$$\frac{\partial \boldsymbol{y}^{\mathrm{T}}}{\partial \boldsymbol{x}}=\frac{\partial(\boldsymbol{Ax})^{\mathrm{T}}}{\partial \boldsymbol{x}}=\frac{\partial(\boldsymbol{x}^{\mathrm{T}}\boldsymbol{A}^{\mathrm{T}})}{\partial \boldsymbol{x}}=\boldsymbol{A}^{\mathrm{T}}$$

（2）若 $y=\boldsymbol{x}^{\mathrm{T}}\boldsymbol{Ax}$ 为 $\boldsymbol{x}$ 的二次型，则

$$\frac{\partial y}{\partial \boldsymbol{x}}=\frac{\partial(\boldsymbol{x}^{\mathrm{T}}\boldsymbol{Ax})}{\partial \boldsymbol{x}}=2\boldsymbol{Ax} \tag{A.14}$$

（3）若 $\boldsymbol{Y}=\boldsymbol{AX}^{-1}\boldsymbol{B}$，则

$$\frac{\partial(\mathrm{vec}(\boldsymbol{Y})^{\mathrm{T}})}{\partial(\mathrm{vec}(\boldsymbol{X}))}=-(\boldsymbol{X}^{-1}\boldsymbol{B})\otimes(\boldsymbol{AX}^{-1})^{\mathrm{T}}$$

（4）若 $\boldsymbol{Y}=\boldsymbol{AXB}$，则

$$\frac{\partial(\mathrm{vec}(\boldsymbol{Y})^{\mathrm{T}})}{\partial(\mathrm{vec}(\boldsymbol{X}))}=\boldsymbol{B}\otimes\boldsymbol{A}^{\mathrm{T}}$$

（5）若 $\boldsymbol{Y}=\boldsymbol{AX}^{\mathrm{T}}\boldsymbol{B}$，则

$$\frac{\partial(\mathrm{vec}(\boldsymbol{Y})^{\mathrm{T}})}{\partial(\mathrm{vec}(\boldsymbol{X}))}=\boldsymbol{K}_{nm}(\boldsymbol{B}\otimes\boldsymbol{A}^{\mathrm{T}})$$

（6）若 $\boldsymbol{X}_{n\times m}$ 和 $\boldsymbol{Y}_{m\times m}$ 为两个矩阵，且 $\boldsymbol{Y}=\boldsymbol{X}^{\mathrm{T}}\boldsymbol{AX}$，其中 $\boldsymbol{A}_{n\times n}$ 为常数矩阵，则

$$\frac{\partial(\mathrm{vec}(\boldsymbol{Y})^{\mathrm{T}})}{\partial(\mathrm{vec}(\boldsymbol{X}))}=\boldsymbol{K}_{nm}(\boldsymbol{AX}\otimes\boldsymbol{I}_m)+(\boldsymbol{I}_m\otimes\boldsymbol{A}^{\mathrm{T}}\boldsymbol{X})$$

A.3.5 特征值分解和奇异值分解

非奇异的 n 阶矩阵 $\boldsymbol{A}$ 具有 n 个标准正交的特征向量 $\boldsymbol{v}_1,\boldsymbol{v}_2,\cdots,\boldsymbol{v}_n$，其相应的特征值为 $\lambda_1,\lambda_2,\cdots,\lambda_n$。由 $\boldsymbol{A}\boldsymbol{v}_i=\lambda_i\boldsymbol{v}_i$ 可推出：

$$\boldsymbol{A}\boldsymbol{V}=\boldsymbol{V}\begin{pmatrix}\lambda_1 & & & \\ & \lambda_2 & & \\ & & \ddots & \\ & & & \lambda_n\end{pmatrix}=\boldsymbol{V}\boldsymbol{\Sigma}\implies \boldsymbol{A}=\boldsymbol{V}\boldsymbol{\Sigma}\boldsymbol{V}^{-1}$$

这里，$\boldsymbol{V}=\left(\boldsymbol{v}_1,\boldsymbol{v}_2,\cdots,\boldsymbol{v}_n\right)$ 为正交矩阵，因此有 $\boldsymbol{V}^{-1}=\boldsymbol{V}^{\mathrm{T}}$。在前面已经提及，如果将矩阵 $\boldsymbol{A}$ 看作一种线性变换，那么其特征值刻画的是变换的幅度。把特征值按从大到小排序，即 $\lambda_1\geqslant\lambda_2\geqslant\cdots\lambda_n$，可以把排在末尾的那些特征值忽略掉，用前 r 个特征值及对应的特征向量近似地刻画线性变换 $\boldsymbol{A}$，即：

$$\boldsymbol{A}_{n\times n}\approx\boldsymbol{V}_{n\times r}\boldsymbol{\Sigma}_{r\times r}\boldsymbol{V}_{n\times r}^{\mathrm{T}}$$

当 $\boldsymbol{A}$ 不是方阵时，特征值分解就推广成了奇异值分解，即任意实矩阵 $\boldsymbol{A}\in\mathbb{R}^{n\times m}$ 都可分解为：

$$\boldsymbol{A}=\boldsymbol{U}\boldsymbol{\Sigma}\boldsymbol{V}^{\mathrm{T}}\tag{A.15}$$

其中，$\boldsymbol{U}\in\mathbb{R}^{n\times n}$ 是满足 $\boldsymbol{U}^{\mathrm{T}}\boldsymbol{U}=\boldsymbol{I}$ 的 n 阶正交矩阵；$\boldsymbol{V}\in\mathbb{R}^{m\times m}$ 是满足 $\boldsymbol{V}^{\mathrm{T}}\boldsymbol{V}=\boldsymbol{I}$ 的 m 阶正交矩阵；$\boldsymbol{\Sigma}\in\mathbb{R}^{n\times m}$ 是 $n\times m$ 矩阵，$(\boldsymbol{\Sigma})_{ii}=\sigma_i$ 且其他位置均为 0，σ_i 为非负实数且满足 $\sigma_1\geqslant\sigma_2\geqslant\cdots\geqslant0$。

式 (A.15) 中正交矩阵 $\boldsymbol{U}$ 的列向量 $\boldsymbol{u}_i\in\mathbb{R}^n$ 称为 $\boldsymbol{A}$ 左奇异向量，$\boldsymbol{V}$ 的列向量 $\boldsymbol{v}_i\in\mathbb{R}^m$ 称为 $\boldsymbol{A}$ 右奇异向量，σ_i 称为 $\boldsymbol{A}$ 的奇异值。矩阵 $\boldsymbol{A}$ 的秩就等于非零奇异值的个数。

实际上，$\boldsymbol{U}$ 的列向量就是矩阵 $\boldsymbol{A}\boldsymbol{A}^{\mathrm{T}}$ 的特征向量，而 $\boldsymbol{V}$ 的列向量就是矩阵 $\boldsymbol{A}^{\mathrm{T}}\boldsymbol{A}$ 的特征向量。矩阵 $\boldsymbol{A}$ 的奇异值其实就是对称矩阵 $\boldsymbol{A}\boldsymbol{A}^{\mathrm{T}}$（或 $\boldsymbol{A}^{\mathrm{T}}\boldsymbol{A}$）的特征值的算术平方根。当 $\boldsymbol{A}$ 为对称正定矩阵时，其奇异值就是特征值，奇异向量就是特征向量。同样，可以只保留前 r 个奇异值，得到：

$$\boldsymbol{A}_{n\times m}\approx\boldsymbol{U}_{n\times r}\boldsymbol{\Sigma}_{r\times r}\boldsymbol{V}_{m\times r}^{\mathrm{T}}\tag{A.16}$$

在很多情况之下，前 10% 甚至 1% 的奇异值之和就占了全部奇异值之和的 99% 以上。由于 $r<<n$，故用式 (A.16) 计算矩阵乘法要比式 (A.15) 快得多。而且，当需要对 $\boldsymbol{A}_{n\times m}$ 进行压缩存储时，只需存储 $\boldsymbol{U}_{n\times r}$，$\boldsymbol{\Sigma}_{r\times r}$，$\boldsymbol{V}_{m\times r}^{\mathrm{T}}$ 这 3 个小矩阵即可。

由式 (A.16) 可以推出：

$$\boldsymbol{A}_{n\times m}\boldsymbol{V}_{m\times r}\approx\boldsymbol{U}_{n\times r}\boldsymbol{\Sigma}_{r\times r}=\widetilde{\boldsymbol{A}}_{n\times r}$$

如果将 $\boldsymbol{A}_{n\times m}$ 看成 n 个样本、m 个特征，那么把 $\boldsymbol{A}_{n\times m}$ 变成 $\widetilde{\boldsymbol{A}}_{n\times r}$ 相当于对属性进行了压缩，去除了冗余属性，这就是主成分分析（PCA）算法。只要求出正交矩阵 $\boldsymbol{V}$，再让 $\boldsymbol{A}$ 乘以 $\boldsymbol{V}$ 的前 r 列就可以对 $\boldsymbol{A}$ 降维了。而 $\boldsymbol{V}$ 正是 $\boldsymbol{A}^{\mathrm{T}}\boldsymbol{A}$ 的特征向量组成的正交基矩阵。

附录B 机器学习实验

实验是“机器学习”课程不可缺少的组成部分。通过典型算法实验，能有效地回顾相应章节的主要内容，加深对实验所涉及的基本理论和方法的理解。

每个实验都应该以实验报告的形式完成。学生应以认真的态度来对待每个实验，实验之前要进行必要的实验准备工作，并选用一种计算机语言（推荐使用数学软件 MATLAB）独立完成算法的程序编制和调试，并在计算机上实现或演示实验结果。值得指出的是，实验结果只是实验的环节之一，获得实验结果并不意味着实验的结束，还需要对实验结果进行认真的分析。只有这样，才能进一步理解实验的目的和方法，才能全面而充分地认识实验的重要性。

B.1 实验报告的格式

做实验，写好实验报告是必要的。一份完整的实验报告应该由以下几个部分组成：实验目的、实验题目、实验原理、实验内容、实验结果和实验结果分析。实验报告格式如下。

实验报告

专业________ 年级________ 班级________ 学号 __________ 姓名__________

一、实验目的

（说明做这个实验的目的，做完这个实验要达到什么结果，其注意事项是什么等。）

二、实验题目

（填写实验题目。）

三、实验原理

（将实验所涉及的基础理论、算法原理详尽列出。）

四、实验内容

[列出实验的实施方案、步骤、数据准备、算法流程图以及可能用到的实验设备（硬件和软件）]

五、实验结果

（实验结果应包括试验的原始数据、中间结果及最终结果，复杂的结果可以用表格或图形形式实现，较为简单的结果可以与实验结果分析合并出现。）

六、实验结果分析

（对实验结果进行认真的分析，进一步明确实验所涉及的算法的优缺点和使用范围。要求实验结果应能在计算机上实现或演示，由实验者独立编程实现，程序清单以附录的形式

给出。）

B.2 机器学习实验

实验 1 线性模型与逻辑斯谛回归

实验目的

掌握线性模型和逻辑斯谛回归的基本原理和 MATLAB 实现。

实验内容

问题一：在表 B.1 中，x 表示产品数量，y 表示生产成本。已知 15 天的生产数据，试建立线性模型，挖掘产品数量和生产成本的关系。

表 B.1 产品数量和生产成本

x	10	11	12	13	14	15	16	17	18	19	20	21	22	23	24
y	9.8	11.2	10.4	12.4	14.2	15.7	16.4	18.9	16.2	18.2	18.4	22.6	19.8	22.6	22.9

问题二：根据给定数据集（如表 B.2 所示，其中 x 为产品重量，y 为故障率），编程实现逻辑斯谛回归算法。

表 B.2 产品重量和故障率

x	210	230	250	270	290	310	330	350	370	390	410	430	440	460	470
y	0.02	0.05	0.06	0.09	0.26	0.38	0.60	0.74	0.86	0.94	0.94	0.95	0.97	0.95	0.96

注：提交的实验报告内容要包括（1）完整的 MATLAB 程序代码；（2）数据散点图及拟合曲线图。

实验 2 决策树算法

实验目的

掌握决策树算法的基本原理和 MATLAB 实现。

实验内容

20 个客户的贷款信息如表 B.3 所示。

表 B.3 20 个客户的贷款信息

序号	性别	婚否	年龄/岁	贷款月数	贷款金额/元	是否逾期
1	男	单身	39	15	1271	未逾期
2	男	已婚	25	12	1484	逾期
3	女	已婚	26	12	609	逾期
4	男	单身	26	42	4370	逾期
5	女	已婚	21	30	3441	逾期
6	男	单身	27	48	10961	逾期
7	男	单身	29	24	2333	未逾期
8	女	已婚	26	12	763	未逾期
9	女	已婚	26	24	2812	未逾期
10	男	单身	47	15	1213	未逾期
11	男	单身	32	48	7238	未逾期

续表

序号	性别	婚否	年龄/岁	贷款月数	贷款金额/元	是否逾期
12	女	已婚	59	15	5045	未逾期
13	男	单身	56	12	618	未逾期
14	男	单身	51	6	1595	未逾期
15	女	已婚	31	21	2782	未逾期
16	男	单身	23	13	882	逾期
17	女	已婚	28	24	1376	逾期
18	男	单身	45	6	1750	未逾期
19	男	单身	36	36	2337	未逾期
20	男	单身	36	12	1542	未逾期

现有一人，性别 = 男，婚否 = 单身，年龄 =24，贷款月数 =12，贷款金额 =2000，根据上面的信息，判断其贷款是否逾期。

实验 3　贝叶斯分类器

实验目的

掌握贝叶斯分类器的基本原理和 MATLAB 实现。

实验内容

下面的数据集（如表 B.4 所示）反映了出去玩和天气、温度之间的关系。

表 B.4　出去玩和天气、温度之间的关系

序号	天气	温度	是否去玩	序号	天气	温度	是否去玩
1	晴天	闷热	不去玩	8	晴天	温和	不去玩
2	晴天	闷热	不去玩	9	晴天	凉爽	去玩
3	阴天	闷热	去玩	10	雨天	温和	去玩
4	雨天	温和	去玩	11	晴天	温和	去玩
5	雨天	凉爽	去玩	12	阴天	温和	去玩
6	雨天	凉爽	不去玩	13	阴天	闷热	去玩
7	阴天	凉爽	去玩	14	雨天	温和	不去玩

根据表 B.4 中的数据信息，如果天气 = 晴天，温度 = 闷热，判断是否会出去玩。

实验 4　k 近邻算法

实验目的

掌握 k 近邻算法的基本原理和 MATLAB 实现。

实验内容

用函数 mvnrnd 生成两类二维高斯样本，第一类 100 个，均值 [1,2]，标准差 [1.1,0;0,1.1]，标签值为 1；第二类 100 个，均值 $[-1,-2]$，标准差 [2.2,0;0,2.2]，标签值为 2。用 k 近邻算法训练模型，然后用函数 unifrnd 产生 10 个在 $[-1,3]$ 上连续均匀分布的样本作为测试样本，预测其类别，并提供完整的 MATLAB 程序代码和 k 近邻算法的分类散点图。

实验 5　支持向量机

实验目的

掌握支持向量机的基本原理和 MATLAB 实现。

实验内容

有 260 名男女学生的身高、体重数据（见“机器学习实验 \ 实验 5\student.xls”），试用 MATLAB 的支持向量机工具箱函数，对 260 名学生进行性别分类，并提供完整的 MATLAB 程序代码和分类可视化散点图。

实验 6　人工神经网络

实验目的

掌握人工神经网络的基本原理和 MATLAB 实现。

实验内容

有 260 名男女学生的身高、体重数据（见“机器学习实验 \ 实验 6\ student.xls”），试用 MATLAB 的人工神经网络工具箱函数，对 260 名学生进行性别分类，并提供完整的 MATLAB 程序代码和分类可视化散点图。

实验 7　主成分分析法降维

实验目的

掌握主成分分析法的基本原理和 MATLAB 实现。

实验内容

编制 MATLAB 程序，用主成分分析法将给定的 4 维数据（见“机器学习实验 \ 实验 7\ data1.txt”）降至 2 维，并提供完整的 MATLAB 程序代码和降维后的可视化散点图。

实验 8　k 均值算法聚类

实验目的：掌握 k-均值算法的基本原理和 MATLAB 实现。

实验内容：编制 MATLAB 程序，取 $k=2$，用 k-均值算法对给定的数据样本进行聚类（见“机器学习实验 \ 实验 8\ data2.xls”），并提供完整的 MATLAB 程序代码和可视化散点图。

参考文献

[1] 周志华. 机器学习 [M]. 北京：清华大学出版社, 2016.
[2] 李航. 统计学习方法（第2版）[M]. 北京：清华大学出版社, 2019.
[3] 雷明. 机器学习：原理、算法与应用 [M]. 北京：清华大学出版社, 2019.
[4] 冷雨泉, 张会文, 张伟. 机器学习入门到实战：MATLAB实践应用 [M]. 北京：清华大学出版社, 2019.
[5] 梅尔亚 · 莫里等著. 机器学习基础 [M]. 张文生译. 北京：机械工业出版社, 2019.
[6] 张朝阳. 工业机器学习算法：详解与实战 [M]. 北京：机械工业出版社, 2020.
[7] 谢剑斌等. 视觉机器学习20讲 [M]. 北京：清华大学出版社, 2015.
[8] 方开泰, 陈敏. 统计学中的矩阵代数 [M]. 北京：高等教育出版社, 2013.
[9] 邓乃扬, 田英杰. 支持向量机：理论、算法与拓展 [M]. 北京：科学出版社, 2009.
[10] 周志华. 集成学习：基础与算法 [M] . 李楠译. 北京：电子工业出版社, 2020.
[11] 赵卫东, 董亮. 机器学习 [M]. 北京：人民邮电出版社, 2018.
[12] 黄莉婷, 苏川集. 白话机器学习算法 [M]. 北京：人民邮电出版社, 2019.
[13] 邹伟, 鬲玲, 刘昱杓. 强化学习 [M]. 北京：清华大学出版社, 2020.
[14] 宋丽梅, 朱新军. 机器视觉与机器学习：算法原理、框架应用与代码实现 [M]. 北京：机械工业出版社, 2020.
[15] 范丽亚. 机器学习中的基本算法 [M] . 北京：科学出版社, 2020.
[16] 段桂芹, 邹臣嵩, 刘锋. 基于优化初始聚类中心的K中心点算法. 计算机与现代化 [J], 2019, 4:1-5.
[17] Jeffery J. Leader. 数值分析与科学计算 [M]. 张威, 刘志军, 李艳红, 译. 北京：清华大学出版社, 2008.
[18] 马昌凤，柯艺芬，谢亚君. 机器学习算法（MATLAB 版）[M]. 北京：科学出版社, 2021.